现代建筑门窗幕墙技术与应用

——2023科源奖学术论文集

杜继予　主编

中国建材工业出版社

图书在版编目（CIP）数据

现代建筑门窗幕墙技术与应用 . 2023科源奖学术论文
集/杜继予主编 . --北京：中国建材工业出版社，
2023.3
　　ISBN 978-7-5160-3218-3

　　Ⅰ.①现…　Ⅱ.①杜…　Ⅲ.①门—建筑设计—文集　②
窗—建筑设计—文集　③幕墙—建筑设计—文集　Ⅳ.
①TU228

中国国家版本馆CIP数据核字（2023）第035310号

内 容 简 介

　　本书以现代建筑门窗幕墙新材料与新技术应用为主线，围绕其产业链上的型材、玻璃、金属板、石材、人造板材、建筑用胶、五金配件、隔热密封材料和生产加工设备等展开文章的编撰工作，旨在为广大读者提供行业前沿资讯，引导企业提升自主创新和技术研发能力，在产业优化升级中占领先机。同时，还针对行业的技术热点，汇集了绿色低碳技术、BIM技术、建筑工业化、建筑节能等相关工程案例和应用成果。

　　本书可作为房地产开发商、设计院、咨询顾问、装饰公司以及广大建筑门窗幕墙上下游企业管理、市场、技术等人士的参考书，也可作为门窗幕墙相关从业人员的专业技能培训辅助教材。

现代建筑门窗幕墙技术与应用——2023科源奖学术论文集

Xiandai Jianzhu Menchuang Muqiang Jishu yu Yingyong——2023 Keyuanjiang Xueshu Lunwenji

杜继予　主编

出版发行：中国建材工业出版社

地　　址：北京市海淀区三里河路11号
邮　　编：100831
经　　销：全国各地新华书店
印　　刷：北京印刷集团有限责任公司
开　　本：889mm×1194mm　1/16
印　　张：21.25　彩色：1.5
字　　数：660千字
版　　次：2023年3月第1版
印　　次：2023年3月第1次
定　　价：138.00元

本书编委会

主　　编　杜继予

副 主 编　姜成爱　剪爱森　周瑞基
　　　　　周春海　魏越兴　闵守祥
　　　　　王振涛　丁孟军　蔡贤慈
　　　　　贾映川　周　臻　杜庆林
　　　　　万树春

编　　委　花定兴　闭思廉　曾晓武
　　　　　区国雄　麦华健　江　勤

前　　言

2022 年,我们经受了世界变局加快演变、疫情冲击、国内经济下行等多重考验。在以习近平同志为核心的党中央坚强领导下,面对复杂严峻的国际国内形势,我国实现了经济总体平稳运行。

为了及时总结推广行业技术进步的新成果,本编委会决定把深圳市建筑门窗幕墙学会和深圳市土木建筑学会门窗幕墙专业委员会组织的“2023 年深圳市建筑门窗幕墙科源奖学术交流会”获奖及入选的学术论文结集出版。

《现代建筑门窗幕墙技术与应用——2023 科源奖学术论文集》共收集论文 38 篇,在一定程度上反映了行业技术进步的发展趋势和最新成果。实现“双碳”目标离不开相关技术的研究与应用,建筑低碳零碳技术已经成为产业创新发展的核心驱动力,《“双碳”形势下幕墙门窗行业的现状与发展》《光伏建筑一体化项目应用的总结与思考》《绿色三星建筑玻璃幕墙设计中的热工优化实践》等针对行业特点在这方面作了有益探讨。精品工程的打造需要通过精心设计、精心组织和精心施工,需要在制造工艺和施工技术上进行创新和突破,《星河雅宝双子塔六面扭转体装饰条铝板的设计与加工技术研究》《南沙 IFF 永久会址项目“木棉花”造型幕墙设计解析》等对这一专题作了深入的讨论和分析。BIM 和装配式技术已广泛应用于建筑幕墙工程的设计和施工,《大悬挑钢结构上超大铝拉网板块装配式应用的技术分析》《有理化施工技术创新在超高层复杂形体项目中的应用》等从不同的角度和切入点对这方面的技术创新成果作了重点阐述。既有建筑幕墙的维护和改造也是行业发展的一个重要课题,《既有建筑幕墙维修改造施工实践》对有关工程实践的情况作了总结。

本论文集所涉及的内容包括绿色低碳技术、BIM 技术、建筑工业化技术等在建筑门窗幕墙行业的应用,以及建筑门窗幕墙专业的理论研究与分析、工程实践与创新、制作工艺和管理等多个方面,可供同行们借鉴和参考。由于时间及水平所限,疏漏之处恳请广大读者批评指正。

本论文集的出版得到下列单位的大力支持:深圳市科源建设集团股份有限公司、深圳市新山幕墙技术咨询有限公司、深圳广晟幕墙科技有限公司、深圳市三鑫科技发展有限公司、深圳市方大建科集团有限公司、深圳中航幕墙工程有限公司、广东科浩幕墙工程有限公司、深圳市中装科技幕墙工程有限公司、阿法建筑设计咨询（上海）有限公司、郑州中原思蓝德高科股份有限公司、杭州之江有机硅化工有限公司、广州市白云化工实业有限公司、广州集泰化工股份有限公司、成都硅宝科技股份有限公司、四川新达粘胶科技有限公司、浙江时间新材料有限公司、广东坚朗五金制品股份有限公司、广东合和建筑五金制品有限公司、佛山市顺德区荣基塑料制品有限公司、广东雷诺丽特实业有限公司、深圳创信明智能技术有限公司、深圳市慧玛建材有限公司、深圳坚威科技实业有限公司、深圳市恒保玻璃系统防火科技有限公司、深圳市恒义建筑技术有限公司、深圳忠铝铝业有限公司，特此鸣谢。

编　者

2023 年 1 月

目　　录

第六部分　制造工艺与施工技术研究

第七部分　既有建筑幕墙维护技术

第一部分

"双碳"相关技术研究

"双碳" 形势下幕墙门窗行业的现状与发展

◎ 何 敏 花定兴 李满祥

深圳市三鑫科技发展有限公司 广东深圳 518054

摘 要 在全球气候治理宏观背景下,响应党中央碳达峰、碳中和的"3060目标"以及生态文明建设整体布局,建筑行业乃至幕墙门窗行业面临发展新格局。本文浅析幕墙门窗行业绿色低碳现状及未来发展方向,以应对当前幕墙门窗行业创新、转型及发展面临的新挑战与机遇。

关键词 双碳;碳排放;BIPV;零碳建筑;智慧建造

1 引言

为了应对全球气候变暖,1992年5月联合国通过了《联合国气候变化框架公约》,1997年12月在日本京都通过《京都议定书》,2015年12月在巴黎气候变化大会上通过《巴黎协定》,以上三个人类历史里程碑式的国际法律文本,形成2020年后国际社会应对气候变化的基本框架。因此,我国在第七十五届联合国大会上提出了碳达峰、碳中和的"3060目标",积极参与全球治理,体现大国担当。

1.1 "碳中和" 的相关背景

"碳中和"一词起源于1997年伦敦未来森林公司的商业策划,并逐渐走红,《新牛津美国字典》也于2006年将"碳中和"评为当年年度词汇。从全球视角来看,2020年可谓是"碳中和元年",各国在更新国家自主贡献目标的同时纷纷提出碳中和目标,开启了全球迈向碳中和目标的进程(图1)。

2020.09	2020.10	2020.11	2021.02	2021.03	2021.04	2021.10	2022.05	2022.06
第七十五届联合国大会	国家中长期经济社会发展战略若干重大问题	金砖国家领导人第12次会晤	绿色低碳循环发展经济体系的指导意见	中央财经委员会第九次会议	领导人气候峰会	2030年前碳达峰行动方案	财政支持做好碳达峰碳中和工作的意见	国家适应气候变化战略2035

图1 2020年以来"双碳"历程

1.2 实现 "双碳目标" 的重要意义

2020年12月中央经济工作会议指出,做好碳达峰、碳中和工作是2021年八项重点任务之一。2021年3月国务院政府工作报告中指出,扎实做好碳达峰、碳中和各项工作,制定2030年前碳排放达峰行动方案。2021年10月,国务院正式发布《2030年前碳达峰行动方案》,各省市相继落实。以上政策明确了双碳工作的定位,标志着碳达峰、碳中和的政策体系正在加快形成。

目前国内气候行动主要从以下五方面开展工作:第一,树立生态文明理念和;第二,优化产业结构;第三,调整能源结构;第四,节约能源,提高能效;第五,大力开展植树造林,加强生态建设和保护。"双碳"的实施倒逼各行各业转型升级,提高经济增长质量,同时加速我国能源转型和能源革命进程。能源结构转型对我国具有很重要的安全意义。推动能源结构从化石燃料向清洁燃料转型,有助于提升能源的独立性,避免在能源上被"卡脖子";发展清洁能源有助于向经济转型注入新动能,创造就业机会；发展新能源可以加强国际合作，进一步推动全球化的发展。

2 "碳中和"下相关重点行业的行动现状

2.1 官方机构

国务院：

2021年10月25日《中共中央 国务院关于完整准确全面贯彻新发展理念做好碳达峰碳中和工作的意见》（以下简称《意见》）发布。《意见》指出，实现碳达峰、碳中和，是以习近平同志为核心的党中央统筹国内国际两个大局作出的重大战略决策，是着力解决资源环境约束突出问题、实现中华民族永续发展的必然选择，是构建人类命运共同体的庄严承诺。《意见》提出了2025年、2030年以及2060年的"双碳"主要目标，为完整、准确、全面贯彻新发展理念，做好碳达峰、碳中和工作指明了方向。同时，北京、上海等主要城市生态环境局均对此有所响应（图2）。

图2 官方网站新闻图片

深圳市生态环境局：

2021年3月，深圳市生态环境局向国家生态环境部做了《深圳全面深化"无废城市"建设，助力碳达峰和碳中和》的报告（图3）。深圳市作为国家首批低碳试点城市、碳排放权交易试点城市、可持续发展议程创新示范区等标杆城市，成立"无废城市"建设试点领导小组，培养"无废"意识，为中国碳达峰与碳中和做出深圳贡献。对于建筑行业，重点提到了优化产业结构，全面推行绿色建筑，发展装配式建筑，提升建筑垃圾处置能力，开展"无废城市细胞"建设等事项。

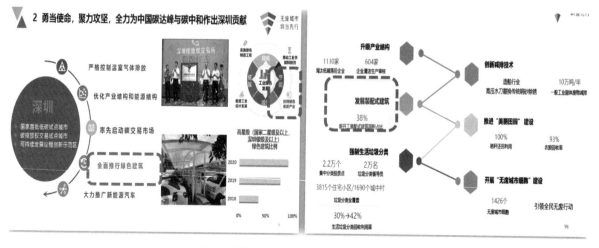

图3 深圳全面深化"无废城市"建设

（数据来源：生态环境部官网）

2.2 互联网企业

互联网企业碳中和意义重大。推动我国互联网企业实现碳中和，意义不仅在于互联网企业自身的节能减排，更重要的是鼓励互联网企业加强技术研发创新，以碳中和为契机，倒逼我国低碳技术转型。一方面，集中力量攻克能源互联网、碳捕获利用与封存技术等低碳技术；另一方面，通过和产业互联网结合，促进经济社会向低碳、绿色、循环方向发展。2020年7月21日，苹果公司发布《2020年环境进展报告》，计划未来十年内，所有业务、生产供应链及产品生命周期将净碳排放量降至零，实现碳中和。2021年1月12日，腾讯官方微信号发文，宣布启动碳中和规划，积极响应中国碳中和目标，成为首批启动碳中和规划的互联网企业之一。

2021年4月21日，国际环境保护组织绿色和平发布了"绿色云端2021"排行榜，综合梳理了中国互联网科技行业针对中国"30目标"的响应速度与实施力度，对行业领先的22家互联网云服务与数据中心企业进行排名（图4）。绿色和平表示，中国互联网科技行业在可再生能源使用方面有所提升。

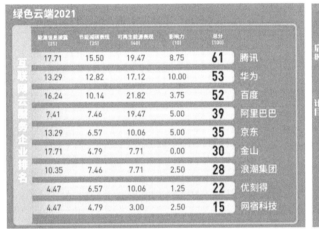

图4 《绿色云端2021》排行榜

（数据来源：绿色云端2021网站）

2.3 建筑行业

2020年11月，中国建筑节能协会发布《中国建筑能耗研究报告2020》（图5）。其中，2018年全国建筑全过程碳排放总量为49.3亿吨CO_2，占全国碳排放的比重为51.3%，门窗是建筑围护结构的重要组成部分，门窗的能耗约占建筑能耗的50%。建筑行业如此高的碳排放比重，想要实现碳中和，必然迎来大挑战。

目前建筑部门的减碳路径主要有五大方面：第一，提升建筑节能标准；第二，消除建筑的运行碳排放，大力发展建筑表面的光电或风电；第三，减少建材碳排放，实用绿色建材；第四，优化调整建筑造型和功能，采用热工性能更符合气候特点的建筑外围护结构或措施，如自然通风采光、遮阳等；第五，用超高能效设备及能源替代，如BIPV、储能、地热等可利用的本地可再生能源技术。因此，在"双碳"背景下，大搞基建的时代将一去不复返，基建投资将进入低增长常态。2022年，建筑行业分化加剧，新基建行业表现较好，围绕新产业，BIPV、装配式、储能、碳汇等将成为重点布局的领域。

2020年12月，习近平主席在气候雄心峰会上讲话进一步宣布："到2030年，中国单位国内生产总值二氧化碳排放将比2005年下降65%以上，非化石能源占一次能源消费比重将达到25%左右，森林蓄积量将比 2005 年增加 60 亿立方米，风电、太阳能发电总装机容量将达到 12 亿千瓦以上。"因此，建筑低碳化已是大势所趋，绿色建筑建材，尤其是节能照明、智能遮阳、自然通风、隔热保温等配套产品，是实现建筑行业"双碳"目标的重要技术路径。建筑部门不能指望碳汇去实现零排放，应该把"零碳"作为目标。在相关政策引导下，零碳建筑、光储直柔、可再生材料等行业将迎来爆发增长期。同时，随着建筑的高端化发展，市场对建筑材料的品质、性能、可循环利用等要求不断提升，将推动行业全方位地转型升级。

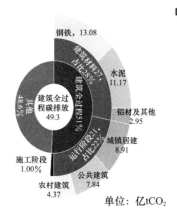

2018年全国建材生产阶段能耗和碳排放

- 能耗：11亿tce，占全国的比重为23.8%
- 碳排放：27.2亿tCO_2，占全国的比重为28.3%
- 钢材、水泥和铝材能耗与碳排放占比超过90%

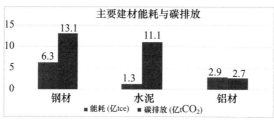

图 5　2018 年全国建筑全过程碳排放总量分析

［数据来源：中国建筑能耗研究报告（2020）］

3　"双碳"目标下的幕墙门窗行业现状与发展

3.1　总体思路

回顾这些年国家大力推广 BIM 技术以及各行各业积极响应的相关背景，联想幕墙门窗行业 BIM 的发展历程，对"双碳"目标下幕墙门窗行业的推广与发展极具参考意义。目前重点是响应国家层面的政策号召，密切关注行业上下游及相关产业的发展状况，紧盯装饰行业乃至建筑行业的碳中和发展规划，落实具体的行动路径，进而引领产品节能化发展。特别是目前政府针对"双碳"方面的政策频频出现，从数字化、信息化、工业化，到智慧建造、零碳建筑、被动房技术等，行业前景可期。

从国家层面看"双碳"路径：首先，须制定 2030 年的具体碳达峰行动方案及架构；其次，政府出台促进"双碳"的政策法规，特别是绿色金融相关政策；第三，对行业标准和规范进行节能减排要求；第四，尽快将幕墙门窗行业碳排放纳入碳交易市场；第五，加大人才培养及社会意识培训。碳中和的潮流，是挑战也是机遇，需紧跟时代步伐，维护行业的良性健康发展。

3.2　幕墙门窗行业"双碳"现状分析

2021 年以来多地受疫情反复等超预期因素影响，幕墙门窗行业的上游市场、建筑及房地产市场经历了前所未有的挑战，市场规模整体萎缩是不争的事实，但上游市场的恢复是一个缓慢且必然的结果，企业需要长期重视产品研发及市场积累的品牌，巩固既有成果，这样才能逆境中享受到市场红利。对于幕墙门窗行业，无论是设计单位，还是材料、加工及施工等相关企业单位，都需扎实做好碳达峰碳中和的前期规划，努力探讨与落实新时代行业转型的发展方向。分析如下：

第一，幕墙门窗行业是耗能大户，设计单位积极适应与行业相关的低碳技能方面的法规规范，探讨适应"双碳"需求的技术路线，这对幕墙设计创新极具意义。住房城乡建设部发布的《建筑节能与可再生能源利用通用规范》（GB 55015—2021）于 2022 年 4 月 1 日起正式实施，要求新建建筑安装太阳能系统，太阳能建筑一体化应用系统的设计应与建筑设计同步完成。该政策的实施进一步打开了新建建筑应用光伏的增量市场空间。同时该规范强制性要求建筑做碳排放计算。《建筑碳排放计算标准》（GB/T 51366）于 2019 年 12 月实施，用于规范建筑碳排放的计算方法。相关节能等规范的调整督促着整个行业设计方面的调整与发展，新系统、新材料的应用将不断涌现。

第二，对于细分材料市场，铝型材、玻璃、密封胶、隔热条及五金件等材料市场伴随着原材料价格的市场波动，材料商不能只着眼当前，对新材料、低能耗技术的研究与应用也迫在眉睫。唯有加大研发投入，凭借质量、规模、品牌等优势抢占更多的市场份额。绿色环保、可循环利用也是建筑市场内对材料应用的全新要求。目前全国多省市针对建筑节能纷纷出台规范及标准，并大幅提高了对门窗幕墙的节能性能要求，从各个方面提高保温、隔热效果，引导使用优质节能系统，玻璃、隔热条、密封胶条等相关节能产品成为了降低门窗幕墙整体节能的关键因素，市场需求持续上扬。

第三，幕墙门窗行业加工设备企业发展智能制造是制造业发展的必然趋势，也是传统幕墙门窗企业转型升级的必然方向，更成为解决幕墙门窗生产、制造痛点的必由之路。智能化技术替代传统，打破内部数据传输的壁垒，实现了多个加工单元的信息化、自动化、智能化联网需求，从而极大地降低人工成本，提高生产效率，减少错误成本，引领门窗行业的发展新潮流。

第四，对于幕墙门窗行业，碳排放的大户还是施工企业，特别是行业标杆企业的碳中和现状，对行业的发展具有重要的借鉴作用。研究发现，2021 年以来，多家龙头企业响应碳中和政策，积极开展碳中和研究，研发 BIPV 及节能等相关课题，布局光伏建筑一体化产业。主要战略措施有推进内外装一体化、发展装配式技术、投产光伏组件生产基地、推进绿色低碳建筑的发展等。2022 年 11 月，行业诸多公司积极参加深圳的高交会——C3 未来建筑大会，展示各公司在未来建筑方向的最新技术与前沿产品，充分展现了幕墙门窗行业绿色低碳发展的勃勃生机。

这两年幕墙门窗行业的发展在一定程度上是受限的，尤其是国内项目较为集中的一线城市，陆续受到疫情影响，耽误了工期、增加了项目难度、降低了团队效率等。门窗则主要受到资金链的影响，进入转型期，尤其是"双碳"形势下，高端门窗加速成熟，势必会形成一批龙头品牌。因此，特别需要行业龙头企业发挥引领作用，践行社会责任，促进行业创新、升级和转型。

3.3　幕墙门窗行业的可持续性发展

幕墙门窗市场是传统行业，也需要"常做常有"且"常做常新"，创新是永恒不变的主题与真理，引领建筑行业持续发展。"双碳"国家战略形势下，绿色低碳建筑已经迎来新的发展机遇，通过上述分析，未来行业可持续发展几大方向如下：

第一，太阳能系统市场明朗。《建筑节能与可再生能源利用通用规范》（GB 55015—2021）强制要求新建建筑安装太阳能系统，太阳能产业特别是光伏 BIPV 的市场已经彻底打开，诸多行业优秀单位已经入局，随着光伏薄膜电池技术的不断成熟，未来 BIPV 的项目会逐步增多，相关行业单位须抓紧系统性的研究，避免掉队。2022 年 5 月，国家发展改革委和能源局发布了《关于促进新时代新能源高质量发展的实施方案》，提出要推动太阳能与建筑深度融合发展，完善光伏建筑一体化应用技术体系，壮大光伏电力生产型消费者群体，到 2025 年，公共机构新建建筑屋顶光伏覆盖率力争达到 50%。除了国家层面相关政策，目前全国已有多个省、市、区明确了光伏建筑一体化补贴政策。

第二，既有建筑市场广阔。既有幕墙门窗的节能改造以及安全性维护市场也具有广阔的发展空间，相关政策在 2022 年陆续实施。2022 年 3 月，住房城乡建设部发布了《"十四五"建筑节能与绿色建筑发展规划》，提出"十四五"期间实现居住建筑改造超 1 亿平方米，公共建筑改造超 2.5 亿平方米，同时新增住宅及公共建筑光伏装机超 50GW；2022 年 5 月，深圳市施行了《既有建筑幕墙安全检查技术标准》（SJG 43—2022）和《既有建筑幕墙安全性鉴定技术标准》（SJG 112—2022），详细规定了既有建筑幕墙安全维护与鉴定的相关资质及技术、施工行为，为行业健康发展保驾护航。

第三，智慧建造提上日程。集数字化、工业化、信息化技术于一体的智慧建造技术方向的发展前景良好。幕墙门窗行业专业化程度越来越高，数字化及智能化设备开始广泛使用，智慧技术在幕墙设计、加工及施工中的全生命周期应用，是未来的重要发展方向之一。目前市场主流幕墙门窗产品基本以单元式及系统窗为主，辅以三维扫描、BIM技术、信息化平台的综合模式，结合加工厂智能制造的布局，相信在未来数年内，幕墙行业在智慧技术、智能化生产及施工方面的普及率将逐步提高。

第四，零碳建筑引领潮流。2021年9月，全国首个零碳建筑团体标准——《零碳建筑认定和评价指南》发布，与零碳、近零碳以及超低能耗建筑［《近零能耗建筑技术标准》（GB/T 51350）］相关的建筑技术，以及由此带来的幕墙门窗技术发展是一场技术革命。回顾建筑节能发展史，是从建筑节能、绿色建筑，到零碳建筑甚至是被动房技术的发展历程。零碳建筑是一个集大成者，它包含了幕墙门窗的诸多关键技术，如可再生能源、装配式、BIPV、BIM技术等。推行超低能耗建筑并使其成为新建建筑标准是一种趋势，其中与幕墙门窗关联密切的零碳建筑得到各方关注。目前全国碳交易已启动一年多，后续必定将落实到建筑行业乃至幕墙门窗行业，与碳市场相关的碳排放计算要提上日程。总体上，要响应建筑从数字化、信息化、工业化到智能建筑、零碳建筑的发展趋势，密切关注幕墙低耗能材料的应用，重视工艺创新带来的低碳技术，当前疫情形势下的低碳生活、远程及协同办公等，都将是幕墙门窗行业助力"双碳"目标的重要手段。

4　结语

引用联合国秘书长古特雷斯的一句话，"疫情终将过去，但气候变化将伴随我们一生"。全球气候变化影响着每个人，实现"双碳"目标不仅需要政府和企业行动起来，也需要我们每个人，人人参与，为实现碳达峰、碳中和目标贡献力量。对于幕墙门窗行业，要真正实现碳达峰、碳中和目标，任重而道远，我们需要同心协力，砥砺前行，为企业、行业、国家乃至全球的"双碳"目标添砖加瓦。

参考文献

［1］陈迎，巢清尘. 碳达峰、碳中和100问［M］. 北京：人民日报出版社，2021.

［2］中华人民共和国住房和城乡建设部. 建筑节能与可再生能源利用通用规范：GB 55015—2021［S］. 北京：中国建筑工业出版社，2021.

［3］包毅，窦铁波，杜继予. 适应双碳目标的建筑门窗幕墙技术发展路线［C］//杜继予. 现代建筑门窗幕墙技术与应用：2022年科源奖学术论文集. 北京：中国建材工业出版社，2022.

［4］继往开来，开启全球应对气候变化新征程［R/OL］. http://www.gov.cn/gongbao/content/2020/content_5570055.htm.

光伏建筑一体化项目应用的总结与思考

◎ 谢士涛　圣　超　彭沐华

深圳市土木建筑学会建筑运营专业委员会　广东深圳　518038

摘　要　在国家"碳达峰、碳中和"的总目标背景下，光伏发电作为可再生清洁能源受到广泛的青睐和追捧。各地政府部门纷纷出台政策推动光伏系统的应用，光伏建筑一体化作为与建筑结合的减碳举措受到建设主管部门前所未有的关注。多地正在酝酿出台光伏屋顶计划，支持鼓励推动光伏发电系统在建筑上的应用，光伏建筑发展迎来重大机遇期。本文以某光伏建筑一体化项目近十年的应用为例，对光伏建筑一体化应用进行总结，提出自己的思考建议，供大家参考。

关键词　光伏建筑；光伏应用；BIPV

1　前言

2020年9月，习近平总书记在第七十五届联合国大会上提出我国二氧化碳排放力争于2030年前达到峰值，努力争取2060年前实现碳中和。目前中央已将"碳达峰、碳中和"目标确立为顶层战略布局，各地政府及各行各业积极行动，纷纷提出"零碳"或"碳中和"的目标。建筑与工业、交通为并列的三大"耗能行业"，建筑业全寿命期碳排放占比超过全国总碳排放的40%。"双碳"战略下，建筑业必须大力发展建筑减碳的新思路、新技术。光伏建筑一体化系统作为可再生清洁新能源与建筑的结合技术，成为建筑减碳最直接、最有效的技术措施而受到追捧，光伏建筑建设迎来新的发展机遇。

光伏建筑一体化的示范推广应用在我国已有二十多年的时间，受经济、技术、市场等多方面因素的制约，其发展规模十分有限。此次发展机遇能否带来大规模的发展受到广泛关注，从多地的政策推动力度和时效来看，仍相当审慎，表明光伏建筑一体化技术的普及应用还存在不确定性。本文以深圳某超高层建筑的光伏建筑一体化系统近十年的应用为例，对光伏建筑一体化应用提出思考与建议。

2　案例项目介绍

项目位于深圳福田中心区，建筑高度246m，建筑面积27万 m^2。光伏建筑一体化系统在项目实施的后期规划建设，2013年初完成建设并投入试运行，总装机容量为102kWp，光伏系统所转换的电能直接并入大楼配电系统，设计年发电量为10万 kW·h。受项目外立面与建筑效果的限制，光伏组件分别安装在246m的塔楼屋面，63m的裙楼屋面东、南、西三面玻璃护栏外围，以及裙楼屋面花园东、西遮阳棚顶等处。为便于光伏系统的有效应用和管理，项目光伏系统分为塔楼屋面、裙楼屋面东和裙楼屋面西三个独立的光伏小系统。

2.1　塔楼屋面光伏系统

塔楼屋面光伏系统：246m安装标高，装机容量12.6kWp，设计年平均发电量约12760kW·h。该系统独立于建筑功能，按光伏电站的设计要求，组件的朝向和倾角以光伏发电最佳方位布置，该系统为小型光伏并网电站。

光伏组件：70 块 180Wp 单晶硅 5mm 钢化超白玻＋2.28PVB&CELL＋5mm 钢化白玻的双玻光伏组件。考虑到屋面风载作用，光伏组件采用夹胶玻璃工艺制作，组件边框按幕墙材料工艺要求设置安装扣槽。

阵列并网：采取 14 串×5 连接方式接入一台 12kW 并网逆变器，直接接入大楼配电柜内，实现本地发电、本地使用。

安装支架：直接焊接在屋面钢构梁上，支架结构与光伏板的安装构造均按照屋面结构进行设计计算复核（图 1）。

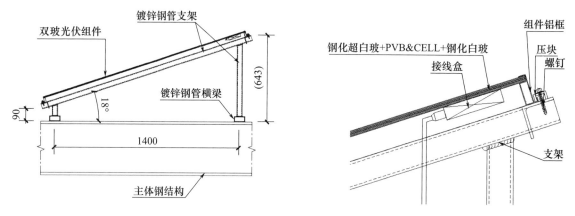

图 1　屋面光伏组件安装图

2.2　裙楼屋面东光伏系统

裙楼屋面东光伏系统：63m 安装标高，装机容量 44.7kWp，设计年平均发电量约 48100kW·h。该系统受安装部位建筑防排水、建筑效果等功能限制，光伏组件的规格尺寸专门定制，光伏组件的安装角度和朝向并不符合最佳发电的要求。系统为光伏建筑一体化设计，发电直接并入大楼供配电系统（图 2）。

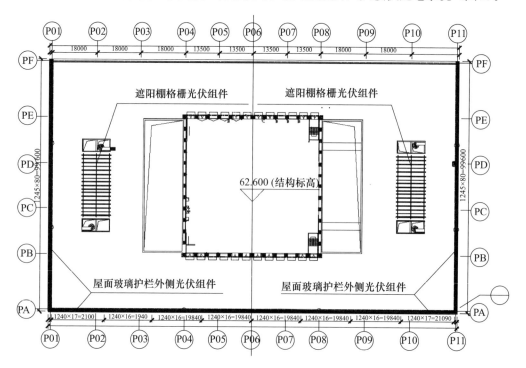

图 2　裙楼屋面光伏组件布置示意图

光伏组件：（1）东面和南面东侧玻璃护栏外侧 145 块功率 180Wp 单晶硅 5mm 超白钢化＋2.28PVB&CELL＋5mm 钢化白玻的双玻组件；（2）东侧遮阳棚 930 块 20Wp 单晶硅 5mm 超白钢化＋2.28PVB&CELL＋5mm 钢化白玻的双玻组件。考虑到屋面风载作用，光伏组件采用夹胶玻璃工艺制作，组件边框按幕墙材料工艺要求设置安装扣槽。

阵列并网：（1）护栏外侧光伏组件采取 13 串×5 并布线连接方式接入一台 12kW 逆变器，采取 16 串×5 并布线连接方式接入一台 15kW 逆变器，容量为 26.1kWp；（2）遮阳棚顶光伏组件两组采取 100 串×3 并布线连接方式接入一台 6kW 逆变器，一组采取 110 串×3 并布线连接方式接入一台 6kW 逆变器，容量为 18.6kWp；（3）上述 4 台并网逆变器输出汇入光伏系统配电柜后接入大楼用电端配电柜内，实现本地发电、本地使用。

安装支架：护栏外侧光伏组件安装采取屋面预埋＋钢方通或铝型材组成支架方式（图 3～图 5）；遮阳棚格栅光伏组件采取建筑采光顶玻璃安装方式（图 6 和图 7）。

图 3　塔楼屋面光伏阵列实景　　　　　　图 4　裙楼女儿墙外围光伏阵列实景

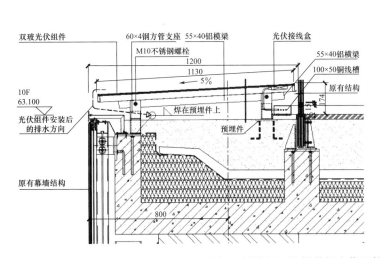 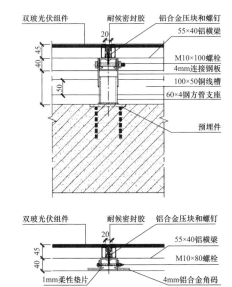

图 5　裙楼屋面护栏外侧光伏组件安装图

图 6　裙楼屋面遮阳棚顶光伏组件实景

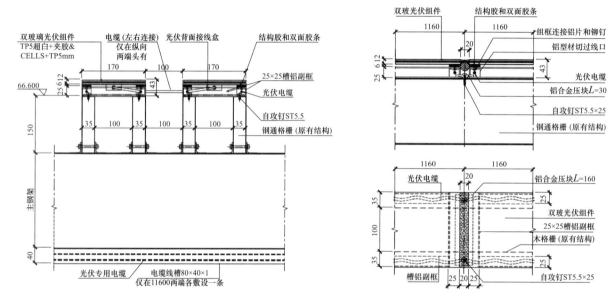

图 7　裙楼屋面遮阳棚顶光伏组件安装图

2.3　裙楼屋面西光伏系统

　　裙楼屋面西光伏系统与裙楼屋面东光伏系统完全对称布置，其主要参数为：63m 安装标高，装机容量 44.7kWp，设计年平均发电量约 48100kW·h。系统发电经并网逆变器（图 8）后就近并入大楼供配电系统。

图 8　光伏系统配电房实景

3 项目运行维护情况

3.1 发电量统计分析

项目光伏建筑一体化系统于 2013 年建成通过验收并投入运行，完整的 8 年发电量统计数据见表 1。从发电量数据来看，排除电池衰减因素，前 6 年系统发电相对稳定，近两年由于光伏组件破损（图 9）、逆变器故障等原因，发电量减少较多。从装机容量与实际发电量来看，塔楼屋面系统发电效率最高也最稳定。从安装部位对比来看，裙楼屋面西系统较东系统发电多，表明西向受光条件优于东向。但总发电量与大楼年耗电近 4000 万 kW·h 相比，光伏发电对大楼用能的贡献非常轻微。从经济角度，项目在其全寿命周期内预计总发电量在 150 万 kW·h 以内，难以抵消建设运维成本。从减碳贡献来看，根据广东省住房和城乡建设厅印发的《建筑碳排放计算导则（试行）》规定的为广东省 2020 年电力平均碳排放因子参考值 $0.3748kgCO_2/(kW·h)$ 计算，累计共可减少约 600 吨二氧化碳排放。

表 1 光伏系统发电量统计

年度	裙楼屋面东光伏系统（kW·h）	裙楼屋面西光伏系统（kW·h）	塔楼屋面光伏系统（kW·h）	小计（kW·h）
2014	16406	17773	37475	71654
2015	15515	17046	34853	67414
2016	14164	16560	33959	64683
2017	13327	16825	34553	64705
2018	13862	17429	32568	63859
2019	12757	16570	33070	62397
2020	8618	15321	29258	53197
2021	2614	19639	28797	51050

注：2020 年出现光伏组件受损，2021 年 5 月裙楼屋面东光伏系统停用。

图 9 破损光伏组件照片

3.2 日常维护管理

光伏系统投入使用以来，日常的运行维护工作主要有：（1）每日对系统运行状况进行巡查；（2）每半年对光伏组件表面进行清洁；（3）台风季节前后对光伏组件检查紧固；（4）光伏逆变配电系统的故障维修等。

3.3 应用存在的问题

从本项目近十年的应用管理来看，光伏建筑一体化系统的正常使用存在如下四个方面的问题：

（1）逆变器故障的处理。常规的运行故障物业电工可以解决，但相对核心的控制板块则难以修复，厂家一般以升级换代为由建议更换新的逆变器，但对小型电站而言更换逆变器的成本偏高。目前本项目质保期后已有3台逆变器没有修复使用。

（2）光伏组件破损的更换。项目采用的是定制双玻光伏组件，市场上无备件供应，质保期后项目裙楼屋面光伏系统累计有13块光伏组件玻璃自爆或受外物撞击破损有待更换。

（3）供应商的服务问题。光伏建筑一体化系统一般规模小，供应商服务不积极，对定制系统在服务方面更是难以跟上。受行业发展整合的影响，目前本项目要找到原供应商或合适的光伏组件已十分困难。

（4）维护成本偏高的问题。本项目光伏系统要更新逆变器和破损光伏组件，相关费用的投入几乎没有产出，难以下决心继续使用。

经综合考虑，本项目从2021年5月起已停用裙楼屋面东光伏系统，将该系统的光伏组件和逆变器作为裙楼屋面西光伏系统故障维修时使用。

4 总结与思考

本项目光伏系统运行近十年，项目装机容量不大，但过程中的问题仍值得参考借鉴。首先，系统的安全耐久性可以接受。无论是光伏组件、安装支架、安装构造，还是电线电缆、线槽线管都经受了近十年的户外考验，特别是经过了2018年"山竹"强台风的检验。其次，系统运行可靠性值得肯定。使用过程中没有特殊地管理，系统的发电功能保持正常，过程中虽出现了组件玻璃破损等的干扰，但系统运行没有受到大的影响。最后，系统并网运行不影响大楼用电质量。本项目光伏系统直接并网于大楼配电系统，因装机容量小，占大楼日用电量比重小，光伏发电的波动没有影响大楼用电。

结合本项目光伏系统的规划设计、建设运行过程，总结思考如下：

（1）光伏系统规划要提早。本项目光伏系统是为了使建筑满足绿色建筑三星级和政府相关节能减排政策示范性工程的要求，在项目建设后期才进行规划建设的。光伏系统规划时，项目适合安装光伏系统的塔楼屋面空间已有太阳能热水、机电排风设备和擦窗机轨道等安排，裙楼屋面的园林景观设计也已完成，导致最终的安装部位和装机容量受限。由于是后期提出增加光伏系统，在室内已找不到合适的光伏配电机房空间，最终安排在屋面的收纳储物间，这样，机房温度常年偏高，影响了逆变器等的使用寿命和效率。从光伏组件破损主要在裙楼屋面的情况来看，组件的布置应尽可能避免在容易发生外物冲击的高度。从本项目破损组件表象来看，大多因周边建筑施工或台风引起外物冲击造成的。

光伏建筑一体化系统的建设规划应与建筑设计同步规划，规划时要充分考虑其使用管理与更新维护等需要。这样才有利于光伏系统与建筑的有机结合，实现系统价值的最大化。

（2）光伏组件产品要通用。本项目在选择光伏组件时，由于常规组件的承载力没有数据，考虑到组件使用部位最高在246m，避免出现系统性破损而完全以玻璃构件的承载要求作参考，最终选用了夹胶玻璃生产工艺的"双玻组件"。但使用过程中破损后的补片十分困难，甚至难以为继。

光伏建筑一体化项目规模一般不大，特别是在城市公共建筑上的应用，如选择定制的光伏组件，必然会带来维护使用的问题，选择常规组件会从容得多。常规光伏组件的构造一般为3.2mm超白压花玻璃＋EVA&CELL＋TPT背板，俗称"单玻组件"。TPT为组合结构卷材，外层保护层PVF具有良好的抗环境侵蚀能力，中间层为聚酯薄膜具有良好的绝缘性能，内层PVF经表面处理和EVA具有良好的粘接性能。如果做BAPV系统，尽可能选用该类产品。BIPV系统对组件有特殊要求，多采用"双玻组件"，需要因地制宜，组件尽可能具有互换性，完工后应保存一部分备片。

（3）光伏组件安装要牢靠。本项目光伏系统光伏组件安装所处的地理位置属于台风区域的超高层建筑屋面，支架与预埋设计参照建筑幕墙和屋面结构的要求进行复核。同时，考虑光伏组件与支架的连接，对光伏组件的铝合金边框参照幕墙安装节点做了专门设计。

光伏建筑一体化的光伏组件一般会安装在屋面或墙面，要以外围护结构的结构安全来衡量。光伏组件作为构件（BAPV 系统，光伏组件固定在外围护或屋面上）安装时，安装支架、与主体结构的连接要进行结构计算，安装构造应参照幕墙或采光顶的安全耐久要求；光伏组件作为建材（BIPV 系统，光伏组件直接作为外围护面板材料）安装时，光伏组件本身要满足建筑功能要求，安装固定构造符合围护结构规范要求。

（4）配套材料选择要同寿命。光伏系统一般由组件、支架、预埋、逆变器、配电柜、电线电缆、线槽线管等组成，要保持系统的长期可用性，达到设计使用年限，组成系统的材料应尽可能同寿命或便于更换。晶体硅电池的使用寿命在 25 年以上，相关的支架、连接件、安装在户外的线槽线管等在选材时要有充分的考虑。

（5）运行维护管理要规范。光伏建筑一体化系统是光伏电站建设在建筑上，日常的运行维护应按光伏电站的要求去做。目前建筑的运行管理往往委托给物业公司，对物业服务而言，光伏系统的维护管理是新需求，在工程移交时除做好交底培训外，还要有书面的维护管理指南，对日常的巡查、光伏组件清洁、组件安全检查、常见故障排除等做出规定。建筑光伏一体化项目设计时还要考虑光伏组件清洁时的废水收集与排放构造设施，避免清洁时对其他部位造成污染。

5 结语

近年来，我国光伏产业一直处于高速发展阶段，2021 年我国光伏发电新增装机 5488 万 kW，累计装机突破 3 亿 kW，连续七年位居全球第一。过去 10 年，光伏组件、光伏系统和光伏上网电价平均下降 90% 以上。光伏发电成本从 2010 年的 2.76 元/（kW·h）下降到 2021 年的 0.31 元/（kW·h），已低于同期煤电成本的 0.43 元/（kW·h）。光伏发电已不再是只有社会效益没有经济效益的扶持产业。在国家产业政策和"双碳"目标的大背景下，光伏行业已迎来新的发展机遇。

光伏建筑一体化系统作为中小型的近用户端分布式新能源电站，已成为近年城市建筑减碳举措的发展热点，如何抓住此次重大发展机遇，让光伏建筑持续发挥作用，需要我们对光伏建筑一体化技术全面消化理解并因地制宜地应用。在"热"的行业前景和政府激励政策的感召下，仍要保持"冷"的思考，以安全可靠、经济适用为原则进行合理规划设计，落实好建设质量和维护管理，避免出现为建而建、粗制滥造的冒进工程。

参考文献

［1］谢士涛. 光伏建筑一体化技术与应用［J］. 门窗，2007（9）：42-45.

［2］魏景东，赵增海，郭雁珩. 2021 年中国光伏发电发展现状与展望［J］. 水力发电，2022（10）：4-7.

［3］谢士涛. 营运中心项目光伏发电系统技术要求［R］. 2011.

绿色三星建筑玻璃幕墙设计中的热工优化实践

◎ 范建磊　魏辰昀　董　彪　张　瑜

中国建筑西南设计研究院有限公司　广东深圳　518028

摘　要　断热条作为建筑门窗节能设计的要点之一，对幕墙整幅传热系数存在一定的影响。本文采用粤建科 MQMC 软件模拟分析了断热条的长度和设置位置对传热系数 K 值的影响，结果表明，在相同玻璃配置下，通过选择合适长度的断热条以及调整其在幕墙构造中的位置，能有效提升幕墙门窗的热工性能。

关键词　门窗；节能；热工性能；断热条长度；断热条相对位置；传热系数 K 值

1　引言

玻璃幕墙因其良好的通透性、美观性，能够更好地展现建筑的现代感和艺术性，形成建筑独有的特色，已经越来越广泛地被应用到各类居住建筑和公共建筑上。作为一种建筑外围护结构，玻璃幕墙在带来美观的同时，还需要有防风、防雨、保温、抗震等功能。其中，幕墙的热工性能随着国家碳达峰、碳中和目标的提出，应受到更多的关注。由于玻璃幕墙的大量使用，建筑能耗大大增加，冬夏季室内采暖和制冷需求逐渐提升，由此产生的碳排放给环境造成了不好的影响。因此，优化幕墙结构的热工性能、降低幕墙能耗成为了一个重要的方向。

建筑幕墙热工性能的一个重要衡量指标是幕墙整体的传热系数 K 值，通过优化 K 值改善幕墙热工性能来降低建筑能耗已成为一个重要方向。目前，降低传热系数的主要方法有：改善热传递的方式[1]，使用不同材质的暖边条[2]、断热条材质及改善幕墙环境等[3]。本文以成都市某绿建三星项目为例，通过使用粤建科 MQMC 软件模拟分析，探索断热条长度和断热条在幕墙结构中的位置对传热系数 K 值的影响，并通过模拟得到断热条最佳长度和位置，为以后玻璃幕墙热工性能的优化提供借鉴与参考。

2　玻璃幕墙热工分析

2.1　项目概况

本文项目是位于四川省成都市的某办公楼，其建筑标高 76.7m，窗墙比 0.47。根据建筑规模与功能，按照《四川省公共建筑节能设计标准》（DBJ51/143—2020）夏热冬冷地区甲类公共建筑围护结构热工性能限值进行设计。此外，本项目绿建设计目标为满足《绿色建筑评价标准》（GB 50378—2019）（后简称"国标"）三星级要求，同时满足 LEED BD+C 金级要求。国标三星级要求：围护结构热工性能比标准规定性能指标提高 20%，所以透明幕墙的整体传热系数应小于等于 1.9W/(m²·K)，太阳得热系数 $SHGC$ 应≤0.28。为节约投资成本，本项目采用框架式横隐竖明玻璃幕墙构造，TP6（Low-E）+12Ar+TP6 钢化三银 Low-E 中空充氩气玻璃。

2.2 幕墙设计基准

根据本工程的情况,文中选取面积 $A=2800\mathrm{mm}\times2000\mathrm{mm}$ 的幕墙幅面作为热工计算的基本单元(图1)。该基本单元由横框节点 HK01、横框节点 HK02、横框节点 HK03、竖框节点 SK01 和竖框节点 SK02 五个节点组成,文中仅选取竖框节点 SK01(图2)进行断热条长度及位置对幕墙传热系数 K 值影响的研究。

本文采用粤建科 MQMC 软件进行幕墙热工性能的计算。该软件依照《建筑门窗玻璃幕墙热工计算规程》(JGJ/T 151—2008)编制,计算功能齐全,将玻璃光学、框二维有限元分析计算高度集成在一起[4](图3)。

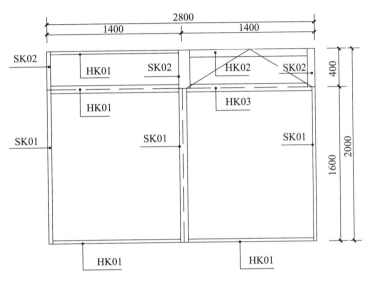

图1 幕墙热工计算基本单元

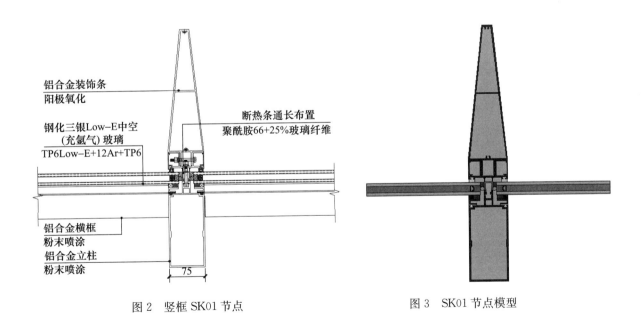

图2 竖框 SK01 节点

图3 SK01 节点模型

2.3 边界条件

幕墙热工计算时,首先需要确定环境边界条件。在不同的环境边界条件下,使用同一热工计算软件，即使幕墙结构一致，计算结果也大不相同。《建筑门窗玻璃幕墙热工计算规程》（JGJ/T 151—2008）中将计算标准边界条件分为冬季和夏季两种，其中夏季边界条件用于计算太阳能总透射比和遮阳系数，冬季边界条件则用于计算幕墙传热系数[5]。本文工程项目位于成都市，文中采用成都市的冬季边界条件进行热工模拟计算，其主要数据见表1。

表 1 成都市冬季标准计算边界条件

冬季标准计算边界条件	数值
室内空气温度 T_{in}/℃	20.0
室外空气温度 T_{out}/℃	0.0
室内对流换热系数 $h_{c,in}$/［W/（m²·K）］	3.6
室外对流换热系数 $h_{c,out}$/［W/（m²·K）］	7.6
室内平均辐射温度 $T_{rm,in}$/℃	20.0
室外平均辐射温度 $T_{rm,out}$/℃	0.0
太阳辐射照度 I_S/（W/m²）	500.0

2.4 幕墙构件材料节能参数

文中各构件材料的节能参数均按照国际标准 ISO 10077-2 中的规定及材料厂家提供的参数采用，具体见表2。

表 2 主要材料导热系数

序号	名称	导热系数/［W/（m·K）］	序号	名称	导热系数/［W/（m·K）］
1	铝合金	160	5	三元乙丙胶条	0.25
2	丁基胶	0.24	6	铝型材	237
3	密封胶、结构胶	0.35	7	泡沫条	0.038
4	双面胶	0.33	8	断热条（PA66GF25）	0.3

2.5 模拟步骤

文中按以下步骤进行计算：①将幕墙单元中节点导入 MQMC 软件并进行建模处理；②使用 MQMC 软件计算得到节点的框传热系数和线传热系数；③根据公式进行幅面整体 K 值的计算。

其中，幅面整体 K 值根据式（1）得到：

$$U = \frac{\sum A_g U_g + \sum A_f U_f + \sum l_\psi \psi}{A_t} \tag{1}$$

3 结果与分析

3.1 断热条长度对传热系数的影响

本文使用 5 种不同尺寸的 H 型断热条，尺寸分别为 15.4mm、21.5mm、27mm、32mm 和 38mm（图 4）。其中，15.4mm、21.5mm 和 27mm 断热条为市面上常见的断热条，其他两种断热条是为了研究最佳断热条长度而设计的不同长度的参照，每个断热条长度以 6mm 递增。

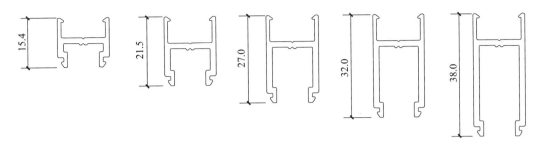

图 4　五种不同尺寸的 H 型断热条

针对不同长度的断热条，使用 MQMC 软件分析得到相应的框传热系数U_f和线传热系数l_ψ见（表3）。

表 3　不同断热条对应的框传热系数和线传热系数

模型					
断热条长度/mm	15.4	21.5	27	32	38
框传热系数/［W/(m² · K)］	4.68	3.79	2.94	2.7	2.46
线传热系数/［W/(m · K)］	0.1054	0.1054	0.1074	0.1079	0.1082

根据表3绘制断热条长度与框传热系数的变化关系曲线（图5）。

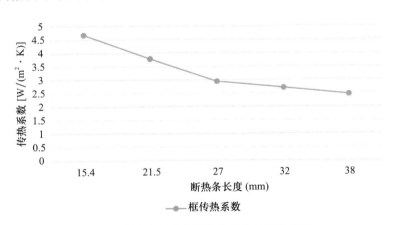

图 5　断热条长度与框传热系数的变化关系

分析图 5 可知，框传热系数随着断热条长度的增加而减小，当断热条长度从 15.4mm 变大到 32mm 时，框传热系数降低 42%，故增加断热条长度是改善幕墙热工性能的一个有效措施，可以明显地降低框传热系数。但是随着断热条长度从 32mm 增大到 38mm 时，框传热系数仅减小 8%，降幅趋势明显放缓。同时随着断热条长度的增加，铝型材立柱的抗变形能力降低，受力性能变差。所以在节点构造设计时，不能一味加大断热条截面长度来降低节点 K 值，还要综合考虑断热铝型材的力学性能及成本，选取适宜的断热条截面长度。

从表3还可以得出，在相同的幕墙构造下，当断热条的外边线所处位置控制不变时，线传热系数不会随着断热条长度的变化而有明显变动。通过整体传热系数的计算公式（1）可知，幕墙整体传热系数会随着断热条长度的增加而减小。

3.2 断热条位置对传热系数的影响

本部分在保证幕墙节点构造及玻璃配置不变的前提下调整这五种断热条（15.4mm、21.5mm、27mm、32mm、38mm）的位置进行比较分析，探究能降低传热系数的最佳断热条位置。

文中以玻璃面板的室内侧表面为基准线，通过均匀调整断热条室内侧边线与基准线之间的距离建立模型以获得其相应的传热系数，进而建立断热条位置与传热系数变化关系图进行分析。断热条位置调整，断热条室内侧边线与基准线之间的距离 δ，往室外方向为正、室内方向为负（图6）。

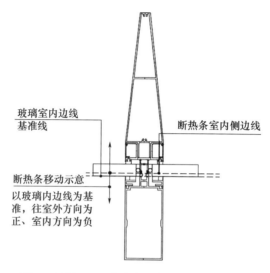

图6　竖框SK01节点断热条位置调整示意图

文中断热条侧边线与基准线之间的距离 δ 以2mm的距离递增（图7）。隔热条相对位置变化所对应的框传热系数及线传热系数分析结果见表4和表5。

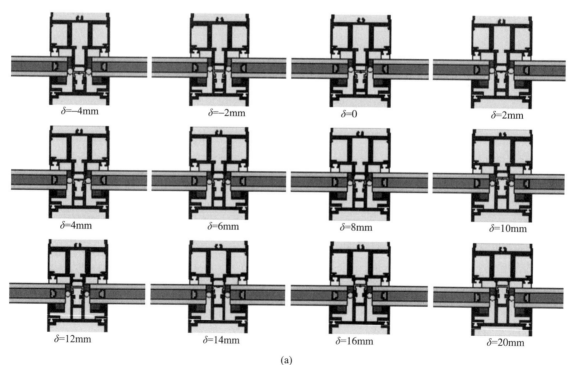

(a)

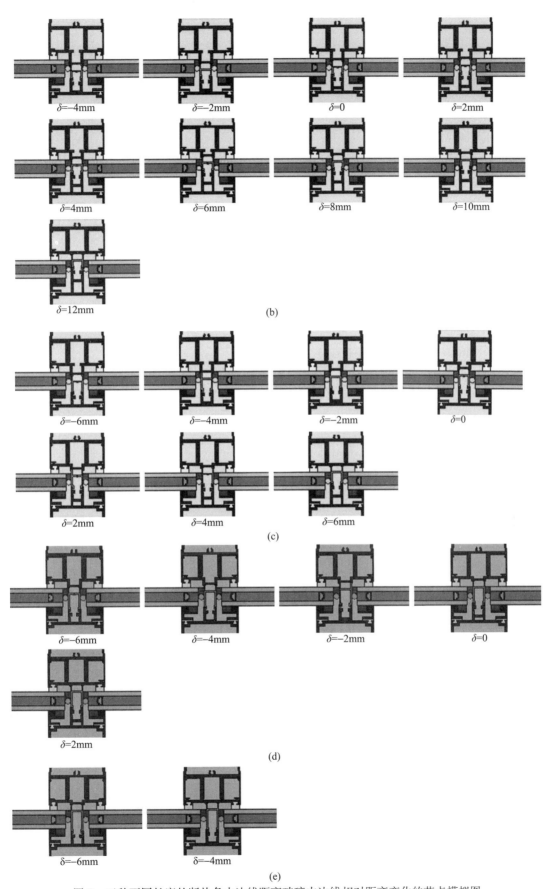

图 7　五种不同长度的断热条内边线距离玻璃内边线相对距离变化的节点模拟图

（a）15.4mm 断热条；（b）21.5mm 断热条；（c）27mm 断热条；（d）32mm 断热条；（e）38mm 断热条

21

表4　断热条相对位置变化下的框传热系数模拟结果　　　　　单位：W/(m²·K)

δ/mm	15.4断热条	21.5断热条	27断热条	32断热条	38断热条
18	4.68	—	—	—	—
16	4.78	—	—	—	—
14	4.75	—	—	—	—
12	4.85	3.79	—	—	—
10	4.94	3.58	—	—	—
8	4.77	3.46	—	—	—
6	4.38	2.96	2.94	—	—
4	4.00	3.35	2.87	—	—
2	3.78	3.26	2.92	2.70	—
0	3.53	3.20	3.00	2.57	—
-2	3.75	3.05	2.89	2.56	—
-4	3.79	2.96	2.84	2.70	2.46
-6	4.19	2.98	2.77	2.66	2.37

表5　断热条相对位置变化下的线传热系数模拟结果　　　　　单位：W/(m²·K)

δ/mm	15.4断热条	21.5断热条	27断热条	32断热条	38断热条
18	0.1054	—	—	—	—
16	0.1014	—	—	—	—
14	0.0979	—	—	—	—
12	0.0934	0.1054	—	—	—
10	0.0923	0.1033	—	—	—
8	0.0972	0.1032	—	—	—
6	0.1061	0.1049	0.1074	—	—
4	0.1127	0.1102	0.1078	—	—
2	0.1186	0.1150	0.1073	0.1079	—
0	0.1269	0.1191	0.1089	0.1084	—
-2	0.1199	0.1228	0.1149	0.1095	—
-4	0.1287	0.1242	0.1187	0.1096	0.1082
-6	0.1118	0.1268	0.1219	0.1137	0.1088

　　根据表4和表5绘制断热条相对距离变化与其相对应的框传热系数和线传热系数关系曲线（图8和图9）。

　　从图8关系曲线分析可知：

　　（1）断热条长度（27mm、32mm和38mm）大于玻璃厚度（24mm）时，控制断热条内边线与玻璃内边线距离在-6～2mm范围内，断热条外边线与玻璃外边线距离在6～10mm范围时，节点构造的框传热系数较优；

　　（2）断热条长度（15.4mm和21.5mm）小于玻璃厚度时，需要综合考虑断热条室内和室外两侧铝框对热的传导，所以基本上呈现二次项关系，随着距离的变化，在一定范围内整窗传热系数呈现先降低后升高的变化趋势，整体上使断热条与玻璃中心线对齐且稍微靠室内侧，冬季条件下的框传热系数较优。

　　从图9线传热系数曲线分析可知：

　　（1）对于线传热系数，优先控制断热条的位置，使得室外侧的铝合金框处在玻璃面的室外侧时，

线传热系数更优;

（2）断热条长度大于玻璃厚度时，断热条外边线与玻璃外边线距离在 4～9mm 范围，断热条内边线与玻璃内边线距离在 $-4～2$mm 范围时，节点构造的线传热系数较低;

（3）断热条长度小于玻璃厚度时，断热条外边线与玻璃外边线距离在 3～6mm 范围，线传热系数较小，后期随着到玻璃外边线距离增大，线传热系数反而增大。

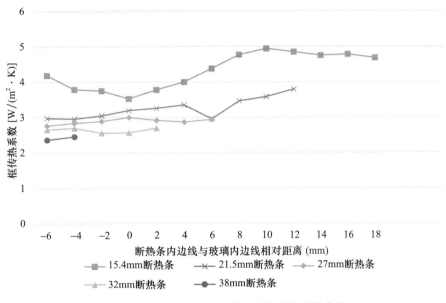

图 8 断热条相对位置变化下的框传热系数曲线

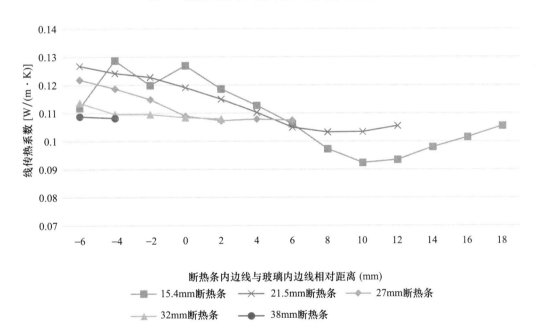

图 9 断热条相对位置变化下的线传热系数曲线

线传热系数呈现先降后增的趋势，主要是因为对于断热条长度小于玻璃厚度的断热条，当断热条位置在玻璃厚度范围内变化时，上部铝框深入玻璃内部的尺寸也随断热条位置的变化而变化。铝框导热性能较断热条好，当相对距离 δ 逐渐变大时，上部铝框深入尺寸逐渐变小，从而使得热量在断热条处被阻断，由此降低了线传热系数。但当相对距离 δ 增大到断热条外边线超出玻璃外边线时，下部铝框成为影响线传热系数的主要因素，当相对距离 δ 逐渐变大时，下部铝框深入尺寸逐渐变大，从而使得从铝框流失的热量增多，由此引起线传热系数重新增大。

由于幕墙节点的整体传热系数是框传热系数和线传热系数的加权值［公式（1）］，考虑降低整体传热系数时，并不能只是单一地考虑降低某一传热系数，综合上述数据曲线对比分析结果，宜选择长度大于玻璃厚度的断热条，且控制断热条内边线与玻璃内边线距离在－4～2mm 范围、断热条外边线与玻璃外边线距离在 6～9mm 范围时，可获得综合热工性能和经济性能的最优结果。

4　结语

通过以上分析可知，合理地设置断热条长度及断热条位置，可以有效地降低幕墙节点的框传热系数和线传热系数，从而获得较低的整体传热系数和优异的综合隔热性能。

通过模拟得到如下结论：

（1）框传热系数随着断热条长度的增加而减小，但是随着断热条长度的不断增加，框传热系数的增加趋势明显放缓。

（2）对于线传热系数，优先控制断热条的位置，使得室外侧的铝合金框处在玻璃面的室外侧时，线传热系数更优。

（3）在不改变玻璃配置和幕墙构造的基础上，通过选择长度大于节能玻璃厚度的断热条，且控制断热条内边线与玻璃内边线距离在－4～2mm 范围、断热条外边线与玻璃外边线距离在 6～9mm 范围，综合热工性能和经济性最优。

参考文献

［1］缪锦婷. 浅述幕墙热工性能设计［J］. 山西建筑，2020，46（7）：134-136.

［2］李涛，张蕾. 暖边间隔条对幕墙热工性能的影响［J］. 门窗，2013（3）：47-49.

［3］章一峰. 玻璃幕墙热工分析及性能提升思路［J］. 门窗，2019（11）：10-15.

［4］杨华秋，杨仕超，马扬. 中外建筑门窗幕墙热工性能计算软件介绍及计算对比［A］. "十一五"全国建筑节能技术创新成果应用交流会暨 2010 年年会论文集［C］，沈阳，中国建筑业协会等，2010：185-191.

［5］万成龙，王洪涛，孙诗兵，等. 中空玻璃热工性能影响因素模拟研究［J］. 建设科技，2013（1）：66-69.

玻璃幕墙节点设计中热工性能影响因素模拟研究

◎ 申振嘉 孙 芬

深圳广晟幕墙科技有限公司 广东深圳 518029

摘 要 为执行国家有关节约能源、保护生态环境政策，应对气候变化，落实碳达峰、碳中和决策部署，提高能源资源利用效率，推动可再生资源利用，降低建筑碳排放，营造良好的建筑室内环境，玻璃幕墙绿色节能技术的升级势在必行。为提高玻璃幕墙系统节能设计的科学性，从而提升玻璃幕墙系统的节能效果，使玻璃幕墙系统达到良好的节能效果，本文就建筑玻璃幕墙节点设计中影响热工性能的因素进行探讨。

关键词 玻璃幕墙；热工性能；断热形式；模拟研究

1 引言

随着国家对建筑节能的要求日趋严格，建筑门窗幕墙作为围护结构节能的薄弱环节，能耗不容忽略。因此，定量研究玻璃幕墙热工性能影响因素，对优化幕墙节能设计有着重要的指导意义。

玻璃幕墙节点设计中影响节点热工性能的因素，主要包括玻璃面板的选取、铝合金型材是否采用隔热型材、隔热型材的隔热形式、隔热条的尺寸和形状、玻璃间隔条的种类、密封胶条的形式等。其中玻璃面板占系统面积较大，一般约70％以上，故其影响也最大。随着玻璃幕墙在我国的发展日趋成熟，玻璃的选用对幕墙整体热工性能的影响逐渐形成共识，如选用中空层填充氩气、三玻两腔玻璃、Low-E玻璃（包括单银、双银、三银）等或者叠加选用都可以显著提高玻璃幕墙的热工性能。玻璃类型对幕墙热工性能的影响，行业内已多有研究且结论明显，故本文不再深入探讨。本文着重以一款固定的玻璃，对不同构造的型材节点设计，如不同的隔热形式、隔热条尺寸和形状等对热工性能的影响进行模拟研究。采用有限元三维模拟计算，研究节点构造形式对幕墙系统传热系数的定量影响，从而指导玻璃幕墙节点的节能设计。

2 模拟计算说明

2.1 模拟数据选择

模拟计算选择国内常用的一种双银Low-E玻璃代入计算，玻璃面板的传热系数为$1.65W/(m^2 \cdot K)$。

2.2 边界条件

计算边界条件设置参考《建筑门窗玻璃幕墙热工计算规程》（JGJ/T 151—2008），本次选择冬季计算条件，具体如下：

室内环境计算温度：$T_{in} = 20℃$；

室外环境计算温度：$T_{out} = -20℃$；

室内对流换热系数：$h_{c, in} = 3.6W/(m^2 \cdot K)$；

室外对流换热系数：$h_{c, out} = 16W/(m^2 \cdot K)$；

室内平均辐射温度：$T_{rm. in} = T_{in}$

室外平均辐射温度：$T_{rm. out} = T_{out}$

太阳辐射照度：$I_s = 300W/m^2$。

2.3 软件说明

计算软件采用北京豪沃克软件技术有限公司开发的幕墙工程软件 XWALL 4.9，该软件包含的热工计算模块依据《建筑门窗玻璃幕墙热工计算规程》（JGJ/T 151—2008）开发，其计算结果得到业内广泛认可。

3 隔热形式对整幅幕墙热工性能影响的研究

选择行业内常用的两种隔热形式进行对比：穿条式隔热型材和注胶式隔热型材。隔热材料截面高度统一取 20mm，计算结果如图 1 和图 2 所示。

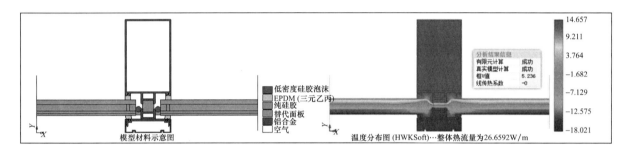

图 1　注胶式隔热型材传热系数计算

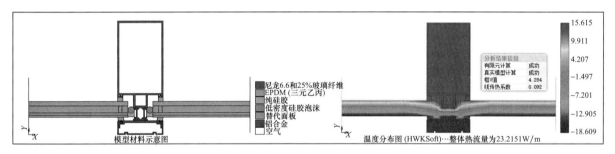

图 2　穿条式隔热型材传热系数计算

从计算结果可以看出，同种高度的隔热材料，穿条式断热型材的传热系数比注胶式断热型材的低 0.952W/(m² · K)。对于常规分格的整幅幕墙，取框窗面积比为 20%，以穿条式断热型材的传热系数比注胶式断热型材低 0.9~1.0W/(m² · K) 进行估算，则穿条式断热型材的整幅幕墙传热系数比注胶式断热型材的低 0.2W/(m² · K) 左右。

4 隔热条截面高度对整幅幕墙热工性能影响的研究

以穿条式隔热型材为例，选取不同隔热条高度的隔热型材进行对比，隔热型材截面总高度不变，隔热条高度分别取为 20mm、25mm、30mm、35mm 和 42mm 五种情况。传热系数计算结果分别如图 3~图 7 所示。

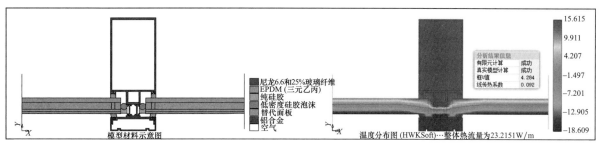

图 3　20mm 高穿条式隔热型材传热系数计算

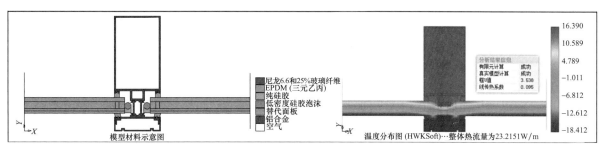

图 4　25mm 高穿条式隔热型材传热系数计算

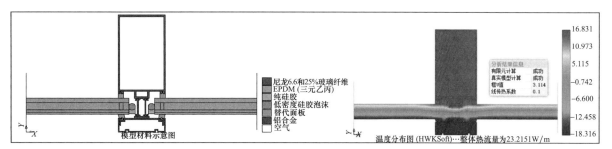

图 5　30mm 高穿条式隔热型材传热系数计算

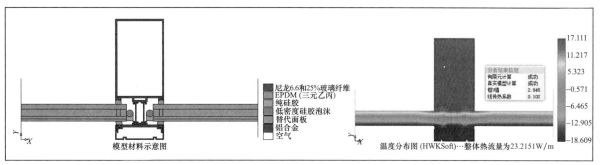

图 6　35mm 高穿条式隔热型材传热系数计算

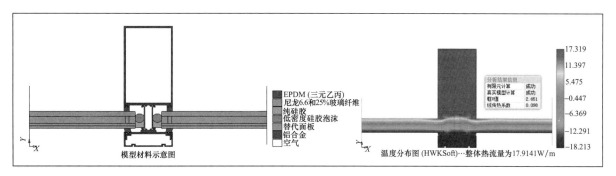

图 7　42mm 高穿条式隔热型材传热系数计算

随着隔热条截面高度的增加，幕墙节点传热系数变化趋势如图 8 所示。

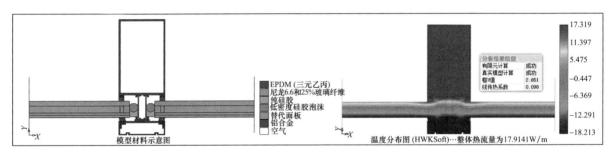

图 8　隔热条不同截面高度对幕墙节点传热系数计算的影响结果

从计算结果可以看出，隔热条高度从 20mm 增长到 42mm，铝合金型材的传热系数从 $4.284W/(m^2 \cdot K)$ 降低到 $2.651W/(m^2 \cdot K)$，降低约 $1.63W/(m^2 \cdot K)$。仍取框窗面积比为 20％ 估算，则隔热条高度从 20mm 增长到 42mm，整幅幕墙的传热系数可降低 $0.326W/(m^2 \cdot K)$。近似估算，隔热条截面高度每增加 5mm，整幅幕墙的传热系数降低约 $0.1W/(m^2 \cdot K)$。但根据曲线可以看出，随着高度的增加，曲线趋于平缓，即说明增加隔热条高度对幕墙热工性能的影响是有上限的。但仍然可以得出，一定程度上增加隔热条截面高度是改善幕墙节能效果的有效辅助手段。

5　隔热条截面形状对整幅幕墙热工性能影响的研究

在隔热条整体高度一致的前提下，选择不同的隔热条截面形状（是否带腔）进行对比，计算结果如图 9 和图 10 所示。

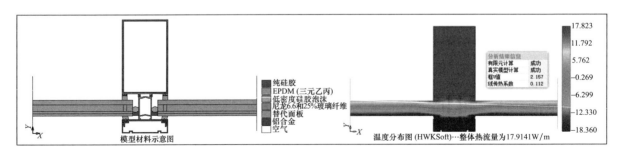

图 9　不带腔体的隔热型材传热系数计算

图 10　带腔穿条式隔热型材传热系数计算

28

从计算结果可以看出，带腔体的隔热条型材，传热系数比无腔式的隔热条型材降低了 $0.494\mathrm{W}/(\mathrm{m}^2 \cdot \mathrm{K})$，同样取框窗面积比为 20% 估算，带腔式隔热条型材的整幅幕墙传热系数比无腔式的隔热条型材低约 $0.1\mathrm{W}/(\mathrm{m}^2 \cdot \mathrm{K})$，由此可知，相同高度的隔热条，带腔的隔热型材的热工性能更优。

6 密封胶条的形状对整幅幕墙热工性能影响的研究

密封胶条选择普通胶条与长尾胶条两种形式进行对比，幕墙节点传热系数计算结果如图 11 和图 12 所示。

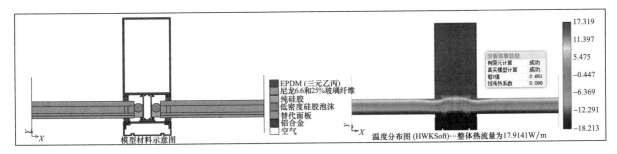

图 11 使用普通密封胶条的幕墙节点传热系数计算

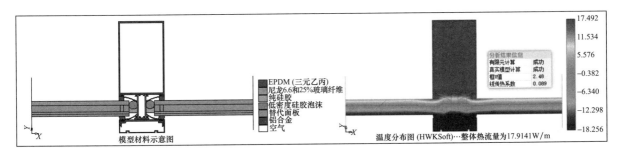

图 12 使用长尾胶条的幕墙节点传热系数计算

从计算结果可以看出，长尾胶条隔热条型材的传热系数比常规的穿条隔热型材降低了 $0.171\mathrm{W}/(\mathrm{m}^2 \cdot \mathrm{K})$。对于整幅幕墙，取框窗面积比为 20% 估算，则长尾胶条隔热形式的整幅幕墙比常规隔热穿条形式的整幅幕墙低 $0.034\mathrm{W}/(\mathrm{m}^2 \cdot \mathrm{K})$，由此可知，长尾胶条的隔热效果略优于常规胶条。

7 玻璃间隔条对整幅幕墙热工性能影响的研究

暖边技术是中空玻璃一种边部密封技术。对于暖边技术，较早的一种说法是：任何一种间隔条只要其热传导系数低于铝金属的导热系数，就可以称为暖边系统。这种说法在一定程度上反映了暖边间隔条的特点，但不够严格明确。

对暖边系统给出明确定义的是 ISO 10077-1，公式如下：

$$\sum (d \times \lambda) = d_1 \times \lambda_1 + d_2 \times \lambda_2 + \cdots\cdots + d_n \times \lambda_n \leqslant 0.007\mathrm{W/K}$$

式中：d 为所用材料的厚度；λ 为所用材料的导热系数，对应参考图 13。

对于一个间隔条，若计算结果小于或等于 0.007W/K，则称之为暖边系统；若计算结果大于 0.007W/K，则定义为冷边系统。

由此我们可以对间隔条进行定量判定。例如：根据 ISO 10077，材料的导热率如下：聚丙烯为 $0.22\mathrm{W}/(\mathrm{m} \cdot \mathrm{K})$，不锈钢为 $17.0\mathrm{W}/(\mathrm{m} \cdot \mathrm{K})$，铝为 $160.0\mathrm{W}/(\mathrm{m} \cdot \mathrm{K})$。将以上数据代入公式，得出某间隔条的计算结果为 0.002W/K，小于 0.007W/K，因此定义为暖边系统；铝间隔条的计算结果是

0.112W/K，远大于0.007W/K，所以定义为冷边系统。

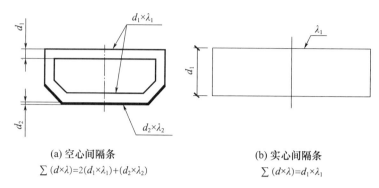

(a) 空心间隔条
$\sum(d\times\lambda)=2(d_1\times\lambda_1)+(d_2\times\lambda_2)$

(b) 实心间隔条
$\sum(d\times\lambda)=d_1\times\lambda_1$

图 13　暖边截面尺寸示意

本次计算选择常规的铝合金间隔条和泰诺风公司暖边间隔条进行计算对比，泰诺风公司暖边间隔条的导热系数为0.193W/(m·K)。相对应的铝合金型材传热系数计算结果如图14和图15所示。

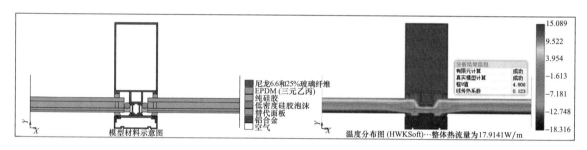

图 14　常规铝合金间隔条型材传热系数计算

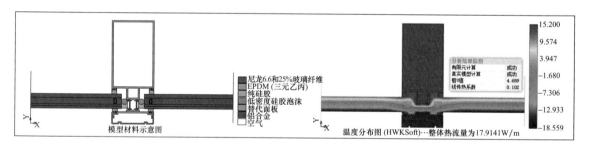

图 15　暖边间隔条型材传热系数计算

从计算结果可以看出，暖边间隔条型材比常规铝合金间隔条型材的传热系数低0.117W/(m·K)，对于整幅幕墙，取框窗面积比为20%估算，则暖边间隔条型材整幅幕墙的传热系数比常规铝合金间隔条型材的低0.023W/(m²·K)。由此可知，同种情况下，玻璃暖边间隔条对整幅幕墙隔热具有一定的改善作用，暖边技术可作为改善玻璃幕墙节能效果的补充手段。

8　明框与隐框形式对整幅幕墙热工性能影响的研究

选择幕墙行业内常见的明框与隐框形式进行对比，计算结果如图16和图17所示。

从计算结果可以看出，隐框铝合金型材比明框铝合金型材的传热系数低4.488W/(m²·K)，对于整幅幕墙，仍取框窗面积比为20%估算，但由于国家规定的限值，玻璃幕墙顶多做半隐框幕墙，以层高4.5m、水平分格1.5m考虑，则横隐竖明整幅幕墙的传热系数比全明框型材的低约0.36W/(m²·K)，横明竖隐整幅幕墙的传热系数比全明框型材的低约0.538W/(m²·K)。由此可知，若条件允许则优先采用隐框方案对幕墙的热工性能有较好的作用。

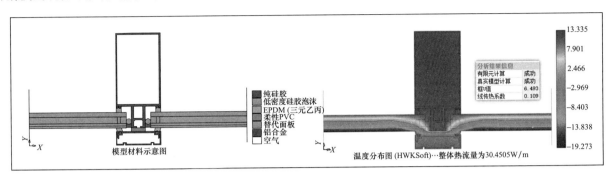

图 16　明框型材传热系数计算

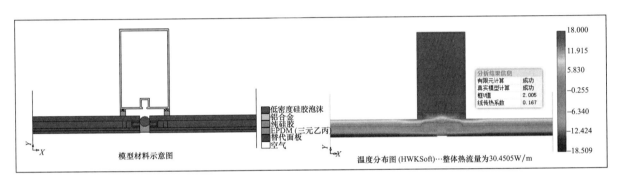

图 17　隐框型材传热系数计算

9　结论

在选择经济适用的玻璃的前提下，若想进一步提升玻璃幕墙的热工性能，可以从以下结论考虑解决方案：

（1）对于整幅幕墙，截面等高的隔热材料，穿条式断热型材整幅幕墙传热系数比注胶式断热型材整幅幕墙低约 $0.2W/(m^2 \cdot K)$。穿条式隔热型材比注胶式隔热型材在热工性能上表现更优异。

（2）增加穿条的高度能显著提高型材的隔热性能。隔热条截面高度每增加 5mm，整幅幕墙的传热系数降低约 $0.1W/(m^2 \cdot K)$，且隔热条截面高度越大改善效果越差。

（3）隔热条截面高度相同的情况下，带腔隔热条的隔热效果比较好，能降低整幅幕墙传热系数 $0.1W/(m^2 \cdot K)$ 左右。

（4）密封胶条使用长尾胶条的隔热效果好于常规胶条，优势并不明显，可作为辅助手段。

（5）同种情况下，玻璃采用暖边间隔条比使用常规间隔条使整幅幕墙传热系数降低 $0.023W/(m^2 \cdot K)$ 左右，由此可知，玻璃暖边间隔条对整幅幕墙隔热具有一定的改善作用，暖边技术可作为改善玻璃幕墙节能效果的补充手段。

（6）条件允许的情况下则可向建筑师或开发商建议优先采用半隐框方案，可有效提升建筑幕墙热工性能。

参考文献

[1] 中华人民共和国住房和城乡建设部 . 建筑门窗玻璃幕墙热工计算规程：JGJ/T 151—2008［S］. 北京：中国建筑工业出版社，2008.

［2］中华人民共和国住房和城乡建设部．建筑节能与可再生能源利用通用规范：GB 55015—2021［S］．北京：中国建筑工业出版社，2021.

［3］中华人民共和国工业和信息化部．中空玻璃间隔条 第3部分：暖边间隔条：JC/T 2453—2018［S］．北京：中国建材工业出版社，2018.

［4］万成龙．中空玻璃暖边技术应用研究．CABR幕墙设计咨询微信公众号，2022-08-05.

热成像技术、无人机技术在门窗幕墙行业的应用

◎ 韩以华　罗文垠

深圳广晟幕墙科技有限公司　深圳市　518029

摘　要　本文主要探讨利用热成像技术、无人机技术高效、无损地检测门窗幕墙工程遗留的渗透、漏水及漏气、冷桥的热损失问题，为门窗幕墙行业提供更高端的检测服务。

关键词　热成像技术；无人机技术；渗透；漏水；漏气；冷桥；热损失

1　引言

品质、智能、绿色、高端服务应该是门窗幕墙行业未来的主旋律。我国有大量的既有门窗幕墙工程及在建的门窗幕墙工程，渗透、漏水是门窗幕墙行业的"尴尬"，行内人士多有体会，大小工程深受其扰。有的多次维修不见成效，严重影响了建筑物的使用功能。漏气、冷桥的热损失，虽然表现得比较隐蔽，但也给业主及使用单位带来损失，与社会上倡导的绿碳经济背道而驰。

本文主要探讨利用热成像技术、无人机技术高效、无损检测门窗幕墙工程遗留的渗透、漏水及漏气、冷桥的热损失问题，为门窗幕墙行业提供更高端的检测服务。

2　我国幕墙门窗行业现状及发展方向

改革开放 40 多年来，在党和政府的正确领导下，人民的生活水平得到提高，综合国力得到提升，全国各地区都已实现脱贫，全面进入了小康社会。同时，建筑行业也走过黄金发展的 20 多年，创造了辉煌的成果，不仅改善了人民解决温饱后的居住条件，同时又向更高端的追求美好生活愿景迈进。

目前，我国已经成为全球最大的幕墙门窗市场，建筑幕墙门窗的需求量占全球需求总量的 2/3 以上，其中玻璃幕墙占到全部幕墙的 60％以上。

门窗幕墙行业步入了从量变到质变的时代。从数字化、信息化、工业化，到智能建筑、绿色建筑……2022 年，巨浪来袭，门窗幕墙行业经历了产业链快速转型和升级迭代的"大爆发"，以及后疫情时代用户需求的"大变革"，使幕墙生产企业及相关配套的材料生产企业正从量变走向质变，探索着新的发展空间。

3　红外热成像技术原理及技术应用

红外热成像技术也被称作人类的"第三只慧眼"，可见其神奇与独特之处。

自然界中，一切高于绝对零度（$-273℃$）的物体都可以产生红外线辐射电磁波，红外热成像技术正是通过采集红外光，来探测物体发出的热辐射。简单地说，就是将人眼不能直接看到的目标表面温度分布情况，变成人眼可以看到的代表目标表面温度分布的热图像，在显示器中显示（图 1）。

图1　热成像仪拍摄外墙空鼓部位

在显示过程中通过后端软件技术，还可以进一步计算出温度值，即对非接触探测到的红外热能加以量化，准确测量被测物体的表面温度。

红外热成像仪行业是一个发展前景非常广阔的新兴高科技产业，红外热成像仪广泛应用于军民两个领域。在现代战争条件下，红外热成像仪已在卫星、导弹、飞机等军事武器上获得了广泛的应用，同时，随着非制冷红外热成像技术的发展，尤其是随着产业化过程中生产成本的大幅度降低，红外热成像仪已在电力、消防、工业、医疗、安防等国民经济的各个部门得到了非常广泛的应用。

因为幕墙外立面较为复杂，各种材料交错，对成像的结果很难判断，需要更专业的知识及精准的设备。随着这几年的发展，热成像仪的精度及无人机的应用得到了极大的提高，各种条件已基本具备，我们期待政府主管部门出台适用于门窗幕墙行业的热成像检测规范，更有利于幕墙门窗行业的健康发展。

4　热成像技术在门窗幕墙行业的应用

4.1　门窗幕墙漏水原因分析及查找

按常规，能够被施工安装于工程的幕墙门窗，已经进行过相关幕墙门窗的"三性"或"四性"试验，说明其水密性能是合格的，能满足设计要求；同时，经过现场的淋水试验，发现有渗漏现象，这时往往工程已经竣工交付给业主了，基本不具备对全部渗漏的幕墙或门窗进行拆除翻新的条件。出于经济因素的考虑，施工方往往采取加固修缮的方法解决。

由于没有找到渗漏的根源，因此其维修效果大打折扣，经不起时间的考验。从幕墙门窗渗漏的原理上而言，渗水原因非常复杂，涉及设计、材料应用、施工和管理等各个方面。导致幕墙渗水与漏水的基本条件有三个：有孔隙存在；有水存在；有渗水裂缝的压力差存在。消除一个或更多基本条件是防治水渗漏的途径：一是尽量减少孔隙；二是遮挡雨水，使之尽量不浸湿缝隙；三是减少被浸湿缝隙处的风压差。三个主要因素，其中缝隙是内因，水和作用力属于外因。缝隙或空洞产生的主要原因有以下几种：①结构设计或型材选用上存在缺陷（例如单元式板块幕墙排水设计的问题）；②加工制作过程中达不到质量要求；③五金配件的质量缺陷造成渗漏；④连接部位（封边、封顶）等收口部位填塞密封处理不当，造成渗漏；⑤辅材（如密封胶、胶条）缺陷或老化造成渗漏；⑥主体结构存在缺陷造成渗漏[1]。

为了方便、快速地查找到渗漏源，现场采用喷淋试验或大雨过后，结合局部破损观察及红外线扫描对其渗漏途径及可能产生的原因进行分析。

使用红外热成像仪能利用冷热温差显示来判断漏水位置，辅助定位漏水点。如果渗漏的水源温度与被测物体表面温度相近，红外热成像仪的图像就不能明显地显示温差颜色。冬天水温较低，环境温度也较低，如果没有特殊情况（如有室内供暖），则不太适合进行红外热成像检测。鉴于上述情况，建议在夏季进行相应检测工作，夏季水温相对于环境温度较低，往往能够较容易地捕捉到渗漏部位的红外热谱图。

4.2　门窗幕墙漏气、冷桥的热损失分析及查找

热成像技术非常适用于确定保温材料的存在和性能状况。当保温材料缺失、受损或性能下降时，不仅能耗和空调成本会增加，而且建筑物内部的舒适度通常也会降低。减少过度的能耗十分重要，计划周密的热检查也能增加居民舒适度并减少能耗。如果建筑物内部和外部的温差达到10℃（18°F）或以上，则通常可以检测到保温问题。例如，在炎热的季节，缺失保温材料的热图案会显示为内部温度较低而外部温度较高；在寒冷的季节，热图案显示的情况则相反。

图2中，建筑物中缺失的一小块玻璃纤维保温材料会导致其他区域的边缘出现异常的漏气问题。

建筑物的过度漏气问题几乎占建筑物取暖、通风和冷却费用的一半。漏气通常是由建筑物中的压差引起的。压差可能是由风引起的，但也可能是由任何建筑物内固有的对流作用力的压力失衡造成的。通常，要检测漏气问题，只需在建筑物内部与外部保持3℃（5F）或更低的温差。空气本身并不可见，但它在建筑物表面上的温度图像通常拥有特征性的"束状"热图案。在炎热的季节，热图案通常沿建筑物的内表面显示为冷纹，或者在漏出热气的外部区域显示为暖"花"[2]。

图3中，从房门下面漏出的冷空气在过道地面上留下了一个手指模样的束状图案。

图2　缺失保温岩棉的情况　　　　　　　　　图3　房门下面漏出的冷空气

图4中，由于气密封性不佳，温热空气可以绕过该商业大楼许多区域中的玻璃纤维保温材料。

图5中，较老的建筑物双层玻璃窗中心的温点指示窗玻璃之间漏气，而正常情况下应充满氩气或干燥空气。

 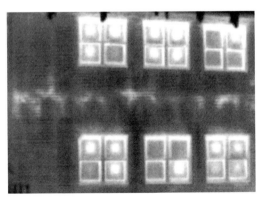

图4　温热空气绕过保温材料向外散发　　　　图5　老建筑中空玻璃漏气

5 小型民用无人机发展及现状

无人驾驶飞机简称"无人机"，是利用无线电遥控设备和自备的程序控制装置操纵的不载人飞行器。近年来，随着无人机产业链趋于成熟，飞控与导航技术快速发展，无人机具备了小型化、智能化、低成本的条件，无人机快速发展并趋于成熟。

红外热成像技术与无人机技术的结合（图6和图7），使热成像技术如虎添翼，应用于门窗幕墙行业，将会有更广阔的市场前景，也将会给幕墙行业提供更加高端的技术服务。

图6　无人机专业热成像仪　　　　　图7　搭载红外热成像仪的无人机

6 热成像技术、无人机技术在门窗幕墙行业的应用

红外热成像技术与无人机技术的结合应用于幕墙行业，一些先行者已开始尝试，在逐步积累行业经验。一般来说，无人机热成像检测系统分为无人机系统、高精度热成像设备以及幕墙及外墙图像软件系统。该系统对幕墙及外墙的检测分成了两个过程：数据采集（航空测量）和数据处理（飞行完成后）。

6.1 数据采集过程

无人机配备了各种必需的传感器，飞控系统通过GPS或北斗导航完成无人机的稳定姿态操控。数据采集阶段需要提前规划飞行路线（图8）。数据采集需要提前制定飞行轨迹，通常使用GPS或北斗导航的通用软件来完成。由于每栋待检测建筑物的GPS或北斗导航的信息测量精度不够，无人机需要增加避撞雷达和导航修正传感器，保证其自动飞行程序（在飞行员控制下）长时间连续工作。

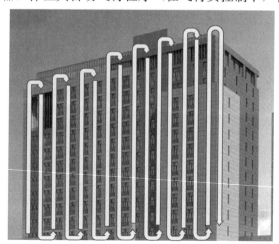

图8　飞行路线规划图

高清摄像机高达 4000 万像素，可以在 10m 之远对幕墙来一个高精度"外科体检"。每一面墙大概会生成 4000 多张照片。无人机应以与图 8 类似的网格方式捕捉立面的热成像图像，从一个角落开始，沿着叠加的网格以水平或垂直方式移动，直到整个外墙被扫描好。整面数据采集大概需要 20 多分钟，效率还是比较高的。

6.2　数据处理过程

使用携带摄像机和高精度热成像设备的无人机获取图像数据，通过获得的图像数据在建筑物的三维（3D）模型上显示出热量损失的精确位置；检查其热成像图像，并进行自动检测和分析，及时找出建筑结构中的热异常点（图 9）。

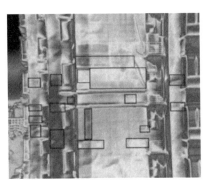

图 9　无人机拍摄的高层建筑图片

6.2.1　利用专业软件生成三维模型

在实景地图上找到目标物体的位置点，将无人机手动飞到目标物的上空并点击"开始摄影"，无人机就会开始环绕目标物体自动进行摄影，环绕路径和云台角度将在地图界面显示，摄影完成后将弹出提示；再将视频文件移动到三维建模工具中，生成立体模型。整个操作步骤十分简单，快捷高效。

6.2.2　利用专业软件处理热成像图片

数据处理的关键就是确定动态临界点检测算法。

红外热成像仪图像边缘检测方法：针对红外热成像仪采集的红外影像边缘信息模糊、影像存在噪声、边缘信息难提取的特点，首先引进形态学中的开闭运算对具有随机噪声的红外影像进行滤波，接着运用拉普拉斯算法边缘检测，然后采用 Roberts 算子提取边缘信息，建立相应的融合规则及阈值条件，将两种方法检测出的影像边缘信息融合，得到最终的融合影像。该方法结合了两种检测算子的优点，定位精度高，有很强的抗噪性，获得了比较理想的检测效果。

6.2.3　专业的检测报告

利用专业转件可以制作出整栋建筑物的热成像检测报告，报告图片可以是整栋楼的热成像图，也可以转化成常人可以看懂的异常标注图（图 10）。

6.3　数据采集过程注意事项

红外热像仪近距离检测建筑物时，会造成被测墙面超出仪器扫描视场范围，从而在同帧热像图中不能同时记录目标以外适当空间内的热辐射状态，不利于红外诊断分析。远距离拍摄时，红外热像仪难以分辨墙体细节部位，且检测空间以外的背景辐射进入视场，造成误差。

基于实践经验，拍摄距离宜控制为 10～50m。其次是仰角，应控制镜头与被测建筑之间的俯仰角 ≤45°，水平角 ≤30°。若镜头仰角和水平角过大，会影响检测精度，不能真实反映墙面缺陷情况。对于外墙饰面色差，外墙装饰材料采用不同材质和颜色时造成墙面吸光能力不同，在相同光照下，材料温度不同，造成检测结果分析困难，不利于对真实情况进行判断。同时，墙面油污、浮灰等也会对检测精度造成干扰。墙面凹凸曲面和阴影，使光照不均，对检测结果造成影响，从而影响缺陷的分析和判断。

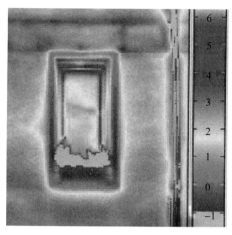

图 10 局部问题及整体异常标注

因此，应从多个角度拍摄热成像图，且应充分考虑建筑物外围护结构附近冷、热源的影响。进行缺陷分析时，结合热成像图，辨别产生温差的原因，判断空鼓部位。气候和温差对检测结果有影响，室内外温差较小时，可发现较大、较浅的缺陷，因此一般选择春秋季日升和日落时进行检测，充分利用光照快速提升墙面温度，提高缺陷分辨能力。

总之，无人机搭载红外热成像仪检测技术属于快速、高效、无损检测技术，具有广泛应用前景，检测前应规范标准流程，减少相关因素的影响。

6.4 前景展望

无人机技术还可以应用到外墙的涂料喷涂、外幕墙的清洗等，这里不再赘述。新技术的应用及推广还有相当的技术难度。入行门槛也决定了它的技术含量，我们相信这项技术不久将会发展成一个新的行业，未来会有更广阔的市场前景，给幕墙门窗行业的健康发展提供更有力的保证。

参加热成像师技术学习或培训，掌握专业知识。热成像主要取决于热成像仪使用人员正确执行检查、了解工作限制、记录所有相关数据并正确解读结果的能力。

考取无人机的操作证首先要寻找有授权的无人机培训单位进行培训，学习组装无人机的操作和飞控技术。通过培训学习合格后，就可以在有资质的无人机驾校考取民用无人机的操作证。

门窗幕墙检测对于红外热成像检测技术应用而言只是很小的一个方面，随着红外热成像技术不断发展以及应用领域的进一步开拓，相信在不久的将来，只需简单按几下键，便可以得到高质量的热像图，并且结合科学合理的分析与检测方法，使该项技术得到更好的应用和发展。

7 结语

社会的发展离不开科技进步，科技进步离不开新技术的推广。红外热成像技术及无人机技术引入门窗幕墙行业，将会对整个行业的健康发展起到保驾护航作用。由于本人的技术水平及知识面限制，难免挂一漏万，望各位同行及前辈予以补充及指正。本人在此也只是抛砖引玉，推动整个行业的发展还需要大家的共同努力。

参考文献

［1］唐晨浩，郑爱，杨国权．红外热成像检测技术在幕墙门窗渗漏检测中的应用［J］．工程质量，2017，35（2）：3.
［2］Fluke Corporation，Snell Group．热成像原理介绍［M］．American Technical Publishers，2009.

第二部分

BIM 技术与应用

有理化施工技术创新在超高层
复杂形体项目中的应用

◎ 江永福　蔡广剑　陈清辉　陈留金

深圳市三鑫科技发展有限公司　广东深圳　518054

摘　要　本文探讨基于复杂建筑形体幕墙的有理化施工技术创新，通过珠海横琴国际金融中心大厦复杂异型幕墙的设计优化、下单加工、施工安装实践，找到一种基于有理化施工技术的模式，从而保证复杂异型项目施工设计、加工、安装准确高效及缩短施工工期。

关键词　有理化施工；技术创新；BIM 技术；理论设计下单

有理化在数学中是指将无理数的分母转化为有理数的过程，在实际工作中是指将复杂的事情简单化。幕墙施工技术亦是如此，为实现超高层建筑形体复杂的特点，幕墙设计师需采用有理化技术分析、解决复杂的建筑表皮，即通过参数化技术对曲面无规律的建筑表皮的拟合、双曲面建筑表皮与单曲面的拟合、单曲与平板的拟合，分析玻璃、板块的翘高，上下层之间的错台，左右板块的缝隙等问题，拟合成最接近原建筑外观的表皮，高效地深化设计、加工组装、施工安装，以高品质的工程质量实现最美的建筑外观效果。

1 工程概况

本项目位于粤港澳大湾区珠海市横琴十字门 CBD，与澳门隔海相望，建筑高度 339m，为珠海第一高楼，塔楼分为地上 69 层、地下 4 层，与 324m 珠海中心大厦交相呼应（图 1 和图 2）；幕墙面积约 6 万平方米，建筑设计灵感来自南宋陈容《九龙图》中的造型（图 3），建筑师将设计概念融汇成"蛟龙出海"，蛟龙呼风唤雨，象征着新生的力量冲破困难，寓意着横琴金融新区蓬勃发展。整体形体上宛如"蛟龙出海"，是集萃总部办公、国际公寓、高端商业、空中会所于一体的综合性国际金融中心。

图 1　整体效果图

图 2　项目仰视效果图

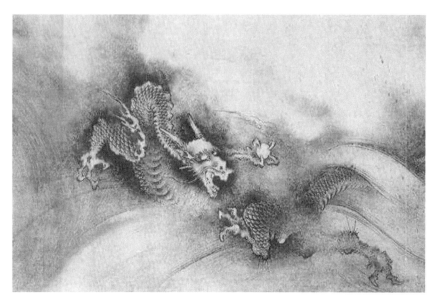

图 3 　《九龙图》造型图

2　项目特点及难点

建筑表皮为空间自由扭转曲面，形体复杂。塔楼一分为四，犹如四条蛟龙冲破藩篱，象征着横琴汇集了珠海、澳门、香港和深圳的城市精华，直冲云霄，盘旋升腾间，一座 339m 高的建筑毗邻珠江与南海的交汇口岸，蜿蜒盘旋拔地而起，成为珠江口一颗耀眼的明珠（图 4）。

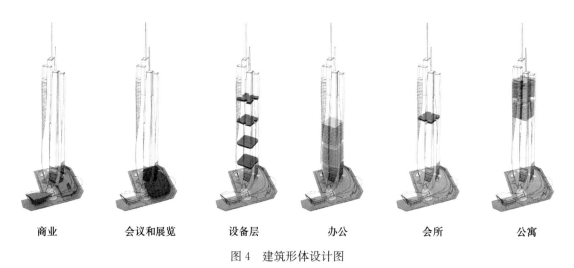

商业　　　会议和展览　　　设备层　　　办公　　　会所　　　公寓

图 4　建筑形体设计图

整体由四个体形相同的角组成，转角多、转角角度逐层渐变，设计、加工、施工难度大；26F～44F 为转换区（图 5 和图 6），转换区形体复杂，每个角则由空间扭转曲面构成，由大量空间异型板块组成。

幕墙转角角度逐层变化，角度变化范围大，阴角渐变范围：$85.7°\sim97.6°$；阳角变化范围：$63.2°\sim151.4°$。

转换区板块 2584 块，板块种类多达 865 种，加工设计及制造难度大（图 7）。

转换区相邻板块无规律错层、错缝，最大错缝值 93mm，传统系统设计难以满足要求（图 8）。幕墙板块内外倾角、左右倾角逐板块、逐层无规律变化。

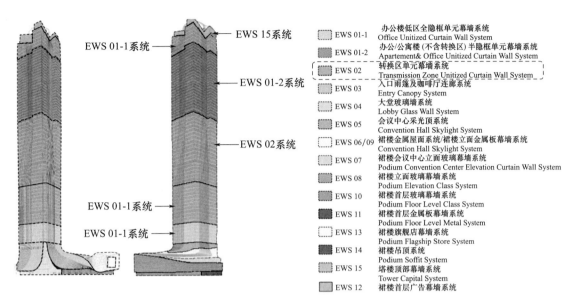

图 5　系统分布图

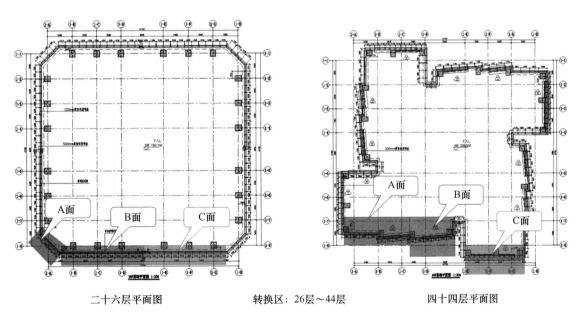

二十六层平面图　　　　　转换区：26层～44层　　　　　四十四层平面图

图 6　转换区平面图变化图

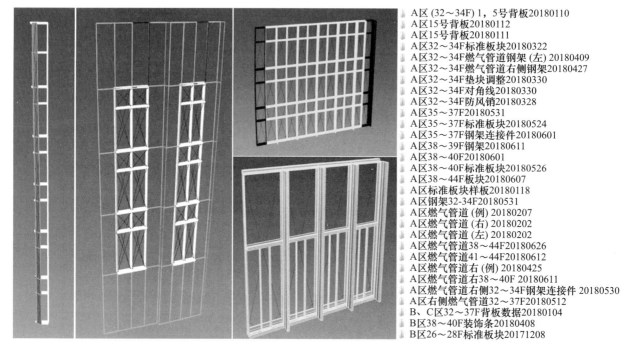

A区 (32~34F) 1，5号背板20180110
A区15号背板20180112
A区15号背板20180111
A区32~34F标准板块20180322
A区32~34F燃气管道钢架 (左) 20180409
A区32~34F燃气管道右侧钢架20180427
A区32~34F垫块调整20180330
A区32~34F对角线20180330
A区32~34F防风销20180328
A区35~37F20180531
A区35~37F标准板块20180524
A区35~37F钢架连接件20180601
A区38~39F钢架20180611
A区38~40F20180601
A区38~40F标准板块20180526
A区38~44F板块20180607
A区标准板块样板20180118
A区钢架32-34F20180531
A区燃气管道 (例) 20180207
A区燃气管道 (右) 20180202
A区燃气管道 (左) 20180202
A区燃气管道38~44F20180626
A区燃气管道41~44F20180612
A区燃气管道右 (例) 20180425
A区燃气管道右38~40F 20180611
A区燃气管道右侧32~34F钢架连接件 20180530
A区右侧燃气管道32~37F20180512
B、C区32~37F背板数据20180104
B区38~40F装饰条20180408
B区26~28F标准板块20171208

图 7　板块类型编号图

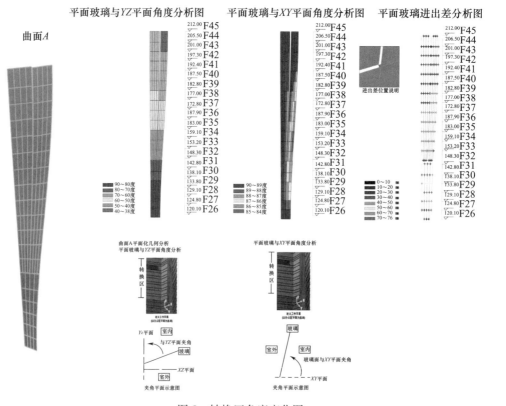

图 8　转换区角度变化图

3　转换区幕墙系统及设计创新

3.1　系统介绍

转换区位于 26～44F，标准层高 4500mm，标准板块尺寸：1537mm×4500mm，转换区层高 4800mm，板块尺寸（1170～2025）mm×4800mm，重约 600kg（图 9）。

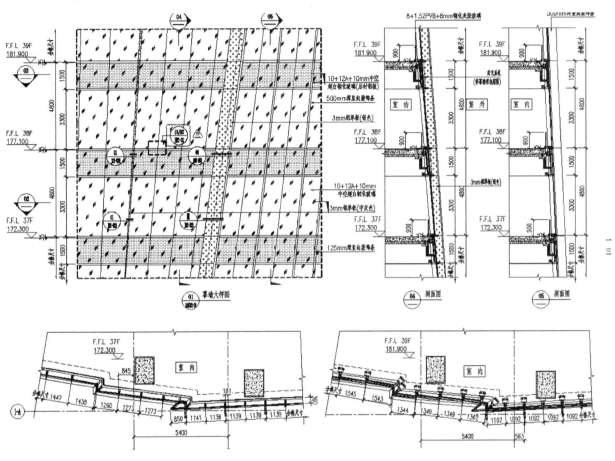

图 9　转换区大样图

3.2　设计创新要点

1. 表皮分析及优化创新

转换区建筑表面形体空间自由扭曲面；面板为曲面，加工难度大、生产周期长、成本高。为此，对表面进行分析及优化。

第一次表皮初步优化：空间自由曲面表皮优化为以折代曲；面板为异型平板；上下、左右相邻面板呈 X 形错缝；相邻面板在交点处四点不共面，施工难度大。

第二次表面优化：减少翘点的数量，四点不共面优化为左右相邻板块共一个点；接近建筑表皮效果，将左右相邻面板 X 形错缝优化为 V 形错缝。确保以折代曲面板和板块，实现建筑外观效果（图 10）。

2. 以立柱补偿型材的组合方式解决 V 形、X 形面板难题。

3. 分离式水槽适应 V 形、X 形错缝，实现水槽贯通，横梁采用补偿型材，横、竖向补偿型材外表面共面，满足面板为平板（图 11 和图 12）。

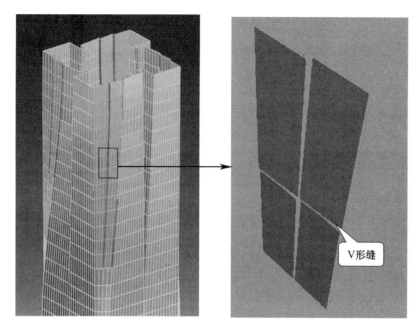

图 10 表皮优化图

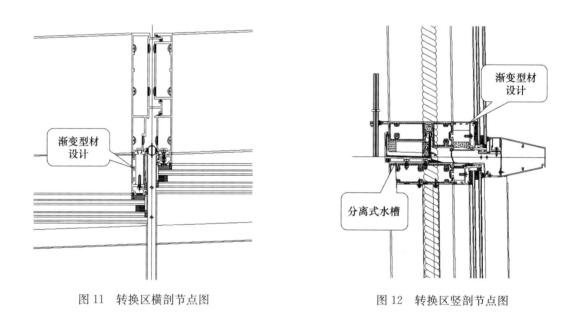

图 11 转换区横剖节点图　　　　　图 12 转换区竖剖节点图

设计上解决相邻板块的"V"形缝及上下相邻板块的"X"形错缝问题，顶横梁采用分离式水槽，适应相邻板块 X 形错缝，同时满足同层水槽的连贯；横梁与补偿型材组合，实现横、竖向补偿型材外侧共面。

4 加工设计及制造创新

1. 根据建筑表皮和系统特点，分区、分面进行下单（图 13）。A 面幕墙分格 924～2002mm，分格种类 121 种；B 面幕墙分格 999～1923mm，分格种类 36 种；C 面幕墙分格 1176～1538mm，分格种类 36 种；D 面幕墙分格 356～1680mm，分格种类 49 种。

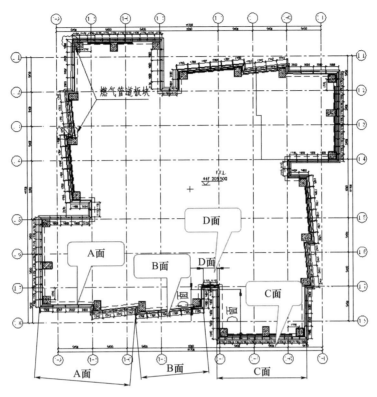

图 13　平面分区图

2. BIM 建模材料下单，确保材料下单、加工和板块组装的准确性，利用参数化技术，有针对性地编制幕墙面板下单的模块化程序，可轻松获取模型中各个种类的面板数据，自动生成下料单（图 14 和图 15）。

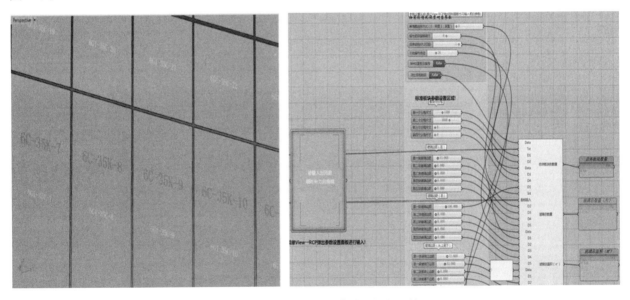

图 14　模块化程序辅助幕墙面板的下单

板块仅尺寸大小、角度变化，针对此类板块的数字化下单能大大提高效率。

3. 三维模型加工智能加工模块，避免中间环节失误引起的错误。用传统 CAD 三维模型建立方法来建此类板块类型众多（图 16），尺寸不断变化且包含渐变构件的幕墙板块将面临巨大的工作量。而采用 BIM 参数化方式则可以轻松解决板块变化的问题，缩减工作量。

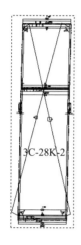

3C-28K-2

转换区-C面单元板块构件尺寸数据统计表																	
2017.10.30-黄俊																	
板块角度			母立柱(左)	公立柱(右)	竖向护边1(左)	竖向护边2(右)	构件尺寸(mm)										上横梁
A2(°)	A3(°)	M4(°)					上横梁			中横梁			下横梁			
							L	L1	L2	L	L1	L2	L	L1	L2	
89.67	89.64	90.33	4461.51	4461.47	4459.28	4459.26	1523.06	43.66	1435.09	1501.86	33.24	1435.84	1525.46	44.41	1437.45	1515
89.71	89.67	90.29	4461.47	4461.43	4459.27	4459.25	1523.06	43.69	1435.09	1501.86	33.22	1435.84	1525.46	44.38	1437.45	1515
89.74	89.71	90.26	4461.43	4461.40	4459.25	4459.24	1523.06	43.72	1435.09	1501.86	33.20	1435.84	1525.46	44.34	1437.45	1515
89.77	89.74	90.23	4461.40	4461.36	4459.24	4459.23	1523.06	43.75	1435.09	1501.86	33.18	1435.84	1525.46	44.30	1437.45	1515
89.80	89.77	90.20	4461.36	4461.33	4459.23	4459.22	1523.06	43.78	1435.09	1501.86	33.16	1435.84	1525.46	44.27	1437.45	1515
89.83	89.80	90.17	4461.33	4461.30	4459.22	4459.21	1523.06	43.81	1435.09	1501.86	33.14	1435.84	1525.46	44.23	1437.45	1515
89.86	89.83	90.14	4461.30	4461.27	4459.21	4459.20	1523.06	43.84	1435.09	1501.86	33.12	1435.84	1525.46	44.20	1437.45	1515
89.89	89.86	90.11	4461.27	4461.24	4459.20	4459.19	1523.06	43.87	1435.09	1501.86	33.09	1435.84	1525.46	44.16	1437.45	1515
89.92	89.89	90.08	4461.24	4461.21	4459.20	4459.19	1523.06	43.90	1435.09	1501.86	33.07	1435.84	1525.46	44.12	1437.45	1515
89.95	89.92	90.05	4461.21	4461.19	4459.19	4459.19	1523.06	43.93	1435.09	1501.86	33.05	1435.84	1525.46	44.09	1437.45	1515
89.09	88.99	90.91	4462.61	4462.42	4459.88	4459.75	1515.75	43.04	1427.83	1496.15	33.69	1430.08	1523.01	45.17	1434.89	1507
89.18	89.09	90.82	4462.42	4462.23	4459.75	4459.55	1515.75	43.13	1427.83	1496.15	33.56	1430.08	1523.01	45.06	1434.90	1507
89.27	89.18	90.73	4462.23	4462.07	4459.65	4459.55	1515.75	43.22	1427.83	1496.15	33.56	1430.08	1523.01	44.95	1434.90	1507
89.37	89.27	90.63	4462.07	4461.91	4459.55	4459.46	1515.75	43.31	1427.83	1496.15	33.51	1430.08	1523.01	44.84	1434.90	1507
89.46	89.37	90.54	4461.91	4461.76	4459.46	4459.39	1515.76	43.39	1427.84	1496.15	33.43	1430.09	1523.01	44.73	1434.90	1507
89.55	89.46	90.45	4461.76	4461.63	4459.39	4459.32	1515.76	43.48	1427.84	1496.15	33.37	1430.09	1523.01	44.62	1434.91	1507
89.65	89.55	90.35	4461.63	4461.51	4459.32	4459.27	1515.76	43.57	1427.84	1496.15	33.31	1430.09	1523.01	44.51	1434.91	1507
89.74	89.65	90.26	4461.51	4461.39	4459.27	4459.23	1515.76	43.66	1427.84	1496.15	33.25	1430.09	1523.01	44.41	1434.91	1507
89.83	89.74	90.17	4461.39	4461.30	4459.23	4459.21	1515.76	43.75	1427.84	1496.15	33.18	1430.09	1523.01	44.30	1434.91	1507
89.93	89.83	90.07	4461.30	4461.21	4459.21	4459.19	1515.76	43.84	1427.84	1496.15	33.11	1430.09	1523.01	44.19	1434.91	1507

图 15　导出构件数据表

图 16　各类板块模型图

4. 以 BIM 模型为基准，确保设计、加工、质量控制等环节问题快速反馈，及时高效。将幕墙构件实体 3D 模型导入到 CNC 设备接口软件，通过 CNC 设备接口软件的处理，自动生成 3D 模型对应的加工程序，最终通过 CNC 实现自动化加工，整个实现无纸化运作（图 17～图 19）。

三维模型导入CNC接口软件

生成加工程序

机器按代码高效加工

图 17　CNC 三维模型直接加工

图 18　视觉样板

图 19　四性试验样板

5　施工重难点及解决方案创新

1. 测量放线：转换区位置形体复杂、转角多、柱位多，测量放线难度大。

解决措施：（1）调配专业团队测量放线（图 20）；（2）转角多、每层结构不一样，逐层进行复核；（3）复尺与理论值比较；（4）充分采用总包给定的轴线及标高复核定位。

图 20　测量放线图

2. 垂直运输：总板块数量 8535 块，实际工期为 22 个月，只有 1 台塔式起重机，无法满足总承包和幕墙垂直运输。

解决措施：（1）制作 3 个卸料平台：2 个同层对角设置，1 个备用；（2）人货梯及塔式起重机位单元板块提前进楼层；36 层以下地面起吊安装，37 层以上随大面板块起吊进楼层（每 3 层堆放）；（3）公寓层提前分析，合理组织，改装货架，提高吊运效率，由原来每天 36 块增加到每天 60 块；

（4）充分利用中午及晚上时间进行垂直运输，确保第二天安装量。

3. 柱子位置安装，30～44层钢牛腿安装，因所有挂座焊接均为现场进行，且无调节空间，在现场定位和焊接过程热变形影响下，钢挂座施工后偏差较大。

解决措施：提前定位，设置可调挂件系统，确保安装精度，安全可靠（图21）。

图21 柱子位置板块安装

6 结语

本项目建筑形体复杂，板块种类多，设计下单难度大。有理化建筑表皮技术，拟合最接近原建筑外观的表皮，通过错台尺寸分析，采用分离式水槽和错缝式补偿型材工艺设计，充分运用企业BIM协同平台实现参数化技术下单，高效的表皮自动下单和导出加工图，极大限度地减少了设计的工作量和出错概率；运用模块化程序参数化驱动三维模型，将大量重复工作交给计算机完成，从智能加工模块3D模型到产品的无纸化运行，避免大量的二维加工出图，颠覆了常规的设计下单流程。从而使项目实现科学、有效的管理，各部门之间实现高效的协同。通过有理化施工技术使建筑设计得到完美实现，得到业主、顾问及专家的认可，达到了较好的预期效果，为复杂异形项目打下坚实的技术基础，积累丰富的经验。

参考文献

［1］中华人民共和国建设部．玻璃幕墙工程技术规范：JGJ 102—2003［S］．北京：中国建筑工业出版社，2003.
［2］中国建筑装饰协会．建筑装饰装修工程BIM实施标准：T/CBDA 3—2016［S］．北京：中国建筑工业出版社，2016.
［3］中国建筑装饰协会．建筑幕墙工程BIM实施标准：T/CBDA 7—2016［S］．北京：中国建筑工业出版社，2016.

航空轮胎大科学中心大跨度空间网壳与幕墙结构设计与分析

◎ 刘　辉　何林武　陈伟煌　李泽军

中建深圳装饰有限公司　广东深圳　518003

摘　要　本文探讨了大跨度空间网壳的结构设计分析、深化加工、装配式施工安装及装饰外表皮的幕墙的防水体系设计、骨架系统设计、面板设计深化思路。

关键词　钢网壳设计；施工；幕墙防水设计；骨架连接设计；蜂窝铝板优化设计

1　引言

　　航空轮胎大科学中心项目部的宗旨是实现我国民用航空轮胎技术自主可控，解决航空轮胎核心技术问题，以高性能军用航空轮胎为突破口，实现军民技术相互支持、相互促进、资源共享的大科学装置，建造世界一流水平的航空轮胎研发与创新基地。

　　本项目位于自然山坡，北侧为湖，依山傍水之势。规划充分尊重自然地形地貌，提出以"耦合城市"为规划理念，将园区打造为山水与城市相容的创新城市自然界面（图1）。

图1　航空轮胎大科学中心效果图

2　工程概况

　　动力学大科学装置以当代航空轮胎为设计切入点，深入挖掘航空轮胎的科技元素。以一平躺轮胎与一竖向轮胎的造型意向，契合大装置工艺要求的12m净高与24m净高要求，本文重点对动力学大科学装置竖向轮胎进行设计分析。

幕墙设计使用年限 25 年，基本风压 0.5kN/m²，地面粗糙度类别为 B 类，地震设防烈度 7 度，水平地震影响系数最大值为 0.08，设计基本地震加速度 0.10g。

本工程主要包含了屋面直立锁边＋外装饰蜂窝铝板系统、墙面防水铝板＋外装饰蜂窝铝板系统、大跨度焊接矩形钢系统、框架式玻璃幕墙系统及采光玻璃幕墙系统等。

3 大悬挑钢结构网壳系统的设计、深化加工、装配式安装

3.1 重难点分析

动力学大科学装置主体结构为钢结构（图2和图3），幕墙与钢结构之间要设置一层钢网壳来支撑幕墙系统。其中横向轮胎主体钢结构顶部标高为 20m，幕墙完成面标高为 23.45m、直径 90m，幕墙完成面与主体之间高差 3.45m（图4）；竖向轮胎主体钢结构顶部标高为 49.2m，直径 72m，幕墙完成面标高为 52m，幕墙完成面与主体结构悬挑最大距离达到 2.8m；主体结构竖向轮胎 30m 标高以上为空间网架结构体系（图5），30m 标高以下为钢框架体系；幕墙造型为双曲面造型。在设计之初，主体设计单位未考虑外层幕墙的支撑结构，均需幕墙单位设计。

图 2　动力学大科学装置钢结构 BIM 效果一

图 3　动力学大科学装置钢结构 BIM 效果二

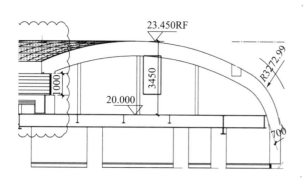

图 4　横向轮胎幕墙与主体关系

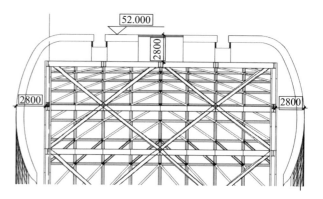

图 5　竖向轮胎幕墙与主体关系

3.2 竖向轮胎钢网壳结构体系设计分析

在竖向轮胎支撑钢网壳设计时，为简化设计方案，考虑将竖向轮胎外围护钢架分为五部分钢结构

体系：外圈空间钢网壳、内圈玻璃幕墙平面钢架、内圈平面钢架、环向空间钢架及环向玻璃幕墙钢架（图6）。钢结构体系以中间环向玻璃幕墙钢架为对称，分为东、西面两部分，着重对西面外圈空间钢网壳的设计进行分析。

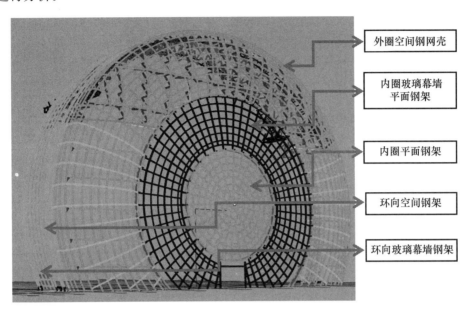

图6　竖向轮胎西面钢结构体系划分模型图

3.2.1　西面外圈空间钢网壳结构安全性分析

竖向轮胎主体结构在设计时，幕墙荷载仅按照常规幕墙的反力考虑荷载，未考虑幕墙悬挑造型钢结构的荷载。幕墙完成面最大悬挑出结构主体2.8m，如采用常规设计，单杆悬挑2.8m，必定造成钢网壳支座反力过大，主体钢梁和次钢梁无法承受该部分支座反力，且杆件设计必定超大，主体结构无法承受次结构的反力。

由于主体结构30m以上区域采用的是钢网架结构体系，幕墙支座只能设置在网架的节点位置，为解决顶部幕墙结构悬挑2.8m的问题，考虑将顶部钢支撑体系设计为竖向桁架和水平桁架，将钢网壳的支座反力通过桁架以轴力的形式传递到网架的节点处，减小弯矩和分散轴力来满足主体结构受力要求。在结构计算时，将30m以上主体钢结构网架与幕墙支撑网壳整体建模（图7），真实地反映主体结构杆件及幕墙结构杆件的受力情况及变形情况。

3.2.2　荷载设计分析

风荷载、活荷载及自重均按照规范取值；在钢结构计算分析时，钢结构为焊接结构，考虑温度作用对结构变形的影响，按照升降温20℃，拟合结构实际温度作用对杆件的影响。在抗震设计时，由于本工程为附属结构，仅使用反应谱函数法考虑不准确，所以此结构按照反应谱函数和幕墙规范法的包络情况综合考虑设计。

1. 变形限值

竖向挠度：桁架跨中挠度限值 $[L/250]$，L 为屋盖跨度；

悬挑端最大弹性位移角为 $[l/125]$，l 为悬挑长度。

2. 构件设计

杆件长细比：重要构件长细比限值为120，其余构件长细比限值为150；

杆件应力比：不大于 $0.9f$（f 为强度设计值）。

应力比分析：杆件最大应力比为0.8836，满足规范要求（图8和图9）。

3.2.3　扰度位移分析

如图10所示，测量点一最大位移为13mm，杆件长度为3.7m，最大挠跨比为1/285，小于允许值

1/250；测量点二最大位移为 37mm，杆件长度为 10m，最大挠跨比为 1/270，小于允许值 1/250。结构变形满足规范要求。

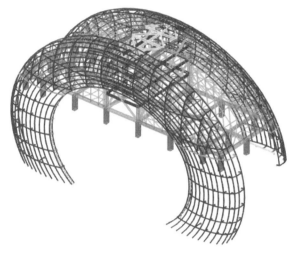

图 7　东西面外圈钢结构 SAP 计算模型

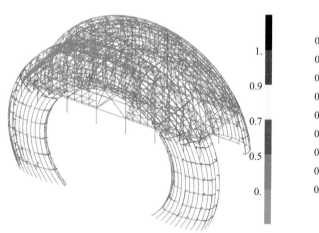

图 8　计算模型应力比情况

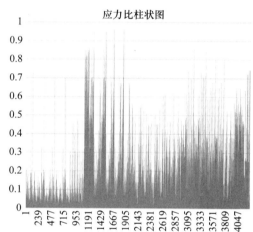

图 9　杆件应力比柱状图

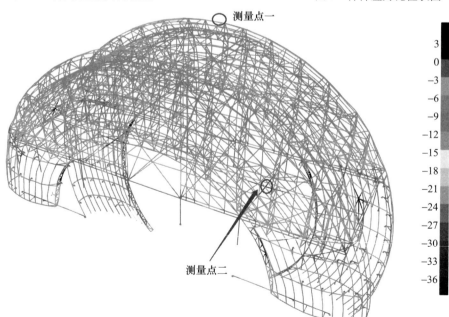

图 10　计算模型竖向位移情况

3.3　钢网壳结构的深化加工

钢结构进行结构设计分析时，所有次钢结构杆件均采用折线杆件，每个杆件连接节点均采用焊接，且每个杆件都需要切二面角，工序复杂，焊接点多，且高空焊接大多为对接焊，施工拼焊困难，对接焊对焊缝质量要求高；每个杆件都需要空间定位，测量工作量大。出于工期、施工工艺等多方面的综合考虑，在深化加工时，采用了如下技术的运用，将整体工期提前。

3.3.1　采用 BIM 建模

通过 BIM 模拟，检查碰撞问题，避免传统多图纸的错漏碰缺等问题，提高对图纸的理解。通过BIM 下单及生产加工，现场按成品龙骨材料编号进行安装，缩短加工周期。通过 BIM 模拟和现场施工班组一起协调简化出图方式，提高安装效率，降低安全隐患。

3.3.2　优化支撑结构体系

竖向轮胎侧面支撑钢架结构计算时，内侧支撑钢架与外侧网壳结构共面，杆件相互交互，造成外侧完整的钢网架结构被断开，极大地增加了钢网架的加工和组装难度；深化时，将内侧支撑钢架内退200mm，将原有交汇点采用杆件与钢架连接，保证了钢网架的完整性，使外侧钢壳规整，减少了杆件规格（图 11 和图 12）。

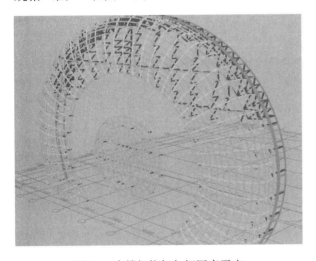 

图 11　支撑钢桁架与钢网壳平齐　　　　　　　图 12　30m 以上支撑桁架体系

3.3.3　装配置技术的运用

采用地面拼装、整榀吊装的方案，拼装与安装同时进行；将钢构分为内侧支撑桁架体系和外侧钢网壳体系两类分别吊装安装。装配式深化也从如下方面做了优化：

（1）所有原材采用 9m 长度定尺下单；

（2）所有环向龙骨，根据受力模型采用沿环向拉弯处理，减少拼接点数量；

（3）减少杆件种类规格，采用高强度钢；

（4）分榀时尽量使每榀钢架规整统一，集中加工，减少测量定位工作量。

3.4　钢网壳结构的装配式安装

外圈钢网壳施工时，采取两侧同时吊装的方式，左右钢架对称，在地面分榀加工完后，吊装至安装区域；钢结构起吊前，对钢网壳自身的起吊强度和挠度进行校验（图 13 和图 14），以满足结构的安全性要求。起底钢架底部采用钢芯套与地面连接（图 15），钢架起吊后，根据 BIM 模型的点坐标，通过全站仪测量定位点，每榀钢材需通过三个点坐标来控制钢架定位，底部钢架与上部钢架采用钢芯插接（图 16），待第二榀钢架测量放好线后，先采取临时固定的形式固定钢架，采用高空车载人的方式，对支座点进行满焊，插接位置满焊处理，然后防腐处理、监理验收。整体钢网架施工偏差控制在20mm以内，以保证外侧次龙骨的安装精度（图17）。

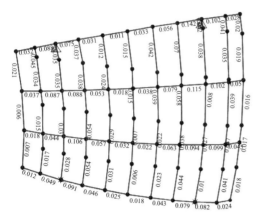

图 13　钢架应力比：0.142（＜1.0）

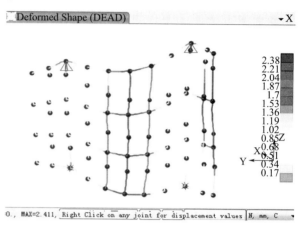

图 14　最大位移：2.411mm

图 15　起底钢网架安装

图 16　钢网架的插接安装

图 17　钢结构吊装完整体外观效果

4　幕墙防水及外装饰板骨架连接设计

4.1　幕墙防水设计

动力学大科学装置由于外立面造型的特殊性，内侧无刚性防水层，因此整个工程的防水均靠外侧幕墙系统。外侧防水体系的好坏，直接影响着整个建筑的使用功能，防水设计的好坏，直接决定了工程的成败。

4.1.1　屋面防水设计

考虑该工程的重要性，设计时，按照一级防水屋面设计，采用两道防水设计。环向屋面由玻璃采光顶系统（图 18）和蜂窝铝板双层幕墙系统组成。在设计玻璃幕墙时，玻璃幕墙采用双道胶缝打胶设计；在设计蜂窝铝板双层幕墙系统时，采用两道防水体系，第一道采用 1mm 厚铝镁锰板作为屋面的外防水层，第二道防水层采用 1.5mm 厚 TPO 作为防水层。

竖向轮胎屋面直立锁区域圆环直径为 71.6m，采用 FLEX-LOK65 系列 400 宽版型，该位置 1.0mm 厚铝镁锰直立锁边板可以自然成弧；考虑施工、排水、吊装及安装等多方面因素，直立锁边板采取搭接的方式（环向布置），板长为 7.8m（两个蜂窝铝板长度＋板的搭接距离），搭接长度不小于 300mm，搭接处需双道丁基密封胶密封处理，搭接位置的肋板需裁剪后搭接，保证连续性。第二道防水为 TPO 卷材防水，该防水层采用热风焊接形式，使其成为一个整体（图 19）。

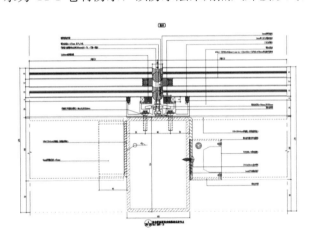
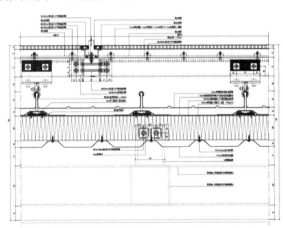

图 18　玻璃采光顶节点图　　　　　　　　图 19　屋面蜂窝防水节点图

4.1.2　墙面的防水设计

墙面为双曲圆形曲面造型。在设计时，除了考虑防水外，还需考虑施工安装，如果全部采用直立锁边板，施工措施及安装、排水方向均不能满足要求。在设计时，为了简化施工安装，墙面防水采用 2mm 厚铝单板作为防水层；考虑钢结构变形，将防水铝板分缝设置为 20mm，满足板及结构变形的问题（图 20）。

4.2　蜂窝铝板支撑骨架设计

4.2.1　直立锁边位置蜂窝铝板骨架连接设计

竖向轮胎环向位置外装饰蜂窝铝板在深化设计时，蜂窝板优化为平板（即环向为平板拼成圆环），而内侧直立锁边板为圆弧形，蜂窝板面与弧形直立锁边板肋的距离在 136～185mm 的范围内变化（图 21），而铝横梁底部距离直立锁边板的距离为 10～60mm，最小点基本与肋平齐，原有的大面连接方式在该位置无法满足要求，而蜂窝铝板环向方向尺寸为 3768mm，如果环向龙骨仅在横向分格位置连接，在中间部位无连接点，铝合金连接龙骨计算长度达到 3688mm，结构计算横梁无法满足要求；由于净空高度限制，也无法增加横向龙骨作为环向龙骨的连接点，在深化设计时，加大龙骨与板面的距离，将铝合金环向龙骨设置在直立锁边板的中间位置，使其可调空间增大。其次，为了保证龙骨受力满足计算要求，在板肋间增加转接钢件来支撑环向蜂窝铝板骨架，每个蜂窝板 1/3 分格及 2/3 分格处增加两个支撑点，使其龙骨满足结构要求，U 形件与钢板上下左右可调节 30mm，实现了支座的三维可调连接（图 22～图 24）。

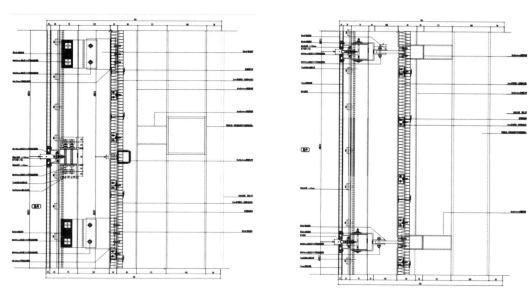

图 20　墙面防水节点图

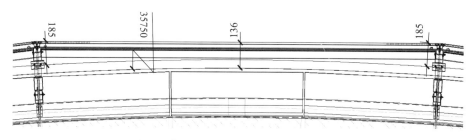

图 21　直立锁边弧形板与蜂窝铝板关系图

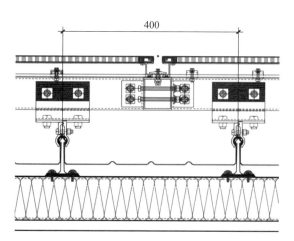

图 22　铝合金龙骨在分格处连接节点一

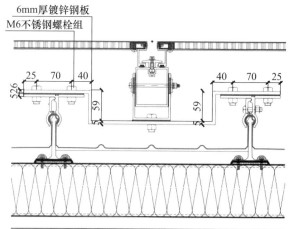

图 23　铝合金龙骨在中间处连接节点二

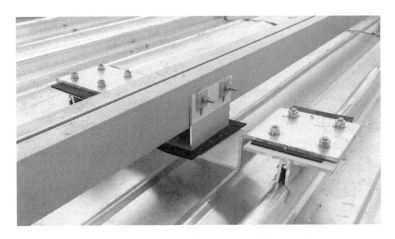

图 24　铝合金龙骨在中间处连接节点（照片）

4.2.2　墙面蜂窝铝板骨架设计

在优化时，将外侧蜂窝板优化为梯形板块，所以龙骨也需折线处理；在设计龙骨时，以环向长边作为主龙骨，短边通过不同角度的连接角码与长边龙骨连接，长边龙骨通过 U 形件与次钢骨架上的 T型件连接，通过 U 型件来实现骨架的三维可调（图 25 和图 26）。

图 25　蜂窝板 U 形连接件

图 26　蜂窝铝板防水板次骨架安装（照片）

4.3　蜂窝铝板的优化设计

动力学大科学装置为轮胎的双驱动建筑，外立面为曲面造型，为了保证外立面效果，采用了犀牛 GH下料深化，将所有非立面与屋面交接位置的蜂窝板优化为平板，将原圆弧边优化为折线，简化施工工艺，减少型材的拉弯工序。蜂窝铝板边部采用通长铝合金连接附框设计，蜂窝板与骨架采用铝合金压块连接，压块通过内六角头不锈钢螺栓与铝合金龙骨连接，保证了其安装便捷，蜂窝铝板底边设置两个角码作为承重托条。蜂窝铝板附框采用拼角处理，蜂窝铝板与附框连接缝隙需密封胶密封处理（图 27），保证开放式蜂窝铝板外侧的封闭，防止水汽进入蜂窝芯层，造成表皮脱落、起鼓、变形等问题。

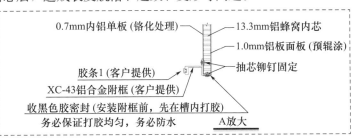

图 27　蜂窝铝板外密封处理

5 结语

近年来，建筑行业外部环境发生了重大变化，面临疫情肆虐、国际政治动荡、房地产销售疲软等挑战，建筑师对建筑外观的要求越来越高，反而造价在不断压缩，企业之间竞争越来越激烈，留给幕墙设计师的空间越来越小，对幕墙设计师的要求越来越高。我们在进行设计时，要从安全、美观、施工便捷等多因素综合考虑。本文概述了本项目钢网壳的设计安装思路以及外幕墙系统的设计，希望能为类似工程提供一些借鉴和帮助。

参考文献

［1］中华人民共和国住房和城乡建设部．建筑抗震设计规范：GB 50011—2010［S］北京：中国建筑工业出版社，2010.

［2］中华人民共和国住房和城乡建设部．钢结构设计标准：GB 50017—2017［S］北京：中国建筑工业出版社，2017.

［3］中华人民共和国建设部．玻璃幕墙工程技术规范：JGJ 102—2003［S］．北京：中国建筑工业出版社，2003.

异型铝板幕墙中 BIM 的应用

◎ 余金彪 许舒文 阙靖昌 林 云

深圳广晟幕墙科技有限公司 广东深圳 518029

摘 要 本文主要讨论了异型铝板幕墙在设计中的应用。利用 Grasshopper 的参数化优势，分析并解决异型铝板在设计、加工中的重点难点，提高设计精度和生产加工的效率。

关键词 异型铝板幕墙；参数化；Grasshopper

1 引言

20 世纪 90 年代，金属幕墙作为一种新型的建筑幕墙在全国各地得到快速推广，推动了建筑幕墙的进一步发展。铝板幕墙由于具有重量轻、强度高、可塑性强、耐候防腐、安装简便、环保等一系列优点，一直在金属幕墙中占据着主导地位，加之其加工、运输、安装施工等都比较容易实施，因此备受青睐，此技术获得了突飞猛进的发展，诞生了众多极富冲击力的建筑。

本项目以同时具有多种状态的异型单元铝板幕墙模型为载体，阐述 BIM 技术在异型铝板幕墙设计中的应用，通过参数化辅助生产，运用其共性与差异，以达到提升设计生产效率的目标。

2 载体形态选取与分析

为了尽可能地表达不同形态的铝板幕墙下 BIM 技术的运用，这里的载体模型选择同时具有垂直、内倾、单曲、双曲等形态的异型单元铝板。从整体上分析，幕墙模型分为上、下两部分，下部垂直幕墙，上部内倾幕墙，转角曲面板块则兼顾这两种类型（图 1）。从个体上分析，所有单元铝板由菱形中空面板、内侧板、斜面板、折边四个部分组成（图 2）。其中菱形面板及斜面板的尺寸都是在不断变化，支撑钢架龙骨也随之变化，这会使单元铝板难以安装。为了解决此问题，需要对钢架龙骨进行参数化设计。

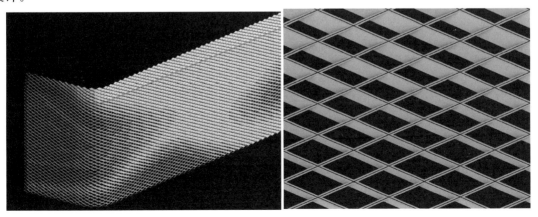

图 1 载体模型形态

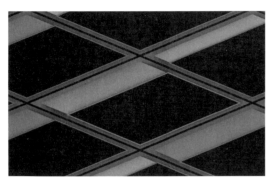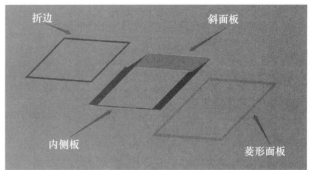

图 2　单元铝板个体展示（左）与拆解（右）

本文提供一个从参考模型外表皮中提取、筛选关键数据的思路。通过分析、归纳其中的规律，再进行深化设计转化，形成一系列切实可行的面板和龙骨加工模型。

对每一个装配式铝板单元板块进行单独编号（图3），并将关键信息与之关联。此编号贯穿板块设计、建模、生产、安装、修护等全生命周期。

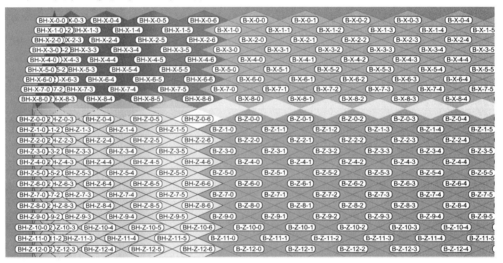

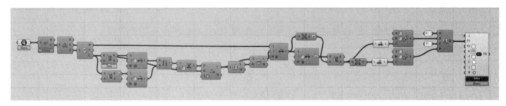

图 3　板块编号

3　参数化设计的应用

在参数化建模软件的选择上，根据此项目特点，我们主要使用的是 Grasshopper，它是一款在 Rhino 环境下通过可视化编程生成模型的插件。Grasshopper 的突出特点是它以自己独特的方式完整记录起始模型（点、线、面）和最终模型的建模过程，因此我们可以通过输入起始数据，调用对应的运算器，达到筛选有效数据、生成模型的目的。

3.1　菱形面板的生成

由于此模型造型复杂，原模型存在大量破面、叠合、破角等问题（图4），所以第一步就是对原模

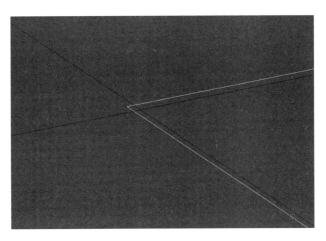

图 4　面板模型重叠

型进行优化。对于平面菱形部分，首先把原模型的面板导入 Rhino，先提取边线，通过组合排序，按长度不同筛选出外侧的边线，再提取出角点，分两次去除重复点（公差为 0.1mm），一次以板块为单位，一次先拍平再以整体为单位（使每一个角点唯一），通过计算板块点到整体唯一点的距离，取每一个整体点距离最小的那一个，使所有相邻板块角点共点，从而解决破角及叠合问题（图 5）。最后向内偏移设计距离，用偏移后的边线去切割菱形，得到平面菱形面板（图 6）。

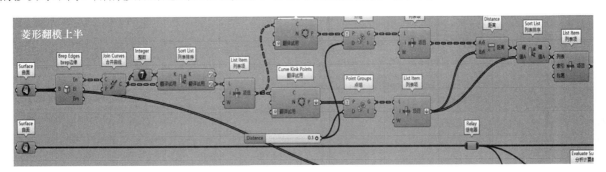

图 5　去重运算器

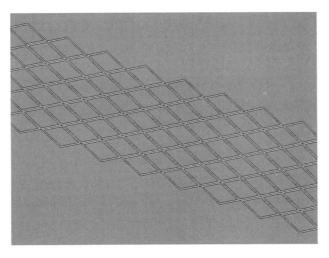

图 6　完成面板

再处理曲面菱形部分，只需将做好的轮廓再拉回至调整好的完整工作平面，剪切出新的弧面菱形即可（图 7）。

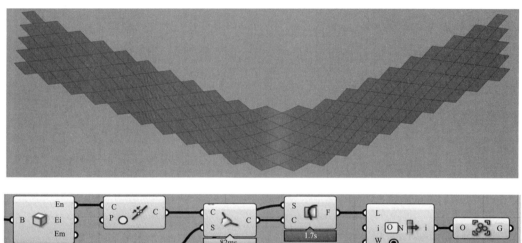

图 7　弧面生成过程

3.2　斜面板的生成

　　由于深化设计后单元铝板的厚度有调整，因此斜铝板的进出距离也需要根据设计方案进行调整。我们对边线进行优化调整，再通过 Z 坐标筛选出下边线（图 8），把下线拉回至新进出位平面，得到新下边线（图 9）。新提取的边线与菱形面板通过距离判断同步进行排序，使斜面板下边线与菱形面板一一对应并提取内侧边线，两条线放样。下边线中点拉回至铝板厚度平面（这里设计方案是 −140），两点成一个向量，挤出斜线得到折边（图 10）。

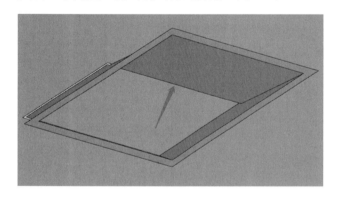

图 8　斜铝板下边线

图 9　斜铝板折边

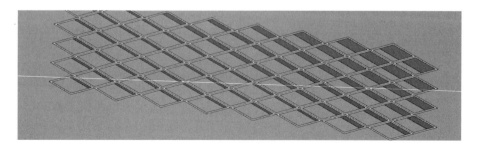

图 10　斜铝板完成图

3.3　内侧铝板及折边的生成

此部分因为深化方案与效果模型差别较大，且不影响其外观，因此不再使用原模型数据。斜面铝板生成前已经和面板进行过同步排序，此时两部分数据结构是对应的。以面板中心点创建工作平面，并与面板法线对齐，确保所有面板的工作平面方向一致，通过在工作平面作圆，对边线进行排序，筛选出除斜边外的三条边线（图 11）。

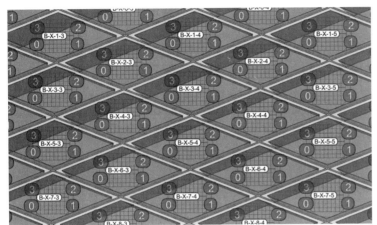
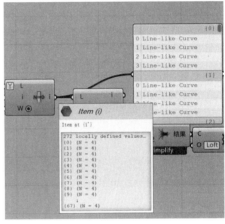

图 11　工作平面排序（左）与数据展示（右）

使用筛选出的三条边线，取中点投影到内偏辅助面上，两点成一个向量，挤出需要的长度，把新挤出的内铝板面与斜面铝板求相交线，相交线组合后延长一点，防止后续切割错误，用两条相交线的中点 Z 坐标区分出上下，筛选出对应的铝板，用交线对其切割，得到新的内侧铝板及修剪后的斜板（图 12）。

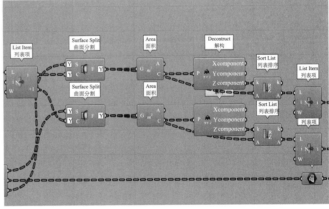

图 12　内侧铝板切割（左）与电池展示（右）

最后提取内侧边线并生成面，把生成面延伸，让边线在延伸曲面上偏移需要的距离，生成闭合曲线，剪切后得到需要的折边。至此，平面单元铝板电池组构建完成。

在斜弧面及双曲部分，由于此部分板块是弧形板块，且部分内倾双曲，在挤出内侧铝板的时候不能使用单一法线方向统一挤出，否则板块整体会呈锥形（图 13），对龙骨的安装造成影响。

弧段建模前需要在圆弧段创建一个辅助面，把边线法线方向拉回到辅助面上，得到线到面的最短距离，放样生成内侧铝板，这样得到的每一块铝板都会垂直于面板，可以保证龙骨的安装。最后三块折边互相做相交，把相交线延长，剪去重合部分（图 14），得到最终模型。这里的相交比较复杂，因此电池的使用也会要求更高，对数据结构的处理也会相对比较困难（图 15）。

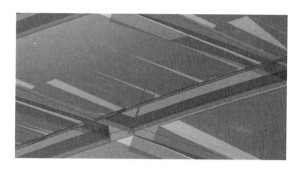

图 13　内侧铝板单一法线挤出　　　　　　　图 14　需剪切部分

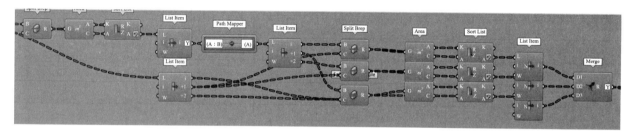

图 15　剪切运算器

至此，铝板部分已经完成，最后按批次把初始数据导入，根据电脑配置的不同，一次性可以生成 500～2000 的异型单元铝板，大大提升生产效率。

4　钢结构龙骨的生成与数据提取

由于此方案镂空铝板幕墙会存在龙骨外露的情况，影响立面效果。经过深化，决定采用主次龙骨斜向布置，虽然增加了安装难度，但是有效地还原了建筑师想要的效果。为了保证龙骨的安装精度，施工前需要在模型中把龙骨按 1∶1 建出来，并提取相关数据，为下单及安装提供依据。

4.1　筛选数据，提取主次龙骨定位线

以面板为单位对四边进行同步排序，提取同编号边线进行组合，变成一条完整的龙骨，再通过方向与编号筛选出主次龙骨（图 16）。

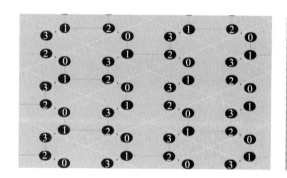

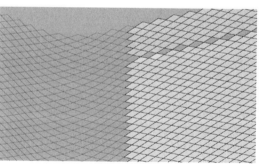

图 16　面板边线同步排序（左）与局部展示（右）

4.2　法线校准工作平面、映射龙骨截面

通过铝板外表皮内偏生成龙骨辅助面，把筛选好的面板边线法线方向拉回至龙骨辅助面并得到龙骨线。在龙骨线上取点，计算点在辅助面上的法线方向，用法线方向调整工作平面，使工作平面始终

垂直于铝板表皮（图 17），再把龙骨截面映射在工作平面上并放样，即可生成指定的龙骨（图 18）。在曲线段，只需增加龙骨的取点数量，即可保证龙骨始终垂直于表皮。在批量生成龙骨后对龙骨与单元铝板核查是否有碰撞等情况，并提前确定处理方案。

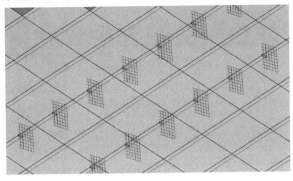

图 17　龙骨垂直工作平面

图 18　龙骨放样

使用运算器计算所有龙骨线的交点，给每一个交点一个独立的编号，把交点坐标转化为表格形式导出（图 19），方便现场安装时进行定位复测。至此，龙骨部分基本完成。

点编号	X坐标	Y坐标	Z坐标	点编号	X坐标	Y坐标	Z坐标	点编号	X坐标	Y坐标	Z坐标
1.00	-6519.93	106658.72	37991.34	46.00	5876.32	107019.56	36368.48	91.00	-3611.26	107560.00	29950.00
2.00	-6569.45	106839.19	37179.68	47.00	7965.46	106658.72	37991.34	92.00	-2560.31	107560.00	30400.00
3.00	-6668.41	107199.91	35557.37	48.00	6927.49	106749.02	37585.26	93.00	-3611.26	107560.00	29500.00
4.00	-6618.93	107019.56	36368.49	49.00	8984.49	106749.72	37582.10	94.00	-2560.31	107560.00	29500.00
5.00	-5508.38	106749.02	37585.26	50.00	7962.16	106839.19	37179.68	95.00	-3611.26	107560.00	28150.00
6.00	-4450.59	106658.72	37991.34	51.00	6920.89	106929.37	36774.09	96.00	-2560.31	107560.00	28600.00
7.00	-5554.57	106929.37	36774.09	52.00	9000.13	107019.56	36368.48	97.00	-3611.26	107560.00	27250.00
8.00	-4493.50	106839.19	37179.68	53.00	7958.86	107019.56	36368.48	98.00	-2560.31	107560.00	27700.00
9.00	-5600.75	107109.73	35962.93	54.00	6914.29	107109.73	35962.93	99.00	-3611.26	107560.00	26350.00
10.00	-4579.27	107199.91	35557.37	55.00	7955.56	107199.90	35557.38	100.00	-2560.31	107560.00	26800.00
11.00	-4536.39	107019.56	36368.48	56.00	9000.13	107109.73	35962.93	101.00	-3611.26	107560.00	25450.00
12.00	-3435.74	106749.02	37585.26	57.00	-6764.11	107560.00	32200.00	102.00	-2560.31	107560.00	25900.00
13.00	-2381.25	106658.73	37991.34	58.00	-6764.11	107560.00	31300.00	103.00	-3611.26	107560.00	24550.00
14.00	-3475.32	106929.37	36774.09	59.00	-6764.11	107560.00	30400.00	104.00	-2560.31	107560.00	25000.00
15.00	-2417.56	106839.19	37179.68	60.00	-6764.11	107560.00	29500.00	105.00	-3611.26	107560.00	23650.00
16.00	-3514.91	107109.73	35962.93	61.00	-6764.11	107560.00	28600.00	106.00	-2560.31	107560.00	24100.00
17.00	-2490.13	107199.91	35557.37	62.00	-6764.11	107560.00	27700.00	107.00	-1509.36	107560.00	32650.00
18.00	-2453.85	107019.56	36368.48	63.00	-6764.11	107560.00	26800.00	108.00	-1509.36	107560.00	31750.00
19.00	-1363.09	106749.02	37585.26	64.00	-6764.11	107560.00	25900.00	109.00	-458.41	107560.00	32200.00
20.00	-311.91	106658.72	37991.34	65.00	-6764.11	107560.00	25000.00	110.00	-1509.36	107560.00	30850.00
21.00	-1396.08	106929.37	36774.09	66.00	-5713.16	107560.00	32650.00	111.00	-458.41	107560.00	31300.00
22.00	-341.61	106839.19	37179.68	67.00	-5713.16	107560.00	31750.00	112.00	-1509.36	107560.00	29950.00
23.00	-1429.07	107109.73	35962.93	68.00	-4662.21	107560.00	32200.00	113.00	-458.41	107560.00	30400.00
24.00	-400.99	107199.90	35557.37	69.00	-5713.16	107560.00	30850.00	114.00	-1509.36	107560.00	29050.00
25.00	-371.30	107019.56	36368.48	70.00	-4662.21	107560.00	31300.00	115.00	-458.41	107560.00	29500.00
26.00	709.55	106749.02	37585.26	71.00	-5713.16	107560.00	29950.00	116.00	-1509.36	107560.00	28150.00
27.00	1757.44	106658.72	37991.34	72.00	-4662.21	107560.00	30400.00	117.00	-458.41	107560.00	28600.00
28.00	683.16	106929.37	36774.09	73.00	-5713.16	107560.00	29050.00	118.00	-1509.36	107560.00	27250.00
29.00	1734.33	106839.19	37179.68	74.00	-4662.21	107560.00	29500.00	119.00	-458.41	107560.00	27700.00
30.00	656.77	107109.73	35962.93	75.00	-5713.16	107560.00	28150.00	120.00	-1509.36	107560.00	26350.00

图 19　部分坐标数据

5　结语

随着建筑行业的不断发展，人们对建筑的艺术性要求越来越高，各种曲面、异型建筑幕墙的使用也越来越广泛，但是这些外观优美壮观的造型也带来了很多下单、装配、安装等方面的问题。而 BIM 技术的应用，在面对后期方案修改时只需通过调整数据来对模型进行快速调整，能大大提高设计师的工作效率，减少方案修改成本。本文仅通过该项目局部位置进行参数化建模分析，在遇到不同特点的项目时，需要通过分析其特点，选择或调整不同的运算器方案。

参考文献

［1］中华人民共和国住房和城乡建设部 . 建筑工程设计信息模型制图标准：JGJ/T 448—2018［S］. 北京：中国建筑工业出版社，2019.

［2］李森，王小勇，张奇 . 埃塞俄比亚商业银行幕墙工程 BIM 应用［C］//现代建筑门窗幕墙技术与应用：2021 科源奖学术论文集 . 北京：中国建材工业出版社，2021：17-32.

［3］曾晓武 . 基于 BIM 技术的建筑幕墙设计下料［C］//现代建筑门窗幕墙技术与应用：2018 科源奖学术论文集 . 北京：中国建材工业出版社，2018：3-9.

四边形分格椭圆双曲网壳采光顶设计研究

◎ 何林武　陆睿贤　聂理智　宋璐璐

中建深圳装饰有限公司　广东深圳　518003

摘　要　本文基于光明科学城幕墙项目的采光顶设计安装过程，探讨了四边形分格椭圆双曲网壳采光顶设计中，双曲单元面板平面优化的解决方案，利用 Rhino 与 Grasshopper 软件，对采光顶进行了曲率分析并对单元面板的翘曲及尺寸种类优化，将全部单元板块平板化，运用 Kangaroo2 平台的动力学分析程序，动态求解优化并统一了所有相似单元板的尺寸，并以调节钢龙骨安装偏差为核心采用了节点的设计方案，取得了较好的实际施工效果。

关键词　采光顶；BIM 技术；双曲幕墙面板优化；Rhino；Grasshopper

1　引言

玻璃采光顶作为一种建筑外围护结构，已被广泛运用于各种建筑之中，随着行业对建筑的装饰性、艺术性要求的提升，玻璃采光顶的使用面积越来越大，外形设计也逐渐趋于选择双曲面及自由曲面等表现形式。表皮分格的划分影响着采光顶建筑的整体力学性能与外观效果，在采光顶设计与建造过程中起到关键的作用。

目前，采光顶的表皮分格划分主要有三角形分格与四边形分格两种形式。三角形分格表皮划分可保证组成整体表皮的单元为平面板，且单元的顶点都位于原始曲面上，但面板顶点汇聚处的边线有 6 条，龙骨施工较复杂；四边形分格面板划分方式减少了顶点汇聚处边线与单元面板的数量，但由于四边形自身的几何特性，划分表皮时会产生双曲面板，且易出现外形相似但不完全相同的板块，生产施工难度较大。本文以光明科学城项目四边形分格椭圆双曲网壳采光顶为例，探讨了此类型采光顶设计建造过程中的难点及解决方案。

2　项目概况

光明科学城启动区幕墙工程项目位于广东省深圳市光明区，由脑解析与脑模拟、合成生物研究平台两大科学装置，以及综合研究院、专家公寓、青年公寓五栋大楼组成。项目以"生命之光"为理念，主体塔楼围绕"生命绿色、空间共享"主题打造，旨在为科学家提供亲近自然的空间，整体的建筑功能为综合性科研社区（图 1）。

项目在平台中心大楼的中庭设置了玻璃采光顶（图 2），采光顶东西跨度 20m，南北跨度 24m，拱高 1.75m，平面投影的板块基础为长 2m、宽 1.2m 的四边形分格，由钢龙骨受力支撑，面板为中空夹胶玻璃，整体呈椭球形曲面，与两栋相邻建筑的共享空间遥相呼应，既为室内中庭提供了良好的采光功能，又为建筑外部提供了令人眼前一亮的装饰效果，是这座建筑的亮点，同时也是设计和建设的难点。

图 1　光明科学城项目效果图　　　　　　　　　　图 2　采光顶效果图

3　设计施工重难点分析

本项目采光顶为四边形的分格面板划分方式，相对于三角形分格面板划分方式，减少了顶点汇聚处边线的数量与单元面板的数量，但由于四边形自身的几何特性，划分表皮时会产生双曲面板，且易出现外形相似但不完全相同的板块，生产施工难度较大。除此之外，支撑龙骨系统的设计建造过程也有其特殊之处。经过对以往类似项目的综合分析，此类型采光顶设计建造过程的重难点主要为以下几点。

3.1　面板的曲率

玻璃面板以表面曲率分类，主要分为平面板、单曲面板、双曲面板三类，因生产工艺的不同，三种类型面板的生产难度、尺寸精度、生产成本均有巨大差别。采用热弯方式生产的曲面玻璃，造价高、生产周期长，且易引起光学质量缺陷，与之配合的玻璃附框、底座等杆件，也易因为拉弯半径误差产生配合问题，影响整体建造质量与外观效果。

此类型项目在设计建造阶段，更倾向于在高度还原整体表皮效果的前提下，利用平面板拟合拼接为整体曲面，以达到提高生产质量，降低生产成本、施工难度及提高施工效率的目的。故面板的曲率优化过程是采光顶项目深化设计阶段的重难点。

3.2　面板网格的划分

在传统的曲面单元划分的方式中，由于曲面曲率的变化，依据曲面特性划分的四边形面板在尺寸规格上会产生较多差异，形成较多外形相似但尺寸不完全相同的单元面板，在这种情况下，玻璃材料生产过程的难度、工期比常规项目大大增加，在一定程度上降低了材料商的合作意愿，难以控制材料成本；在安装现场的生产建造过程中，材料管理、调度的难度比常规项目成倍增加，且不利于后期意外破损玻璃的维护工作。所以在深化设计阶段，对相似面板尺寸的统一化在项目的全生命周期能起到关键的作用。

3.3　钢结构生产安装过程的误差处理

通过分析类似项目的经验得知，此类型双曲采光顶的钢结构安装往往会与理论值出现偏差，易超出系统节点设计的可调节范围。钢结构产生误差的原因主要有以下几个方面：材料的生产误差及运输、堆放等过程中产生的永久变形，焊接高温导致的变形，现场安装偏差等。钢结构的生产安装误差若超出可调节范围，有很大概率造成面板种类繁多的情况，所以双曲采光顶的系统节点设计对可调节范围有较高要求。

4　针对重难点的解决方案

针对四边形分格椭圆双曲网壳采光顶设计建造过程的重难点，本项目在设计阶段从整体表皮高斯曲率优化、单元面板划分与翘曲优化、系统节点构造设计几个方面实践了针对性的解决方案。

4.1　整体曲面高斯曲率优化

曲面上一点的高斯曲率是该点主曲率 K_1 和 K_2 的乘积，是曲率的内在度量，实际反映的是曲面的弯曲程度，高斯曲率越低，曲面的弯曲程度越低，越接近于平面。在 Pro-E、Rhino 等三维软件中，多把高斯曲率分析作为分析曲面造型中内部曲面质量和连接情况的主要依据。

为减少表皮整体曲率对后期划分单元造成的困难，本项目利用 Rhino 软件多种建模方式对整体表皮进行了曲率分析，拟选择高斯曲率突变最小且整体数值最低的建模方式。

本项目采光顶平面投影为椭圆形，长轴长度为 22.95m，短轴长度为 18.9m，中心截面拱高为 1.2m，建模过程中关键的构造线为短轴的曲面投影线、长轴的曲面投影线及椭圆边线（图 3）。

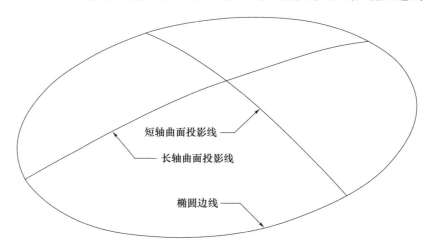

图 3　曲面的关键构造线

Rhino 软件中此类椭圆曲面的建模方式一般分为旋转成型建模与扫掠成型建模，各种成型方式展现的外观效果均类似。本项目对几种建模方式形成的整体表皮均进行了高斯曲率分析（图 4）。

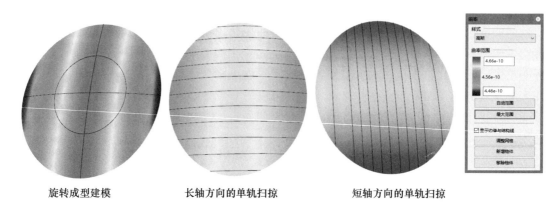

旋转成型建模　　　　长轴方向的单轨扫掠　　　　短轴方向的单轨扫掠

图 4　不同建模方式的曲率分析结果

分析的结果为：旋转成型建模方式获得的曲面高斯曲率变化值最大，且整体数值更大，不利于后期表皮的翘曲划分，长轴方向的单轨扫掠建模方式获得的曲面高斯曲率变化值最小（表 1），且整体数值更小，故采用此建模方式继续进行面板划分的分析优化。

表 1　不同建模方式曲率分析结果

建模方式	最大高斯曲率	最小高斯曲率	高斯曲率变化值
旋转成型建模	4.638×10^{-10}	4.461×10^{-10}	0.177×10^{-10}
长轴方向单轨扫掠	4.616×10^{-10}	4.567×10^{-10}	0.049×10^{-10}
短轴方向单轨扫掠	4.661×10^{-10}	4.611×10^{-10}	0.050×10^{-10}

4.2　单元面板划分与翘曲优化

本项目选择的单元面板划分方式为长 2m、宽 1.2m 的四边形分格，四边形单元划分方式相对于三角形单元的划分方式，具有面板与杆件的数量更少、杆件汇聚处节点的复杂度更低、外观整体通透性更好的优势，但由于三点确定一个平面的原则，四边形划分方式的单元角点可能会出现与原始表面有一定间距的情况，用平面板还原整体曲面流畅性的难度比起三角形单元划分方式显著提升。

本项目采光顶为中心对称图形，在单元划分过程中，以对称轴分割取了 1/4 表皮进行分析，剩余的单元可由分析结果的镜像得到。在四边形单元面板的划分过程中，传统的做法一般有基于平面网格在曲面上投影线的划分（图 5）与基于曲面结构线的划分（图 6）两种方式，两种方法均可实现整体的外观效果。

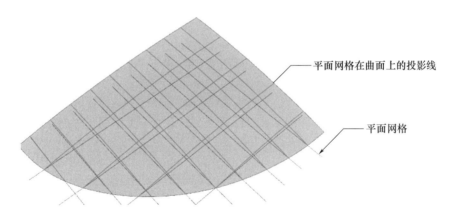

平面网格在曲面上的投影线

平面网格

图 5　基于平面网格在曲面上投影线的划分

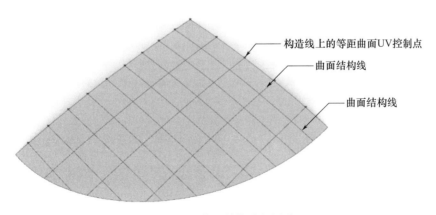

构造线上的等距曲面UV控制点

曲面结构线

曲面结构线

图 6　基于曲面结构线的划分

为达到相似面板规格统一的目的，本项目针对两种方法均进行了建模分析，主要分析的内容为表皮中间部分相似四边形面板的边长种类数量（图7），以及翘曲优化后面板角点相对于原平面的翘曲值，前者影响材料的规格种类及生产难度，后者影响安装后的整体外观效果。

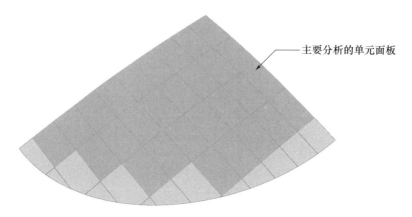

图7　主要分析优化的面板

1. 基于平面网格在曲面上投影线的划分

基于平面矩形网格线投影于目标曲面得到投影曲线，再由结构线切割原始表皮得到切割后的曲面单元，对得到的完整矩形面板的曲面边长进行分析与平板化后的翘曲值进行分析，分析结果为矩形面板的边长差异性较大（图8和图9），每块面板均有一定差异，整个采光顶共有58种板块。

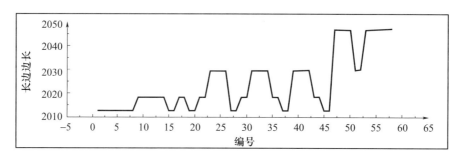

图8　投影划分法单元的长边边长数值分布

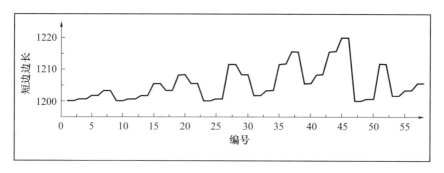

图9　投影划分法单元的短边边长数值分布

2. 基于曲面UV结构线的划分

基于曲面结构线的单元划分方法为利用结构线上的等距UV点抽离曲面的结构线，再由结构线切割原始表皮得到切割后的曲面单元，对得到的完整矩形面板的曲面边长进行分析，分析结果显示，相较于网格投影划分的形式，基于曲面UV结构线的划分方法实现了矩形面板长边方向的统一，但短边方向的尺寸种类仍存在差异（图10和图11），仍然存在40余种板块，未达到相似面板归一化的目标。

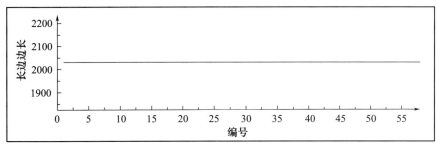

图 10　曲面 UV 划分法单元的长边边长数值分布

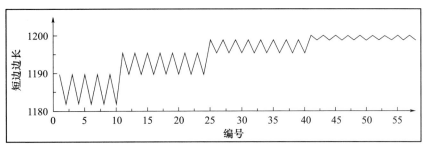

图 11　曲面 UV 划分法单元的短边边长数值分布

3. 动态优化求解划分

由传统的成型方法生成的网格，由于其各属性固定难以关联修改，故难以达到理想的优化效果，本项目实践了基于 Kangaroo2 动力学平台的优化求解功能，在初始网格基础上，赋予网格线类似于弹簧的伸缩属性，并对格线长度、角点与曲面的距离进行目标约束，利用 Kangaroo2 平台的求解器对网格线进行优化（图 12），可以在矩形的长边和短边长度趋于一致的过程中，实现其他参数与四边形边长参数之间的动态平衡。随着模拟结果逐渐趋于目标值收敛，实现单元分格的规格统一。对求解结果进行分析，矩形单元的长边方向与短边方向的尺寸均达到了目标的要求（图 13 和图 14）。

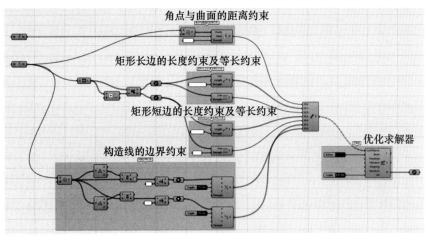

图 12　优化求解程序

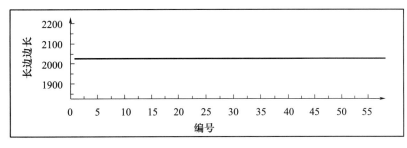

图 13　动态优化求解划分法单元的长边边长数值分布

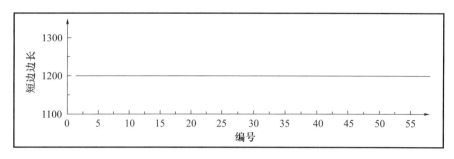

图 14 动态优化求解划分法单元的短边边长数值分布

4. 单元分格的翘曲优化

针对一个四边形面板，以其中任意三点确定一个平面，第四点到该平面的垂直距离为该面板的翘曲值，分析过程将此值作为面板是否具备优化为平板条件的重要指标，依据此方法对每个四边形的角点进行翘曲分析，3 种单元划分方式的翘曲分布如图 15 所示。分析结果为：以网格投影划分的单元与基于动力学平台的优化求解划分的单元均出现了一定的翘曲，基于曲面结构线划分的单元由于曲面的特性，优化后的翘曲值最小，接近于零。

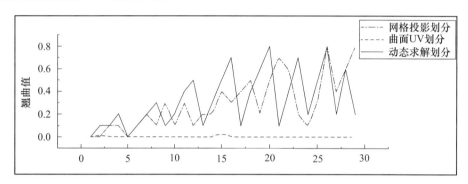

图 15 动态优化求解划分法单元的翘曲值分布

综合考虑面板的翘曲值与尺寸的一致性，本项目选择了面板尺寸一致性较高且翘曲值在可接受范围内的动态优化求解划分方案，最终划分的整体效果可满足建筑效果与单元尺寸统一的要求（图 16）。

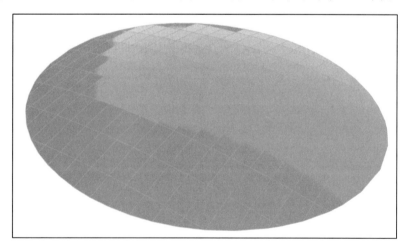

图 16 动态优化求解划分方案的整体效果

4.3 系统节点设计

本项目采光顶支撑结构为钢结构网壳结构体系，针对钢结构安装易产生误差的特点，本项目在面层系统节点构造设计时重点考虑了预留安装误差的调节范围。

面层系统为隐框结构形式，面层玻璃为 8TP＋12A＋6HS＋1.52PVB＋6HS 夹胶中空玻璃；铝合金底座通过焊接在钢龙骨上的调节钢耳板与钢龙骨连接；面层玻璃通过结构胶与铝合金附框粘贴，铝合金附框由上、下两部分组成，上、下附框之间为类似于球铰的配合设计，允许一定的角度旋转，由铝合金压块将面层系统固定在铝合金底座之上，面层系统玻璃接缝均施打耐候密封胶处理（图 17）。

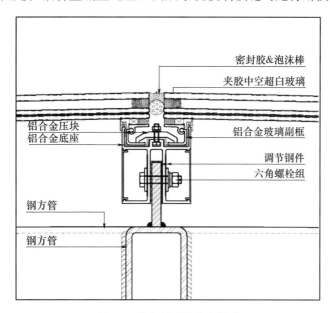

图 17　采光顶系统节点构造

此系统设计的优势在于：

（1）可通过调节钢件的焊接位置，适应钢龙骨的左右位偏差；

（2）可通过调节螺栓高低与钢耳板的长短适应钢龙骨的标高偏差，并以非拉弯的铝合金底座配合拉弯处理的钢龙骨；

（3）上、下附框之间可旋转的连接能够适应多种面板的夹角，以配合钢龙骨安装误差造成的面板夹角差异。

5　施工效果

施工现场依据理论尺寸完成钢龙骨的施工后，测量师利用全站仪对现场已处于稳定状态的钢结构交接节点进行三维空间点位测量，设计利用导出的数据逆向建立了现场钢龙骨的模型（图 18），与理论模型对比校核，现场钢结构依然出现了一定的偏差，但均在系统的可调节范围内。

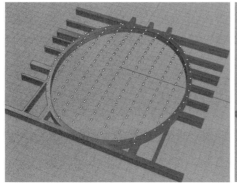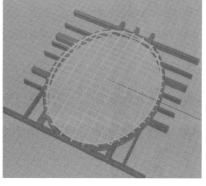

图 18　根据现场复测点位逆向建立的龙骨模型

设计师根据现场实际钢龙骨完成面层材料系统模型后，利用已有的模型导出材料尺寸数据与加工图，并根据现场安装的需求导出对应材料的三维空间尺寸数据。在三维模型的帮助下，烦琐的材料下单过程得以简化，显著提升了设计工作效率，使得安装工作顺利进行，保证了现场施工后的效果（图19）。

图 19　采光顶现场安装效果

6　结语

四边形分格椭圆双曲网壳采光顶在近几年的建筑中较为常见，前期设计对单元划分、构造设计的考虑很大程度上影响了后期的生产施工难度和施工效果。本文从整体建模曲率优化、单元划分方法、节点设计等方面探讨了一种四边形分格椭圆双曲网壳采光顶的设计方法，施工的效果验证了设计过程优化方法的正确性。文中动态优化求解的方案不仅适用于龙骨可设计的项目，对于在既有钢龙骨上安装面层系统的项目亦可根据安装系统允许的偏差范围优化求解，希望本文能在优化思路上给予未来曲面造型设计项目一些启发。

参考文献

［1］中华人民共和国住房和城乡建设部．采光顶与金属屋面技术规程：JGJ 255—2012［S］．北京：中国建筑工业出版社，2012.
［2］中华人民共和国建设部．玻璃幕墙工程技术规范：JGJ 102—2003［S］．北京：中国建筑工业出版社，2003.
［3］董曙光．基于数控建造的建筑自由曲面单元划分优化策略研究［D］．哈尔滨：哈尔滨工业大学，2018.
［4］尹志伟．非线性建筑的参数化设计及其建造研究［D］．北京：清华大学，2009.
［5］杨阳，孙澄．建筑设计中的复杂曲面建构与优化策略研究［J］．城市建筑，2013（19）：34-37.

深圳超级总部碳云大厦项目
幕墙设计加工解析

◎ 周　彤

深圳市三鑫科技发展有限公司　广东深圳　518054

摘　要　本文结合碳云大厦幕墙项目存在的设计重难点，开展优化设计方面的研究。本文主要研究内容如下：1. 基于碳云大厦玻璃表皮的三维模型，分析了碳云大厦单元板块的类型；分析了现有条件下单元板块加工的技术难题，明确了课题的主要研究内容与研究目的。2. 对碳云大厦 B2、B4 系统，即 B 塔西立面和异型弯弧角进行分析，将四点不共面的翘曲表皮进行优化，对面板及单元板块进行参数化建模，对铝材杆件进行数据分析。3. 对碳云大厦 A1 系统中连桥与坡道处爬升单元板块的玻璃表皮进行分析，并进行钢结构、吊顶铝板与单元板块的建模。4. 由以上铝材杆件数据的分析，可知铝材杆件开料角度繁杂、长度多样，因此，利用所建模型和智慧制造平台导出可直接用于机床加工的 G 代码直接用于生产加工，以提高生产效率。

关键词　表皮模型；参数化建模；智慧制造

1　引言

　　碳云大厦幕墙外立面设计源于基因与 DNA 研究的启发，体现了在数字生命生态系统领域的使命，其中碳云大厦 A 塔幕墙外立面为圆柱形，B 塔幕墙外立面为渐变弧形，A、B 塔由 4 个爬升连桥相互连接贯通，幕墙外立面样式对幕墙设计及加工提出了极大的挑战，因此，对此项目开展优化设计研究尤为重要。

2　工程概况

　　本工程由 A、B 两栋建筑组成（图 1）。A 栋高 157.84m，共 39 层，1～4 层为裙楼，5～39 层为商务公寓塔楼，其中 37 层、38 层层高 4.42m、39 层层高 4.2m，其他楼层层高为 3.6m（除避难层），避难层分别为 13 层、27 层，层高为 5.1m；B 栋标高 210.72m，共 46 层，1～4 层为裙楼，5～46 层为办公楼塔楼，其中 35～45 层层高 4.36m、46 层层高 4.35m，其他楼层层高为 4.2m（除避难层），避难层分别为 23 层、34 层，层高为 5.1m，总建筑面积约 12 万 m²，幕墙总面积约 6.02 万 m²。

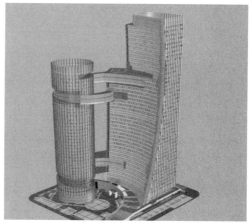

图 1　碳云大厦效果图及 Rhino 表皮模型

3　优化设计

3.1　B2 及 B4 系统单元板块设计

3.1.1　玻璃表皮错缝分析

对 B2、B4 系统的玻璃表皮（B 塔西立面和异形弯弧角）进行分析（图 2），可知此位置单元板块为冷弯翘曲板块，范围为西立面大面位置，玻璃表皮与水平面夹角范围为 76°～96°，玻璃表皮四点不共面且表皮尺寸不一，涉及左右渐变倾斜、上下内外倾斜单元板块以及部分异型特征的弯弧板块，并且西面板块还包含电动开启扇，在铝型材长度渐变下，需保证同楼层的执手位于同一水平位置，对窗上放置锁点的传动杆的尺寸要有严格的控制。以往常规的图纸表述方式——平面图、立面图、节点图已不能准确表达异型幕墙的设计要求。对翘曲表皮进行优化后，表皮错缝 15mm 以下，工地现场需要通过冷弯工艺来实现单元板块之间的拟合。

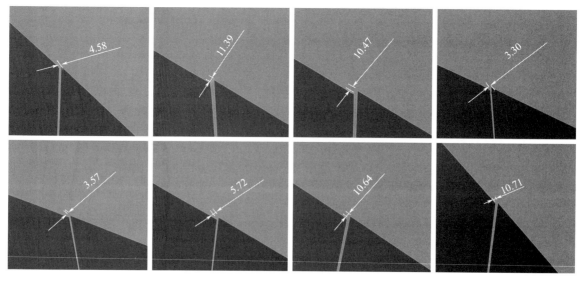

图 2　玻璃表皮错缝分析（单位：mm）

3.1.2　单元板块建模

因西立面的表皮尺寸类型较多，通过参数化建模的方式进行材料下单与加工图设计，以 Grasshopper 电池组建模的方式可有效应对此种情况（图 3）。一套电池组程序即可将单元板块的面板下单尺寸信息以及单元板块的铝材加工信息表示出来，材料下单用加工图和数据表的方式，通过模型导出材料参数，加快了下单的速度，设计的准确性提升到 100%，使得玻璃、铝板等材料的下单能够及时、准确且高效。

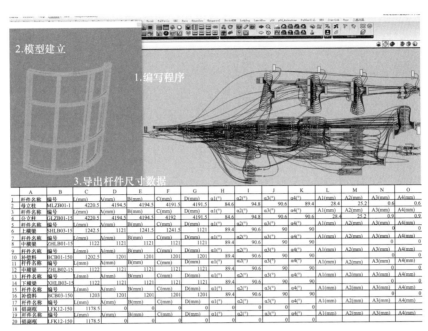

	A	B	C(mm)	D(mm)	E(mm)	F(mm)	G(mm)	H	I	J	K	L	M	N	O
1	杆件名称	编号						α1(°)	α2(°)	α3(°)	α4(°)	A1(mm)	A2(mm)	A3(mm)	A4(mm)
2	母立柱	MLZB01-1	4220.5	4194.5	4194.5	4191.5	4191.5	84.6	94.8	90.6	89.4	28.4	25.2	0.6	0.6
3	杆件名称	编号	L(mm)	A(mm)	B(mm)	C(mm)	D(mm)	α1(°)	α2(°)	α3(°)	α4(°)	A1(mm)	A2(mm)	A3(mm)	A4(mm)
4	公立柱	GLZB01-15	4220.5	4194.5	4194.5	4192	4191.5	84.6	94.8	90.6	90.6	28.4	25.2	0.9	0.9
5	杆件名称	编号	L(mm)	A(mm)	B(mm)	C(mm)	D(mm)	α1(°)	α2(°)	α3(°)	α4(°)	A1(mm)	A2(mm)	A3(mm)	A4(mm)
6	上横梁	SHLB03-15	1242.5	1121	1241.5	1241.5	1121	89.4	90.6	90	90	A1(mm)	A2(mm)	A3(mm)	A4(mm)
7	杆件名称	编号	L(mm)	A(mm)	B(mm)	C(mm)	D(mm)	α1(°)	α2(°)	α3(°)	α4(°)	A1(mm)	A2(mm)	A3(mm)	A4(mm)
8	中横梁	ZHLB01-15	1122	1121	1121	1121	1121	89.4	90.6	90	90	A1(mm)	A2(mm)	A3(mm)	0
9	杆件名称	编号	L(mm)	A(mm)	B(mm)	C(mm)	D(mm)	α1(°)	α2(°)	α3(°)	α4(°)	A1(mm)	A2(mm)	A3(mm)	A4(mm)
10	补偿料	BCB01-150	1202.5	1201	1201	1201	1201	89.4	90.6	90	90	A1(mm)	A2(mm)	A3(mm)	0
11	杆件名称	编号	L(mm)	A(mm)	B(mm)	C(mm)	D(mm)	α1(°)	α2(°)	α3(°)	α4(°)	A1(mm)	A2(mm)	A3(mm)	A4(mm)
12	中横梁	ZHLB02-15	1122	1121	1121	1121	1121	89.4	90.6	90	90	A1(mm)	A2(mm)	A3(mm)	0
13	杆件名称	编号	L(mm)	A(mm)	B(mm)	C(mm)	D(mm)	α1(°)	α2(°)	α3(°)	α4(°)	A1(mm)	A2(mm)	A3(mm)	A4(mm)
14	下横梁	XHLB03-15	1122	1121	1121	1121	1121	89.4	90.6	90	90	A1(mm)	A2(mm)	A3(mm)	A4(mm)
15	杆件名称	编号	L(mm)	A(mm)	B(mm)	C(mm)	D(mm)	α1(°)	α2(°)	α3(°)	α4(°)	A1(mm)	A2(mm)	A3(mm)	A4(mm)
16	补偿料	BCB03-150	1203	1201	1201	1201	1201	89.4	90.6	90	90	A1(mm)	A2(mm)	A3(mm)	A4(mm)
17	杆件名称	编号	L(mm)	A(mm)	B(mm)	C(mm)	D(mm)	α1(°)	α2(°)	α3(°)	α4(°)	A1(mm)	A2(mm)	A3(mm)	A4(mm)
18	铝副框	LFK12-150	1178.5	0	0	0	0	0	0	0	0	A1(mm)	A2(mm)	A3(mm)	A4(mm)
19	杆件名称	编号	L(mm)	A(mm)	B(mm)	C(mm)	D(mm)	α1(°)	α2(°)	α3(°)	α4(°)	A1(mm)	A2(mm)	A3(mm)	A4(mm)
20	铝副框	LFK12-150	1178.5												

图 3　单元板块 Grasshopper 电池组建模

3.2　A1 系统坡道单元板块设计

对 A1 系统坡道单元板块进行分析，可知 A1 系统为半径 18m 的弯弧幕墙，坡道爬升角度为 97°～99°。坡道位置单元板块可分为上、下两部分，坡道下为顶横梁爬升的单元板块，坡道上为底横梁爬升的单元板块，为悬挑板块，由悬挑钢架作为起底，穿孔铝板进行覆盖装饰。难点在于板块在弯弧的同时，顶底横梁随凹廊渐变上升，并且板块类型繁多，分隔复杂，因此同样以 Grasshopper 电池组建模的思路进行材料的下单和加工（图 4）。

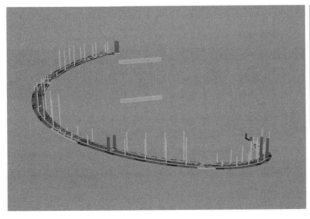 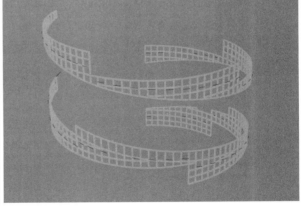

图 4　坡道位置起底钢架、穿孔铝板与单元板块建模

4 加工设计

由对以优化设计所建立模型中铝材杆件数据的分析可知,铝材杆件角度繁杂、长度多样,孔位定位困难,因此利用所建模型和智慧制造平台导出可直接用于机床加工的 G 代码(图 5),省去工厂加工编程环节,节省每支杆件编程时间 20min,并降低了对机加工人的能力要求,杜绝了因加工图纸错误导致的误差等错误。

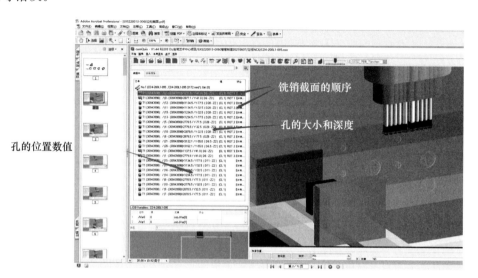

图 5　CamQuix 模拟加工导出 G 代码

5 结语

本文基于碳云大厦玻璃表皮的三维模型,分析了碳云大厦单元板块的类型及现有条件下单元板块下单及加工的技术难题,通过参数化建模的方式将单元板块的面板尺寸信息以及单元板块的铝材加工信息表示出来,使得玻璃、铝材等材料的下单能够及时、准确且高效;使用 Grasshopper 对单元板块建立三维参数化信息模型,通过模型导出板块参数、型材的长度及角度等数据,提高了出图速度300%,加工图设计的准确率达到 100%;使用智慧制造的方式,省去工人加工编程环节,加工图设计以开料图方式出图,杜绝了因加工图纸错误导致的误差等错误,加工过程准确高效。

参考文献

［1］杜继予. 现代建筑门窗幕墙技术与应用［M］. 北京:中国建材工业出版社,2018.
［2］中国人民共和国建设部. 玻璃幕墙工程技术规范:JGJ 102—2003［S］. 北京:中国建筑工业出版社,2003.

基于 BIM 技术下幕墙异型单元板块的快速下料分析

◎ 范　航　陈伟煌　阮树伟　宋璐璐

中建深圳装饰有限公司　广东深圳　518003

摘　要　本文探讨了异型单元板块快速下料的方法，针对异型单元板块下单速度慢、准确度不高、异型装饰条定位困难，应用 BIM 技术，大大地提高了工作效率，减小了施工单位的异型单元下单难度和工作量，并且提高了效率。

关键词　异形单元板块；BIM 技术；参数化建模；参数化下单

1　引言

目前在建筑行业中，幕墙施工单位设计人员在异型单元幕墙下料时，常用采用传统模式即通过绘制型材放样出加工图，这样的设计方式比较难且烦琐，往往大半天时间只能完成几根料的放样加工图，既费时又费力，效率不高且容易出错。但是，如果能采用 BIM 参数式的下单，异型单元板块可能会变得极其简单，可以极大地提高设计下单的工作效率。

赤湾地铁站城市综合体，其整体形状效果呈圆弧三立面内收状，每层层间位置设置有横向渐变铝板装饰条。本文以赤湾地铁站城市综合体项目为背景，对基于 BIM 技术的异型单元板块的快速下料进行介绍，以供行业参考。

2　工程概况

赤湾地铁站城市综合体工程位于深圳市南山区，赤湾六路北侧，总建筑面积 318521m²，地上由 1 座 181m 超高层住宅、1 座 166m 超高层住宅、1 座 164m 超高层、1 座 199m 超高层综合楼、1 座 22m 的多层架空车库、1 座 36m 的高层商业裙房组成。

其中，超高层综合楼塔楼部分主要由单元式竖隐横明幕墙组成，层间位置设置有横向渐变大铝板装饰条（图 1 和图 2）。图 3、图 4 为直面及弯弧竖剖节点示意图。

本项目施工下单应用 BIM 技术对塔楼单元幕墙系统进行整体建模。通过 BIM 应用，解决了异型单元板块下单速度慢、准确度不高、渐变横向装饰条在单元体中不能快速定位，以及各专业间的碰撞测试的问题。应用 BIM 技术，极大地提高了工作效率，减小了施工单位的异型单元下单难度和工作量，并且在物流管理阶段、现场安装阶段，以及幕墙维护管理上具有极大的便利性，提升了工程管理水平和施工质量，进而提高了企业的经济效益。

图 1　装饰条渐变示意（圈内部分）

图 2　横向渐变大铝板装饰条

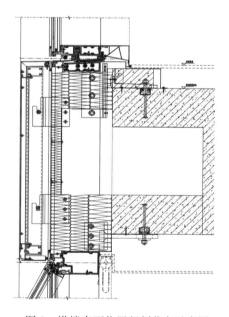

图 3　塔楼直面位置竖剖节点示意图

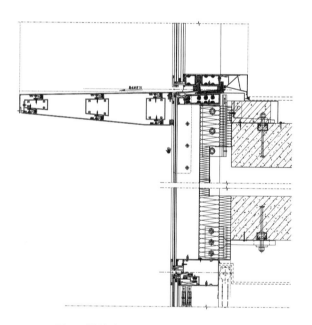

图 4　塔楼弯弧面位置竖剖节点示意图

3　塔楼幕墙系统重难点分析

　　该项目整体效果呈圆弧三立面内收状（图 5），塔楼 6 层到 36 层为垂直单元体，其重难点在弯弧位置，弯弧单元需要配合渐变横向铝板装饰条设置固定点（图 6）；37 层以上为整体内收形状，导致顶底横梁的长度不一致，且无规律，弯弧位置更要配合外铝板装饰条提供固定点，难度急剧上升。经过统计，塔楼总共有 2888 樘单元体，其中异型单元体为 2018 樘，占比达到 70%。单个批次单元下单时间，传统做法即对每一块异型单元体进行放样、贴图块、导数据、做明细表、出加工图等需要的时间为两周半；而采用参数化下单，模型的建立过程可以看作批量放样的过程，各材料的加工图、长度与数量可以直接从电脑导出，一周时间即可完成。

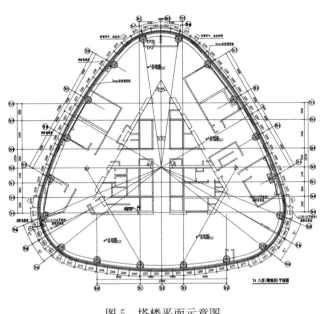

图 5　塔楼平面示意图

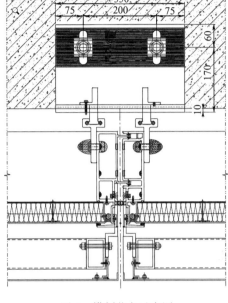

图 6　横剖节点示意图

4　异型单元板块参数化设计

本文介绍的方法主要是利用 Rhino＋Grasshopper 的建模方式，通过平立面图纸生成单元体基础面板，并在基础面板上储存所需的单元模型面板信息，在后续的批量建模过程中，使用已储存的单元模型面板信息即可对每一块单元体的型材、面板等材料进行准确建模，再对每一块单元体的型材、面板等材料进行汇总提料或者参数化加工。具体步骤详细介绍如下。

4.1　建立原始面板并储存面板信息

依据幕墙施工平面图，根据各分格控制点绘制多段闭合曲线（图 7），并利用每层的闭合曲线完成单元板块基础面板（图 8）的建立工作。

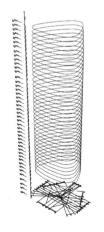

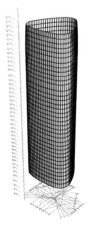

图 7　各层完成面控制线　　　　图 8　单元板块基础面板

对单元板块基础面板储存所需的单元模型面板信息（图 9）（包括单元体编号、单元体类型编号、四边拉伸及扫掠平面和曲线等信息）。

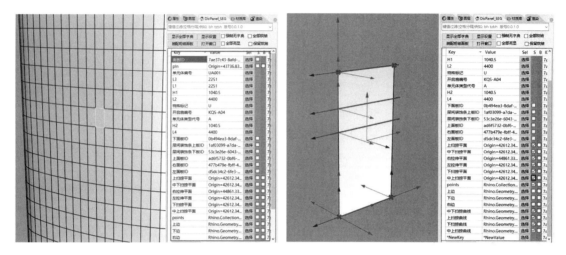

图 9　单元板块基础面板储存信息

4.2　单元体电池制作并生成模型

根据幕墙施工节点图的做法，组建单元体完整电池组，利用已储存的单元模型面板信息批量准确生成单元体的型材、面板等材料，并进行切避位及开孔（图 10），最后一键批量生成单个批次的整体模型（图 11）。

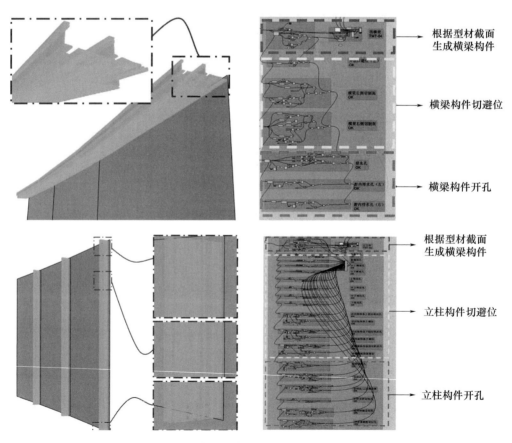

图 10　各杆件使用电池组生成示意

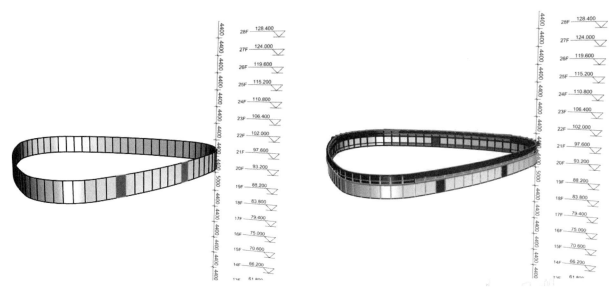

图 11　单元体一键批量生成示意

5　异型单元板块参数化下单

5.1　材料提料

生成的模型构件里面附带单元体编号、尺寸、配置、模号等信息，只需要将数据导出，即可形成料单及加工图尺寸信息（图 12）。

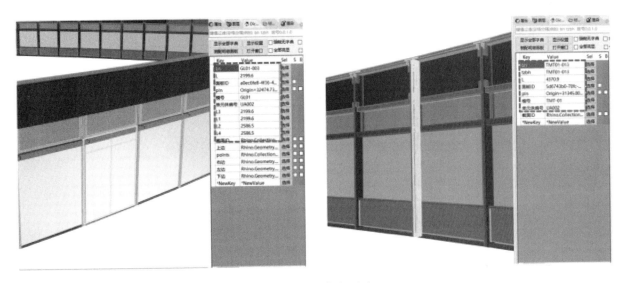

图 12　模型信息展示

5.2　生成明细表

选取不同编号的单元体，通过电池组直接导出，得到明细表需要的数据（图 13）。

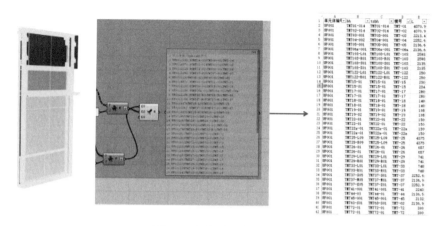

图13　生成明细表示意

5.3　构件数字化加工

　　结合数字化加工平台，对单元装配零件进行加工仿真模拟，并生成加工 NC 编程数据和仿真动画（图14），把数据发到工厂数字化到工中心进行数控加工测试（图15），测试通过后进行批量加工。

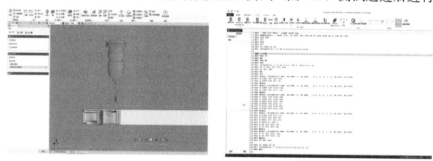

图14　构件数字化加工示意

(a) BIM建模　　　　　　　　　　(b) 模型数据转换为机床界面语言

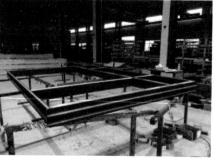

(c) 模型数据转换为机床界面语言现场　　　　(d) 加工完成框架

图15　样板加工过程示意

6　应用模型指导现场安装、物流及后期维护

6.1　模型提取定位点

从 BIM 系统提取所有板块的坐标定位数据（图 16），作为测量放线投测及校核的依据，保证施工质量。

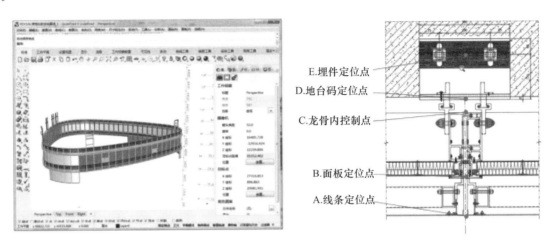

E.埋件定位点
D.地台码定位点
C.龙骨内控制点
B.面板定位点
A.线条定位点

图 16　测量点示意

6.2　物流管理阶段

在 BIM 系统中，对架子、车辆、堆场等物流要素全部进行 ID 编码（图 17），通过该编码可以对每天发车时间、吊装次数信息进行统计排布。

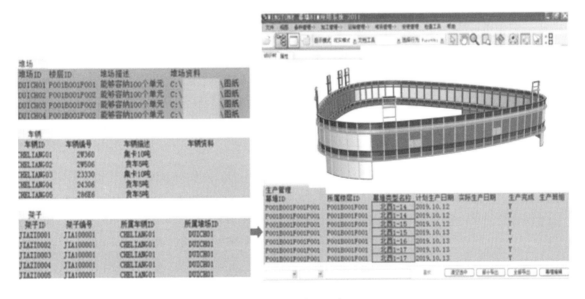

图 17　ID 编码示意

6.3　幕墙维护管理

幕墙系统交付之后，整个幕墙 BIM 系统交付给业主，提供幕墙的相关信息供业主查询（图 18）。

若业主需要进行二次装修或者幕墙损坏的更换，可通过幕墙 BIM 系统查询相关规格、尺寸、性能等参数。

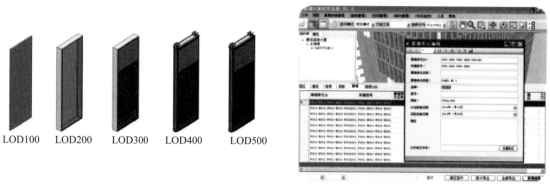

模型细致程度(LOD)(LOD500在LOD400的基础上附上厂商、保修期等方便物业管理的信息)

图 18　幕墙的相关信息查询示意

7　结语

当下，行业外幕墙形式及施工难度越来越复杂，赤湾地铁站城市综合体作为赤湾首个超高层大型商业购物中心，无论是在造型方面还是功能设置方面都独具创新发展的理念，但该项目的创新性为幕墙施工下料带来了难题。为此，项目技术团队通过对该项目不断地学习和实践，总结出新型高效的参数化快速下单的方法，解决了大量异型单元板块下单困难的问题，可为行业类似项目提供参考。

第三部分

建筑工业化技术应用

大悬挑钢结构上超大铝拉网板块装配式应用的技术分析

◎ 温华庭　杨友富　陈　丽

中建深圳装饰有限公司　广东深圳　518003

摘　要　随着我国社会经济的迅猛发展,建筑工业化程度越来越高,然而现阶段仍存在着现场制作多而导致效率低等问题,大力发展装配式建筑已是大势所趋。装配式建筑构(配)件的设计合理性,对建筑的施工效率、安装质量、外观效果以及后续的施工维护有一定的影响。本文探讨了大悬挑钢结构上超大铝拉网板块装配式幕墙设计,并就工程中遇到的几个关键问题进行总结分析,旨在对类似工程提供一些借鉴和帮助。

关键词　三维调节;铝拉网幕墙;装配式方案

1 引言

在现代建筑幕墙中,特别是在一些超大悬挑的结构中,装配式幕墙的应用越来越普遍,常规的施工措施难以实施的工程中,装配式应用技术发挥了巨大优势。本文主要分享某工程在悬挑宽 18.9m、悬挑长 83m、悬挑高 40m(图 1)这种大悬挑钢结构上安装超大铝拉网吊顶板块。下面就大悬挑结构上的超大铝拉网板块装配式应用技术进行分析。

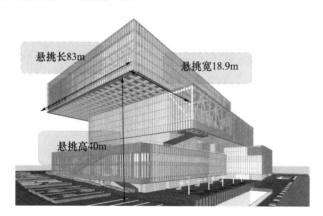

图 1　项目模型图

2 大悬挑钢结构设计和测量监测分析

2.1 施工前对大悬挑钢结构的设计分析

在方案设计的过程中,我司的深化设计组针对此项目主体结构的相关沉降情况与建筑设计院的项目负责人进行进一步的沟通。考虑到钢结构的加工、安装、运输以及现场的焊接等会对钢结构有一定的变形沉降，因此建筑设计院在设计此大悬挑的钢结构时做了如下设计处理：

（1）4层及5层悬挑部分采用（拉杆）伸臂桁架＋外围腰桁架结构形式（图2）。

（2）钢结构部分楼板采用钢筋桁架楼承板。

（3）钢结构根据结构建模计算（图3）适当增加一定的结构起拱。

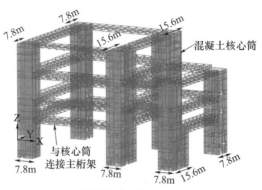

图2 外围腰桁架结构形式

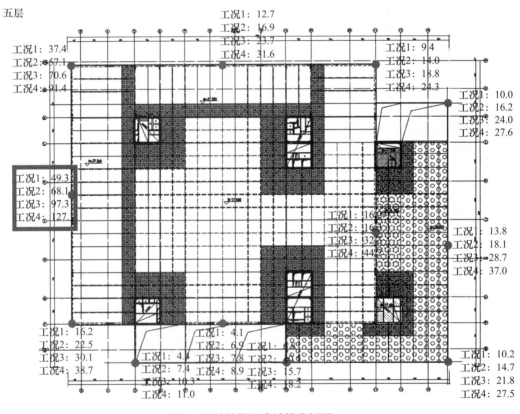

图3 悬挑结构沉降计算分析图

2.2 施工前对大悬挑钢结构的实测分析

在方案确定的过程中，我司测量小组对此项目的主体结构也进行了同步测量并记录与大悬挑钢梁相关的沉降值（图4）。从数个月的数据观测之中得出的数据分析可知，悬挑大钢梁的沉降数据并不大

（普遍在 50mm 左右沉降）；对比建筑设计院提供的数据可知，整体的沉降基本符合设计要求。后续对于垂直方向的调节量，装配式方案应可以满足要求。

沉降观测记录表（网球馆）

	观测点编号	10月19日 初始高程(m)	第二次11月3日 高程(m)	沉降量(mm) 本次	累计	第三次11月10日 高程(m)	沉降量(mm) 本次	累计	第四次11月19日 高程(m)	沉降量(mm) 本次	累计	第五次12月21日 高程(m)	沉降量(mm) 本次	累计	第六次12月26日 高程(m)	沉降量(mm) 本次	累计
沉降观测结果	A-1	0.828m	0.828m	0mm	0mm	0.828m	0mm	0mm	0.828	0mm	0mm	0.828m	0mm	0mm	0.828m	0mm	0mm
	A-2	0.840m	0.840m	0mm	0mm	0.840m	0mm	0mm	0.84	0mm	0mm	0.840m	0mm	0mm	0.840m	0mm	0mm
	A-3	0.871m	0.862m	9mm	9mm	0.862m	0mm	9mm	0.862	0mm	9mm	0.859m	3mm	12mm	0.859m	0mm	12mm
	A-4	0.900m	0.887m	13mm	13mm	0.887m	0mm	13mm	0.887	0mm	13mm	0.884m	3mm	16mm	0.884m	0mm	16mm
	A-6	0.859m	0.829m	30mm	30mm	0.829m	0mm	30mm	0.828	1mm	31mm	0.823m	5mm	36mm	0.819m	4mm	40mm
	A-7	0.874m	0.840m	34mm	34mm	0.840m	0mm	34mm	0.837	3mm	37mm	0.836m	1mm	38mm	0.829m	7mm	45mm
	A-8	0.874m	0.839m	35mm	35mm	0.839m	0mm	35mm	0.836	3mm	38mm	0.835m	1mm	39mm	0.827m	8mm	47mm
	A-9	0.884m	0.850m	34mm	34mm	0.850m	0mm	34mm	0.849	1mm	35mm	0.846m	3mm	38mm	0.843m	3mm	41mm
	A-10	0.846m	0.828m	18mm	18mm	0.825m	3mm	21mm	0.82	5mm	26mm	0.820m	0mm	26mm	0.820m	0mm	26mm
	A-11	0.860m	0.845m	15mm	15mm	0.845m	0mm	15mm	0.845	0mm	15mm	0.842m	3mm	18mm	0.841m	1mm	19mm
	A-12	0.858m	0.849m	9mm	9mm	0.848m	1mm	10mm	0.848	0mm	10mm	0.844m	4mm	14mm	0.844m	0mm	14mm
	A-13	0.854m	0.846m	8mm	8mm	0.846m	0mm	8mm	0.846	0mm	8mm	0.846m	0mm	8mm	0.846m	0mm	8mm
	A-14	0.900m	0.895m	5mm	5mm	0.894m	1mm	6mm	0.894	0mm	6mm	0.894m	0mm	6mm			
	A-15	0.791m	0.791m	0mm	0mm	0.791m	0mm	0mm	0.79	1mm	1mm	0.790m	0mm	1mm			
	A-16	0.783m	0.782m	1mm	1mm	0.782m	0mm	1mm	0.782	0mm	1mm	0.782m	0mm	1mm			
	A-17	0.795m	0.793m	2mm	2mm	0.793m	0mm	2mm	0.793	0mm	2mm	0.793m	0mm	2mm			

图 4　悬挑结构沉降检测数据记录表

3　铝拉网吊顶装配式方案的设计

3.1　原施工图框架式铝拉网吊顶方案的设计分析

原招标方案铝拉网吊顶中采用的是常规框架式幕墙安装方法，经过分析有如下几个缺点：

首先，从招标方案横剖节点（图 5）中可以看出，铝拉网吊顶系统的安装顺序是先焊接 12 号槽钢支座，然后安装铝拉网吊顶的主龙骨，依次再焊接横梁，最后安装面板铝拉网。此铝拉网吊顶系统不管是支座和主体的连接，还是主龙骨与横梁的连接都是通过焊接实现的。此种方案不管是这种零散的施工工序，还是大面积的仰焊，焊接难度都非常大。

其次，此部分吊顶结构主体（图 6）建筑标高分别为 40m，全部为悬挑区域，吊顶正下方为首层楼板。若采用满堂脚手架，操作危险，搭设量大，且会影响后期其他专业施工。

综上所述，此铝拉网框架系统对现场的安装加工来说非常烦琐复杂。

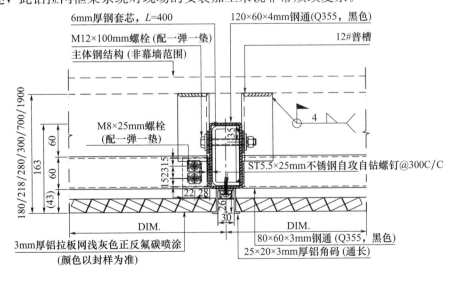

图 5　铝拉网横剖节点

图 6　现场主体结构图

3.2　深化方案——铝拉网吊顶装配式初步方案的设计分析

在深化过程中，为了解决以上这几个问题，我们将铝拉网吊顶系统优化成装配式方案一（图 7）。深化后相比原方案具有如下优点：

（1）解决了之前框架安装的脚手架或者其他低效措施的安装，同时也不影响后期与其他专业施工的交叉作业。

（2）将铝拉网及其吊顶龙骨组装成整体板块（图 8），大量减少了现场空中焊接动火的情况，降低了现场安装施工的安全隐患。

（3）将铝拉网及其吊顶龙骨组装成整体板块，不仅更加利于控制骨架和板块的变形，也极大地提高了现场的安装工效。

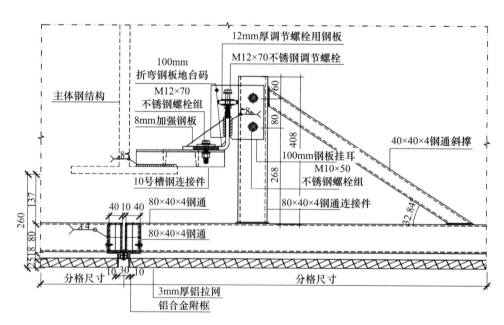

图 7　初步装配式方案节点图

为保证加工精度、安装质量、节约工期等，公司领导高度重视，后续针对铝拉网吊顶装配初步方案组织各方（项目管理部、劳务班组、技术管理部、设计部等）进行评审，总结铝拉网吊顶装配初步方案还存在以下几个方面缺点：

（1）铝拉网吊顶装配式初步方案支座没有设置合理的防跳装置，10mm 钢耳板和 10mm 折弯钢板地台码（图 9）焊接之间的焊缝作用有限。

（2）大部分铝拉网板块的质量在 400kg 左右，耳板插接调整有极大的难度，导致现场板块安装效率较低。

（3）铝拉网吊顶龙骨上的斜撑影响外观视觉效果（图 10）。

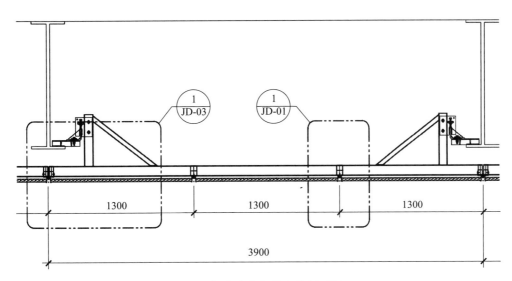

图 8　初步方案板块组装剖面图

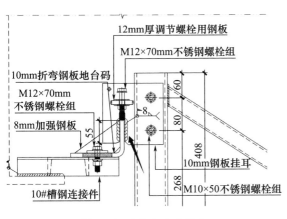

图 9　初步方案支座节点

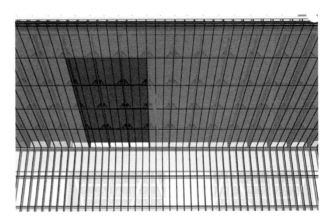

图 10　初步方案效果模型图

3.3　最终方案——铝拉网吊顶装配式方案的设计分析

对于以上各方评审总结出的铝拉网吊顶装配初步设计方案存在的相关缺点，我司设计院组织设计人员快速调整方案，将铝拉网吊顶装配式初步方案优化成铝拉网吊顶装配式最终方案（图 11 和图 12）。

通过两个方案对比，可以清楚地发现最终方案有以下几个方面的优点：

（1）取消钢龙骨和支座之前的斜撑（图 13），从外立面看简洁通透。

（2）增加 20mm×10mm 扁钢为支座上的防跳装置（图 14），防止负风压时铝拉网板块滑出支座，进一步降低铝拉网吊顶板块掉落风险，60mm×40mm×4mm 的钢通挂件可以轻易地滑进 5mm 厚的折弯 U 槽之间，减少吊装安装的难度，进一步加快安装效率。

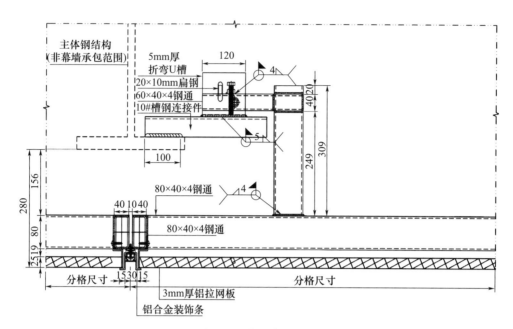

图 11　最终方案节点图

图 12　最终方案铝拉网吊顶板块图

图 13　最终方案模型图

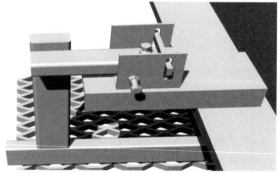

图 14　最终方案支座模型图

（3）后续我司针对此装配式的支座申请获得了国家实用新型专利（图15）。

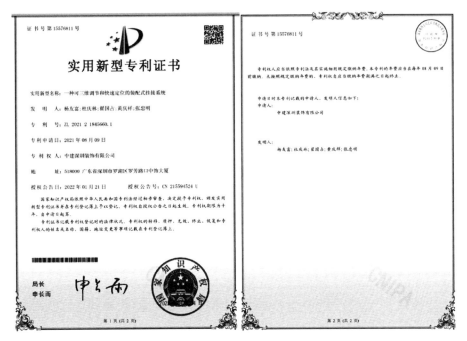

图15　实用新型专利"一种可三维调节和快速定位的装配式挂接系统"证书

3.4　超大铝拉网的设计总结分析

铝拉网在金属幕墙中一直占主导地位，减少了建筑的负荷，并且易于维护，使用寿命长。铝拉网在使用过程中有时候会出现变形，与很多方面因素有关：

（1）铝拉网与幕墙结构框架固定，热应力无法释放产生变形。铝拉网在季节温差较大地区，阳光照射热效很强，特别是颜色较深的铝板升温较大，在不同温度下，铝拉网尺寸较大时便会出现较大的线性膨胀差。

（2）板块没有附框和加强筋，风压和空气张力造成变形。业主为了节约成本，同时建筑师为了追求视觉效果，铝拉网的附框、加强筋一律不用，将铝拉网折成后，直接用螺钉或者铆钉固定在框架上。这样幕墙的板块如果是大分格的话铝拉网，强度根本就不够，板块在正负风压作用下产生向里向外的疲劳性挠度变形，使板面尺寸增长。板块在空气张力作用下造成向外变形。

（3）面板与边肋装配时产生应力变形。铝拉网挤压成型以后和附框的焊接固定，不能有效地控制焊缝的间距，焊接加热时，焊缝及其附近区域将产生压缩塑性变形，冷却时压缩塑性变形区要收缩。如果这种收缩能充分进行，则焊接残余变形大，焊接残余应力小；若这种收缩不能充分进行，则焊接残余变形小而焊接残余变形大，这样就导致铝拉网局部变形。

3.4.1

对这种超大型（单块铝拉网尺寸是1300mm×3900mm）铝拉网的变形也存在一些质疑，大家都清楚铝板尺寸过大是非常容易变形的，一方面上述提到的铝板过大，板块没有附框和加强筋，自身强度不足（图16），另一方面在运输过程中保护措施不到位也非常容易变形（图17）。这些因素对外观效果而言是非常不利的。

3.4.2

结合其他项目的一些案例和经验，我们主要采取了以下几种应对措施：对铝拉网自身的变形（单块铝拉网尺寸是1300mm×3900mm）进行结构受力计算；对拉网附框（图18）的强度进行计算；同时对拉网自身焊接变形进行计算。以下是相关的结构计算结果。

图 16　某项目铝板安装图

图 17　某项目铝板运输过程图

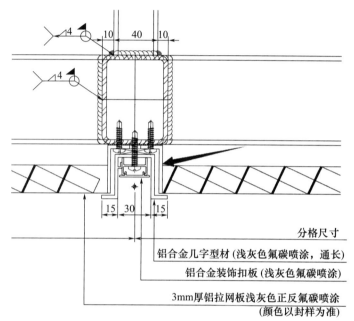

分格尺寸

铝合金几字型材(浅灰色氟碳喷涂,通长)

铝合金装饰扣板(浅灰色氟碳喷涂)

3mm厚铝拉网板浅灰色正反氟碳喷涂
(颜色以封样为准)

图 18　铝拉网横剖节点

铝拉网附框（6063-T5）的最大应力为 5.971MPa，小于 90MPa，满足要求；最大变形为 0.01mm，小于 300/180＝1.7（mm），满足要求；同时对 3mm50％穿孔铝单边固定计算，按 1.3m× 3.9m 尺寸验算。

荷载作用于铝板承载面上焊点间距 50mm（连续焊接），计算结果：最大变形为 14.71mm（图 19）。

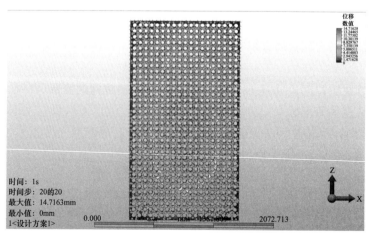

图 19　焊点间距 50mm（连续焊接）的计算结果

焊点间距100mm（间断焊接）计算结果：最大变形为15.06mm（图20）。

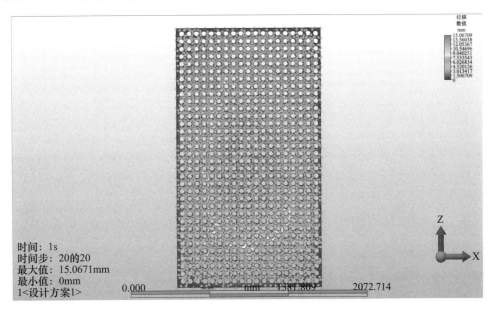

图20　焊点间距100mm（间断焊接）的计算结果

后续在实际加工的过程中选择了拉网和附框焊接点间距为100mm的方案，连续焊接使得附框变形较大（图21），采用焊接间距为100mm的方案使得附框变形相对较小（图22）。

图21　拉网和附框50mm间距焊接图片

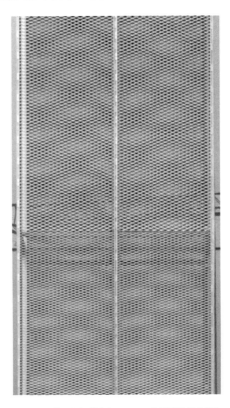

图22　拉网和附框100mm间距焊接图片

3.4.3

另外针对不同拉网孔径和开孔率现场实际做样（图23），主要选择了以下5种不同形式的铝拉网（图24）。

图 23　铝拉网做样

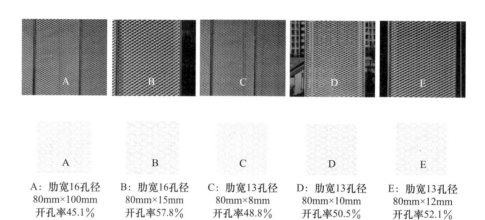

A：肋宽16孔径
80mm×100mm
开孔率45.1%

B：肋宽16孔径
80mm×15mm
开孔率57.8%

C：肋宽13孔径
80mm×8mm
开孔率48.8%

D：肋宽13孔径
80mm×10mm
开孔率50.5%

E：肋宽13孔径
80mm×12mm
开孔率52.1%

图 24　铝拉网选样图

根据现场的实际看样，最后选用了 B 方案，同时对比原设计方案（图 25）增加了几字形扣盖（图 26），让附框的少量变形隐藏在几字形扣盖后，进一步提升了外观效果。

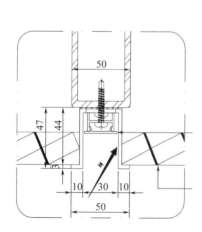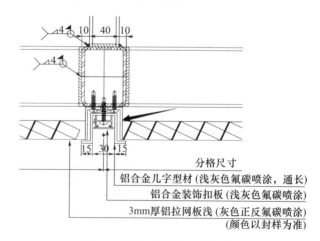

分格尺寸
铝合金几字型材(浅灰色氟碳喷涂，通长)
铝合金装饰扣板(浅灰色氟碳喷涂)
3mm厚铝拉网板浅(灰色正反氟碳喷涂)
(颜色以封样为准)

图 25　原铝拉网设计方案图　　　　图 26　优化后铝拉网设计方案

结合上述几方面情况可知，超大铝拉网的变形控制主要有以下几种措施：

（1）增加铝拉网肋的宽度（从 8～15mm 不等），通过实际做样可知 15mm 的铝拉网平整度最好，增加铝拉网肋的宽度使铝拉网的自身强度得到加强。

（2）铝拉网和附框之间的焊接要有理论设计分析的依据，同时需根据实际焊接做样而定。

（3）在拉跨附框变形难以保证效果的时候需增加装饰型材有效地遮挡其变形。

4 铝拉网吊顶装配式施工

4.1 装配板块的合理划分解决吊装和运输问题

此项目的吊顶悬挑宽 18.9m、悬挑长 83m、悬挑高 40m，在这个空间内的施工措施有很多，可以选择满堂脚手架、高空车等，但就本项目而言，最主要的特征就是工期特别短，吊顶上部分位置的钢结构完成后需马上做结构楼板，留给幕墙吊顶的施工时间不多，对于 3000m² 的吊顶体量来说，难度非常大。

将工作尽量提前，减少安装所需要的时间，是设计的关键，而装配式设计、整体吊装是一个可行的方案，而且利用汽车吊或轨道吊进行安装，可以减少对施工措施的依赖，大大降低措施费和施工工期。经过三次大方案的调整、现场实物样板的反复比对，历经一个月的时间完成了整套装配式设计系统。板块的划分是其中的一个关键问题，需要考虑几个因素：（1）板块要尽可能地大，以实现大面积的一次性安装，但是又不能太大，要考虑现场场地的运输限制和吊装的便捷性；（2）板块的挂点要控制在 4~6 个，少了不稳，多了误差太大难以挂装；（3）板块之间的缝隙只有 10mm，需要考虑安装过程中的碰撞问题；（4）加工好板块的存储问题。经过反复地放样、对比，按照 3900mm 宽、长度有 3900mm 主要尺寸，形成了 300 多个吊顶板块。每块板块的质量在 400kg 以内。

4.2 铝拉网装配式吊顶施工安装

（1）在结构梁上每隔 5m 焊接 1.2m 高 50mm×4mm 方通（图 27），顶部开孔穿钢丝绳，用于后期作业人员挂安全带。

（2）结构梁上搭设作业面：沿结构梁方向在 H 型钢梁下翼缘铺设 4m 长 60mm×4mm 方通，间距 2m（居跨中），两端与结构焊接 10mm，保持牢固。在方通上铺设 2m 钢跳板，两端及中间与方通用铁丝绑扎牢固；最后铺设钢跳板走道的钢丝绳和兜网。

（3）在走道上完成铝拉网装配式板块转接件的安装。

图 27 施工措施图

（4）把 1t 卷扬机通过 4-M10mm×130mm 化学螺栓固定在楼板上（图 28），在 120mm×80mm× 5mm 方通上（放置在结构梁上，两端卡在焊接在结构梁的 60mm×60mm×4mm 方通上，60mm×

60mm×4mm 方通高度 150mm，四边与结构焊接）用 10mm 钢丝绳绑扎定滑轮，将 3.9m×3.9m 的吊顶通过卷扬机整体吊运至作业面进行安装。吊装 3.9m×7.8m 单元体采用 2 台 1t 卷扬机吊装。

（5）在加工区把铝拉网和龙骨按图纸要求做成 3.9m×3.9m 或者 3.9m×7.8m 的装配式板块（图 12）。

（6）在每一个吊顶单元体吊装点对应的楼板上钻孔，通过卷扬机整体吊装（图 29）。

（7）铝拉网板块吊装完成后，操作人员在上述钢跳板走道上通过对支座的三维调节来调整板块的平整度（图 30）。

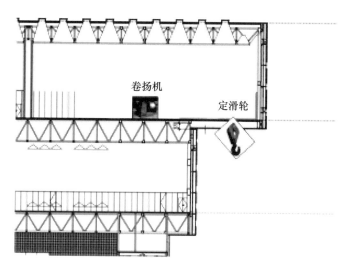

图 28 措施示意图

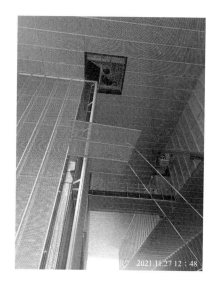

图 29 铝拉网板块吊装图

图 30 铝拉网板块安装完成图

5 结语

采用装配式的施工设计方案已是建筑行业发展的优选方案，相对于传统的"构件式幕墙"的定义来说，装配式幕墙就是将面板和金属骨架（钢立柱、横梁以及铝合金立柱、横梁等）在工地或者工厂组装成整体，在现场完成整体的吊装施工。装配式板块通常是一个楼层或者几个分格一起组装为一个板块，它的优点有工厂化程度高、施工周期短以及板块的整体质量高。

5.1　装配式幕墙的优点

（1）提高幕墙工程质量。装配式幕墙将现场大面积工地施工的杆件经过严密的设计转移到加工区，同时减少了人工的参与以及劳动的强度，从而使单体构件的质量以及板块施工的质量都得到了保证，提高了装配式幕墙的整体施工质量。

（2）缩短施工时间，提高劳动生产率。装配式的支座和装配式幕墙的建造可以在两个地方同时进行，可以边现场施工安装，边在工厂或者加工区组装。相比传统的框架式幕墙，工期会明显缩短。

（3）降低事故的发生率。装配式幕墙的施工现场施工人员更少，安装过程相对简捷，相比传统框架幕墙的施工工序少、现场安装工序少、难度系数小，相对来说事故发生率也就降低了。

5.2　装配式建筑幕墙的建议

（1）装配式施工有利于工期，能够满足快速建造的要求，但是需要周密详细地考虑每个施工步骤，把控好实操阶段的各个环节。

（2）为了加快推进城市现代建筑幕墙产业化的发展，应把装配式建筑相关的技术标准体系进行明确与完善，更进一步分析装配式建筑幕墙的全面推广所带来的深刻变化，积极加强技术集成的推广及应用。还要建立整套的生产标准、技术标准、管理标准、验收标准等。从设计、生产到销售、售后服务的一整套产业过程中有标准可依地实现装配式建筑。加强技术集成与步伐推广，把那些成熟的技术纳入标准，强制实施并加大科技投入及技术创新，推广装配式建筑的科技投入也要快速加大，进而形成多种装配式的现代化建筑幕墙体系。

装配式设计思维与工程实践

◎ 程兴华　蔡广剑　张海斌

深圳市三鑫科技发展有限公司　深圳　518054

摘　要　本文主要探讨装配式设计思维在建筑构件式幕墙工程专业中的应用思考与实践探索。通过对幕墙行业装配式设计的现状及特点分析，结合相关工程实践，阐述装配式在幕墙工程中应用的优缺点。同时，结合笔者自身的经验，介绍装配式设计的方法及要点，并对发现的问题给出相应的看法和建议，以期引发业者讨论，促进共同进步。

关键词　装配式；单元板块；幕墙设计；工程实践

1　引言

由预制部品部件在工地装配而成的建筑称之为装配式建筑。

从 2016 年《国务院办公厅关于大力发展装配式建筑的指导意见》发布以来，各地纷纷出台对应装配式发展指导意见。《广东省住房和城乡建设厅等部门关于加快新型建筑工业化发展的实施意见》中明确指出："以装配式建筑为重点，以工程全寿命期系统化集成设计、绿色化精益化生产施工为主要手段，通过新一代数字化信息技术驱动，整合工程全产业链、价值链和创新链，实现工程建设高效益、高质量、低消耗、低排放。""到 2030 年底，装配式建筑占新建建筑面积比例达到 50% 以上。"

政策的支持以及装配式本身具有的优势，使其在建筑中的应用不断发展扩大，在幕墙行业的应用也同样如火如荼地发展。

2　幕墙中的装配式

建筑幕墙作为建筑的外围护墙，它不仅起到围护作用，保护建筑内在主体结构不被外界环境所侵蚀，还需要充分展示出建筑独特的外在造型和魅力。因此，建筑幕墙对建筑的品质和外观有着极高的要求。

现代幕墙形式多样，按施工方式主要分为框架式幕墙和单元式幕墙两大类。框架式幕墙主要采用散件安装，大部分工作需要在工地上完成，虽然在设计、制作、运输等方面较为简单方便，但工程的精度、品质、工期的保证更多依赖于现场工人的水平，不利于工程质量的整体提升。而单元式幕墙，是将各种墙面板与支承框架在工厂制成完整的幕墙结构基本单元，直接安装在主体结构上的建筑幕墙形式。它把大部分现场难控制的工作转移到了工厂，因此有利于工程品质的提升。单元式，即幕墙中的装配式，是现代幕墙工程中最常用的幕墙形式。

3　装配式的优势分析

众所周知，装配式的特点是大量的建筑部品在车间生产加工完成，预制构件整体运至现场后进行拼装以完成建造任务。其施工速度快、工程建设周期短、生产效率高、产品质量好且减少了物料损耗和施工工序。现场装配作业，符合绿色建筑的要求，使得设计模块化、制造工厂化、管理信息化。

装配式在幕墙中的应用优势有以下几点。

3.1 工厂化制作，产品精度高、品质好

工厂化制作是装配式建筑幕墙最大的一个特征。相对于框架式幕墙，单元式幕墙从构件加工、组装及打胶密封均是在工厂完成。各个环节采用工厂化的流水作业，无论是生产工人的技术水平还是加工设备的先进程度或者操作环境的便利性，均有利于产品的精度和品质控制。高精度的单元运至现场安装，可减少因现场操作产生的误差累计，最终有利于提升项目的整体安装品质。

3.2 装配化安装，施工效率高、周期短，有利于工期的控制

施工装配化是装配式建筑幕墙施工技术一个重要的特征。装配式设计将大量的工作转移到了工厂，现场的施工工序简单，效率高。板块运至现场即可整体吊装，采用挂件挂接就位并对其位置进行适当调整即完成安装。除了板块间的水槽防水，几乎不再需要其他打胶作业，施工效率得到极大提升。

3.3 复杂问题工厂化，简化现场的工艺和措施

现代建筑外形设计新颖独特，复杂曲面造型的应用让幕墙的实施充满了挑战。复杂造型对于安装定位的精度、构件加工的精度以及工人安装的精度要求都非常高。采用框架式的方式施工，操作难度大，外观效果难控制。在结构等条件允许的情况下，采用装配式设计，将复杂的问题全部工厂化解决，不失为复杂异型项目的另一实施方式。

3.4 提升幕墙的水密性、气密性

装配式板块通常采用插接的方式设计，内部设计专门的排水系统。等压腔的设计原理使得幕墙的防水性能得到提升。幕墙的防水不是仅依靠打密封胶来实现，还可以通过等压腔的设计，减小雨水进入室内的概率。结合内排水系统，幕墙的整体防水性能得以保障，气密性也相应提升。

3.5 板块间插接设计，预留变形量，抗震能力强

装配式板块设计，在上下、左右板块间的配合，通常会预留足够的插接缝隙，以适应主体结构的变形。同时，该缝隙的设置，也可在地震时发挥作用，吸收地震对板块的影响，避免板块间相互挤压的情况，提升整体的抗震性能。

3.6 有利于现场的协调管理

装配式设计对于现场的协调管理起到了化繁为简的作用，将庞杂的材料管理转化为板块的管理，将烦琐的工序管理简化为标准化的吊装管理，简化了管理的难度，提高了管理的效率。

3.7 绿色施工，有利于环境保护

装配式幕墙的施工无噪声、无污染、无废料，减少了建筑垃圾的产生、有害气体及粉尘对环境的破坏，实现绿色施工，保护环境。

4 装配式设计需考虑的因素

虽然装配式幕墙有诸多的优势，但我们也不能否认，并非所有的幕墙都可以采用装配式设计，需要结合项目的具体情况来分析是否具备装配化的条件。主要需考虑以下几个因素。

4.1　可模块化程度

装配式设计的目的之一就是通过模块化的设计，提高项目实施效率，缩短工期，降低施工难度。外立面分格设计的可模块化程度的高低是判断是否适合采用装配式的条件之一。如分格设计无规律可循，导致模块种类过多，就不能批量化加工制作，反而会增加实施的难度，不能体现装配式的优势。

4.2　主体结构条件

装配式设计采用单元板块方案，往往会改变幕墙与主体的连接方式和传力形式。因此，在采用装配式前需仔细复核主体结构是否能够承受板块所传递的作用力。同时，也需要考虑结构形式是否能满足板块的安装条件。

4.3　几何尺寸

板块设计的大小需结合多个因素考虑，包括工厂设备加工极限、货车运输能力、道路限制、吊装设备吊运能力、现场场地条件、施工措施等。通过综合考虑采用最优的单元尺寸，才能使得项目顺利开展。

4.4　现场场地条件

现场条件包括板块运输线路、板块存放场地、板块吊装场地等。

4.5　设备能力

主要需考虑工厂材料加工设备能力、车辆运输能力、吊装设备吊运能力等。

4.6　经济性

经济因素也是装配式设计需要考虑的一个重要因素，所有的设计都必须在成本控制的范围内才有可能付诸实践。

5　装配式的工程实践

5.1　成都天府国际机场机场吊顶装配式

该项目室外檐口外挑距离最长 60m、高度最高 23m，采用蜂窝吊顶幕墙系统，与主体结构有多达 7000 多个连接吊点，施工难度大。若采用常规构件式做法，焊接量大、施工功效低，工期难保证（图 1 和图 2）。

图 1　成都天府国际机场檐口

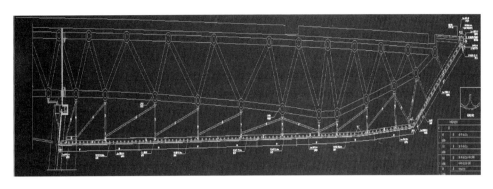

图 2　成都天府国际机场檐口剖面（最大悬挑 60m）

　　因此，为了提高施工效率、保证工期，综合考虑现场相关条件，引入装配式理念。将幕墙次龙骨及面板采用大单元设计，地面组装后成品吊装，提高施工效率，保证品质（图 3 和图 4）。

图 3　装配式檐口吊顶安装（单品面积 40m²）

图 4　完成效果实景照片

我们将装配式方案与吊篮施工做了同步对比：整体吊装一块 40m² 的单元板块，只需要 50min 时间；而同样的量，用吊篮进行安装，所需时间为 8h，整体吊装的效率得到极大提高，且整体安装提高了安装的精度和品质。

5.2 深圳美术馆新馆吊顶装配式

该项目吊顶采用半镜面不锈钢面板设计，表面品质要求高，为保证其外观品质，采用装配式方案无疑是最理想的实践思路（图5）。

图5 深圳美术馆新馆装配式吊顶

5.3 天津星悦中心B区瓷板幕墙装配式

该项目瓷板幕墙采用 16mm 厚人造瓷板作为面板，总面积约 2 万 m²。瓷板标准尺寸为：1200mm×600mm（高×宽），整个立面需要若干个瓷板拼接。按照传统的石材挂接方式，异型小块瓷板易脱落，为了其立面整体性和连贯性，异型小块瓷板需要与其四周的标准瓷板连接固定，装配式瓷板幕墙很好地解决了这个难题（图6）。

图6 项目效果图

按照设计院提供的排序原则，最终决定单元板块标准尺寸为 5100mm×3624mm（高×宽），每个板块 27 块瓷板，大约 18.4m²，整个工程约 1155 樘瓷板单元（图7）。装配式方案成功解决了瓷片难安装、精度难控制，以及小块瓷片易脱落等各种问题，提升了项目的品质。

图 7　单元瓷片吊装照片

6　结语

　　装配式幕墙作为一种绿色建造的新技术，有助于幕墙专业的标准化、系列化、生产快捷化，是幕墙的主要发展趋势之一。在装配式建筑发展的大背景下，对于幕墙行业来说，也须注重技术升级，推出更多装配式幕墙产品，顺应发展趋势。构件式幕墙装配化的设计思维很好地解决了其系统特点面临的困难，从项目整体考虑，装配式效率高、品质好、绿色环保等优势明显。因此要坚持装配式设计理念，不断适应建筑业发展的更高需求，成为幕墙行业发展的新未来。

参考文献

［1］中华人民共和国建设部 . 玻璃幕墙工程技术规范：JGJ 102—2003［S］. 北京：中国建筑工业出版社，2003.
［2］安徽省市场监督管理局 . 装配式建筑评价技术规范：DB34/T 3830—2021［S］.

华富村项目遮阳飞翼及山墙铝板装配式设计与施工解析

◎ 张　勇　吴侃男　陈健斌

中建深圳装饰有限公司　广东深圳　518003

摘　要　本文探讨了华富村旧改项目装饰翼及大面铝板幕墙装配式施工要点，从设计与吊装的角度对装配式应用进行解析，并通过与传统安装效率进行对比，为类似工程装配施工提供思路。

关键词　旧改；装配率；三维调节；装配式工艺

1　引言

华富村项目位于深圳市福田区中心，是深圳市第一个"政府主导、国企实施"的新模式棚改项目，被称为"深圳棚改第一村"。项目通过采用大、小户型搭配，控制标准层总面积偏差，塔楼旋转 45°角布局等设计，利用楼栋的错位使得视线通透、无遮挡，举目即享园林景观；与中心公园无缝衔接，其中回迁区 12 栋超高层住宅小区配套幼儿园、九年一贯制学校，将被打造成为"深圳中心未来家园城市新标杆"。

2　概况介绍

本项目 7 号、9 号、11 号楼楼层数为 43 层，高度约 135.7m，6 号、8 号、10 号楼楼层数为 50 层，高度约 156.7m。标准层层高为 3m，避难层层高为 3.15m。

幕墙系统：铝合金门窗、铝合金百叶、铝单板幕墙、穿孔铝板幕墙、铝板雨篷、石材幕墙、铝合金格栅、铝合金玻璃栏杆、铁艺栏杆、铝合金护窗栏杆、钢制防火窗等（含 6 号～11 号塔楼、裙楼和学校的防火窗）。图 1 为项目立面效果图。

图 1　项目立面效果图

3 项目装配分析

本项目共有 5 个项目装配式策划实施点,装配式施工面积 90000m²(投影面积),占整体施工面积的 65%。本次主要围绕遮阳飞翼及大面铝板装配施工展开叙述。

3.1 阳台造型遮阳装饰线

项目立面阳台部分铝板飞翼造型,且端部飞翼与水平面呈 60°分布,立面通过飞翼的悬挑距离及长度呈"S"造型分布(图 2)于阳台及空调位置,为建筑起到了良好的遮阳效果,并在阳台区域起到了部分的避雨作用,同时也相当于给建筑外观披上了一件艳丽的外衣,使建筑形象更加动人。

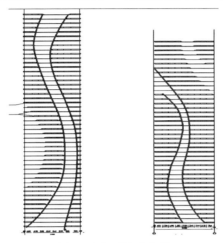

图 2 遮阳系统分布图

遮阳系统外观主要由悬挑钢板牛腿、钢通、3mm 厚造型铝板组成,通过不锈钢螺栓组与飞翼夹角 60°造型,飞翼靠中建一端为双曲造型铝板收边,外观造型如同"S"形,因此存在着大量的异型装饰翼(图 3~图 5)。

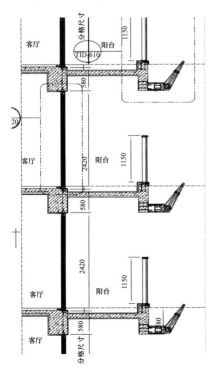

图 3 阳台区域挑出 0.8m

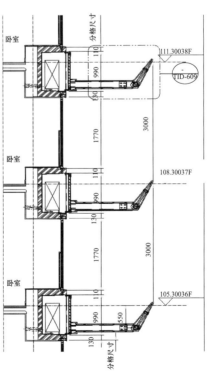

图 4 空调位置最大挑出 1.8m

111

图 5　遮阳飞翼渐变区域

3.2　遮阳系统构造设计

图 6 为遮阳系统剖面图。标准挑檐骨架系统由 150mm×60mm×8mm 镀锌钢方通为挑出牛腿，螺栓组连接 12mm 镀锌钢板，钢板与横向钢通旋转 60°后焊接，通过横向钢通与铝板飞翼骨架螺栓连接，构成整体飞翼骨架，最后与铝板面板安装（图 7）。

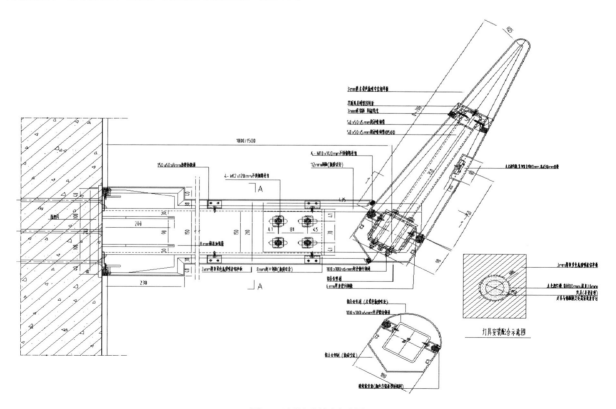

图 6　遮阳系统剖面图

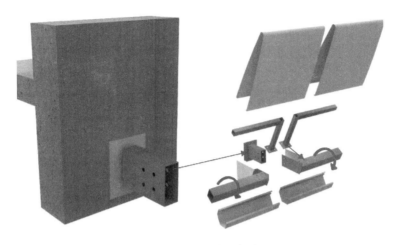

图 7　现场安装示意图

连接件垂直度控制：

钢连接件安装的垂直度及横梁旋转焊接的角度控制，是整个装饰翼造型效果的重要控制环节。装饰翼的铝板间会随支座的倾斜而发生变化。图 8 为横梁连接示意图。

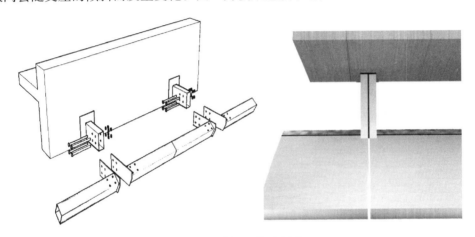

图 8　横梁连接示意图

（1）埋件安装过程中，除了控制放线的精准度，埋件完成安装后埋件的四个钢筋脚应与主体钢筋焊接在一起，防止主体浇筑时影响埋件板的垂直度。横龙骨与连接钢板在工厂组装焊接，确保角度一致。

（2）现场采用装配式设计施工（图 9），减少焊接，提高施工效率，实现三维可调节设计。

图 9　现场装配骨架示意图

钢龙骨设计成单元形式，钢龙骨在地面焊接，钢材校正，材料及角度的加工，定制胎架模型固定焊接，确保钢龙骨的焊接质量以及加工精度。

装配式工序：装配式设计使得现场和工厂的工序可以同步进行，不必等到现场有施工条件才开始加工组装，节约了工期。

装配式现场安装，摒弃了传统的异型现场焊接，外端飞翼 3mm 厚铝单板与悬挑骨架成装配式系统，在牛腿骨架安装完之后采用插接螺栓固定方式安装，实现三维可调节设计（图10）。

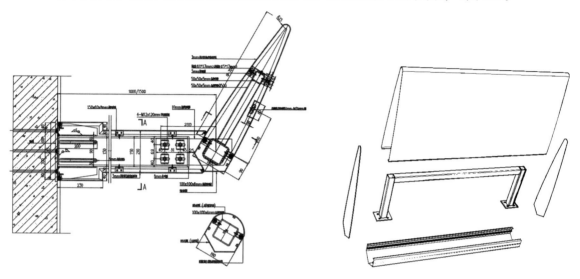

图 10　遮阳装饰翼与龙骨组装成榀

每个面装配遮阳铝板整体分为 3 榀吊装，每榀长度约 8.2m，质量约为 402kg（图11）。

图 11　分榀示意图

首先，安装满焊好此位置支座，保证支座在同一水平标高，将板块吊装到位，再用螺栓连接在支座上固定板块（图12）。

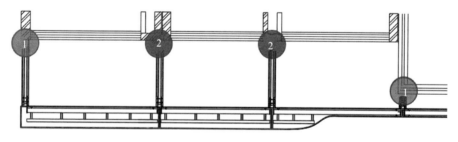

图 12　安装顺序示意图

然后，中间两个支座跟着板块一起吊装，待左右固定支座连接焊接到位，再将此位置挑件和埋件焊接（图13）。

最后，安装支座位置包铝板。

（3）效率分析：现场安装只需三步，大大地缩短了高空安装作业时间，减少了现场焊接量。支座可在总包卸载后放线先进行定位安装，加快现场的进度。现场吊装一个钢架大约需要 25min，加上就位及支座焊接，大约需要 50min 即可安装完整榀遮阳装饰板（图14）。

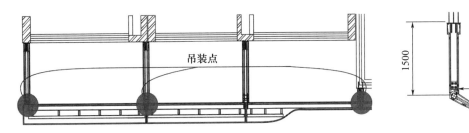

图 13　吊装示意图

图 14　安装样板示意图

4　大面装配式铝板设计与安装

为配合项目整体交付工期及质量，大面采用装配式铝板（图15）施工，分两部分进行，首先进行大面骨架装配吊装，接着进行铝板挂接安装。

4.1　骨架吊装

将大面骨架按照分格，根据选定的装配式单元，设计好板块大小。本工程为住宅工程，剪力墙最大跨度为 7.9m，因此分格为一层为一榀，最大分格为 3000×7900；单榀质量约为 800kg（图16）。

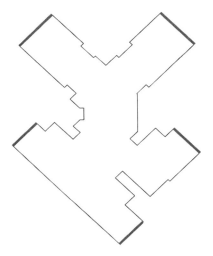

图 15　装配式铝板示意图

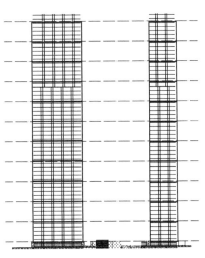

图 16　龙骨分格示意图

根据不同的结构形式，进行结构尺寸复核，确定骨架实际尺寸。为了方便现场施工，应当尽量将尺寸统一，从而保证骨架成榀批量生产，方便集中加工、安装。

制作钢骨架焊接专用的加工平台，使钢骨架尺寸的焊接加工精度确保一致（图17）。钢骨架焊接完成后，应按片区分开堆放（图18）。

图17 龙骨进行限位焊接

图18 焊接完成按片区堆放

如图19所示，在设计阶段设置为钢插芯安装，确保安装效率及垂直平整度；同时连接件优化为螺栓连接，减少焊接的同时，可实现水平进出位的可调节。

图19 连接支座安装示意图

骨架吊装流程如下：

首先，安装满焊好此位置单边支座，保证支座在同一水平标高，将板块吊装到位，再用螺栓连接在支座上固定板块。图20为骨架挂接点位。

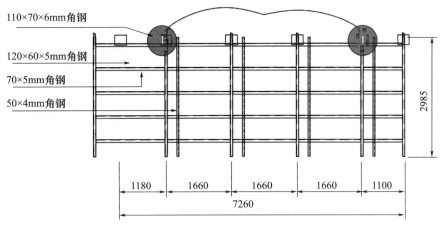

图 20 骨架挂接点位

根据板块安装位置，将剩余的支座焊接到位，并用螺栓连接到位。图 21 为骨架固定顺序。

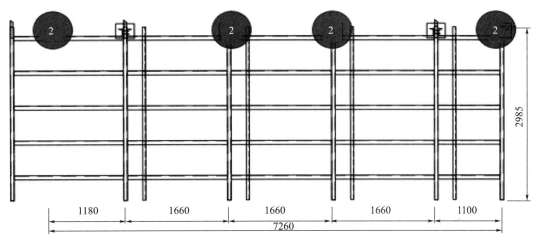

图 21 骨架固定顺序

然后进行第二层骨架板块吊装（图 22）。先安装满焊好此位置单边支座，保证支座在同一水平标高，将板块吊装到位，上下板块插接到位，再用螺栓连接好上板块。

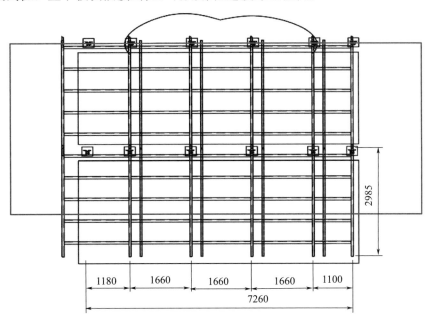

图 22 第二层龙骨单元装配示意图

龙骨现场吊装图片见图 23。

图 23　龙骨现场吊装图片

4.2　面板安装

铝板单元板块吊装，根据现场实际情况，整个山墙位置为垂直面，且无造型，因此考虑铝板与骨架整体吊装。

整体吊装步骤参考装配骨架吊装，与装配式龙骨单元一致，铝板单元质量约为 1t；上下板块插接位置位于层间区域，先装完层间防火，再安装层间位置铝板（图 24）。

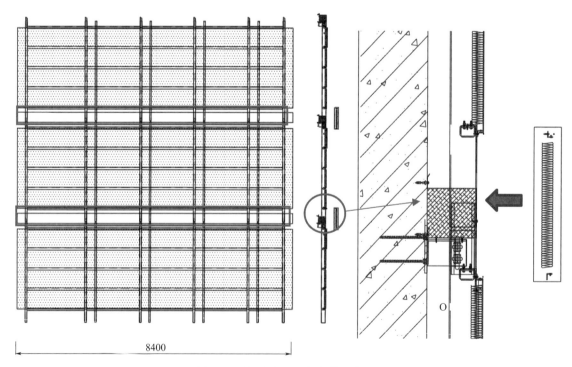

8400

图 24　层间防火及铝板安装示意图

如表 1 所示，对三种安装模式进行工效对比分析：面板整体吊装装配式效率比单龙骨装配施工效率提高 30%，对比散件安装效率提高 50%。

表 1 工效对比分析

铝板龙骨装配式施工（约 1728 榀）		龙骨装配式施工（约 1728 榀）		铝板龙骨传统施工	
整体装配式施工	工日数	半装配式施工	工日数	传统框架式施工	工日数
单榀龙骨及加工工日	1/10d	单榀龙骨工日	1/16d	单榀龙骨工日	0.05d
单榀铝板及满焊工日	1/16d	单榀龙骨及满焊工日	1/16d	单榀龙骨满焊工日	0.1d
单榀层间防火及铝板收口	1/16d	单榀铝板安装工日	1/5d	单榀铝板安装工日	1/5d
总耗费工日	248d	总耗费工日	280d	总耗费工日	320d
工效约为 1728/248＝8 榀/d		工效约为 1728/280＝5 榀/d		工效约为 1728/320＝4 榀/d	

根据现场安装情况，整体装配式安装优点如下：

（1）将构件式的工序在加工厂地面组装，实现一体化；

（2）各工序精度在加工厂源头控制，消除现场质量隐患，降低现场质量管控难度；

（3）投入劳动力少，措施费有所增加；安全管理成本及难度大大降低；

（4）现场安装简单，如同"堆积木"，安装效率高；

（5）提升产品质量的同时能够大大缩短施工周期；

（6）把 70%的高空作业转移至地面，减少了高空焊接，降低施工作业的安全风险。

5 结语

随着社会的发展，以及绿色建筑、碳中和等大环境的推动，装配式建筑已成为时代发展的趋势，传统建筑模式难以适应国家现代化建筑行业转型发展需求，秉持"能装配绝不散装"的原则，通过装配式图纸设计及探索，本项目完成装配率高达 65%，为各个项目装配式施工提供参考。

装配式建筑把传统建造方式中的大量现场作业工作转移到工厂进行，采用标准化设计、工厂化生产、装配化施工、信息化管理、智能化应用，是实现建筑产品节能、环保、全周期价值最大化可持续发展的新型建筑生产方式，起到降本增效的效果。目前我们对于框架幕墙项目整体装配式比例和规模化程度仍处于较低比例，因此还需大力发展装配式幕墙施工。

参考文献

［1］中国工程建设标准化协会. 装配式幕墙工程技术规程：T/CECS 745—2020 ［S］. 北京：中国计划出版社，2021.

［2］侯君生. 浅谈装配式建筑发展现状与前景 ［J］. 建筑与装饰，2020（8）：1.

［3］中华人民共和国建设部. 玻璃幕墙工程技术规范：JGJ 102—2003 ［S］. 北京：中国建筑工业出版社，2003.

［4］中华人民共和国工业和信息化部. 铝幕墙板 第 1 部分：板基：YS/T 429.1—2014 ［S］. 北京：中国标准出版社，2014.

［5］中华人民共和国住房和城乡建设部. 钢结构焊接规范：GB 50661—2011 ［S］. 北京：中国建筑工业出版社，2011.

一种屋面装配式轨道的应用

◎ 郑爱冠　黄庆祥　何林武

中建深圳装饰有限公司　广东深圳　518003

摘　要　建筑外装饰单元幕墙常用的吊装方法为轨道吊，轨道吊主要组成材料为钢材。在屋面轨道吊加工、组装中，屋面架高钢架通常采用焊接形式组拼，而焊接的钢架在高空安装、拆除过程中的安全管理难度大、安装效率低、轨道材料折损率大，且易造成已完成幕墙面板的损伤，弊端较多。现拟采用一种以套接、栓接方式为主的装配式轨道代替传统焊接轨道，实现轨道安装全程免焊、高循环使用率，降低碳排放。

关键词　幕墙屋面轨道；焊接；栓接；装配式

1　引言

随着现代化城市的建设、发展，越来越多超高层建筑出现在我们的视野中，其中办公楼居多。而超高层办公楼的主要幕墙形式为单元幕墙，单元幕墙最常用的施工措施为轨道吊。

传统轨道吊按使用位置可分为层间轨道和屋面轨道（图1）。层间轨道一般采用平铺形式；而屋面轨道一般采用架高轨道形式，以满足顶部板块的安装，不同建筑屋面采用不同架高高度的轨道，通常高出板块顶部标高1.5m左右。屋面架高轨道通常采用钢架来实现架高的高度，传统的架高钢架通常采用焊接方式来组拼，而焊接架高钢架的安装、拆卸成本较高，折损率较大，且不利于现场幕墙成品保护。

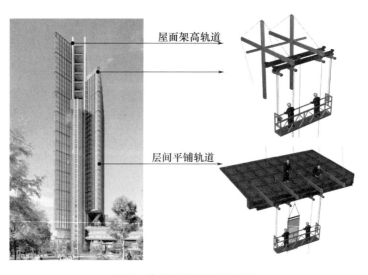

图1　传统轨道搭设示意图

2　传统屋面钢架轨道搭设特点分析

以最常见的主体架空层——独臂花架梁为例，屋面采用独臂架高轨道，此类型轨道通常由 4 套不同尺寸杆件组成：横杆、悬挑杆、架高杆、顶部支撑杆，其中悬挑杆与顶部支撑杆可在地面完成焊接，而横杆和架高杆需在屋面安装过程中完成焊接、安装，焊接量较大。架高钢架的杆件组成示意图见图 2。

顶部支撑杆:增加稳定性

横杆:横向长度由钢架高度及板块最大重量而定

悬挑杆:悬挑长度由板块完成面与结构边间距而定

架高杆:架高高度由板块高出结构顶梁的高度而定

图 2　架高钢架的杆件组成示意图

3　传统屋面钢架轨道的缺点分析

3.1　安装过程中的缺点分析

屋面钢架安装过程，每榀架高钢架至少有 4 处地方需要焊接（架高立杆、横向加强杆的两端），则完成屋面一圈轨道安装的焊接量大，高空作业安全管理难度大，而且安装效率较低，人工成本大。屋面轨道搭设示意图如图 3 和图 4 所示。

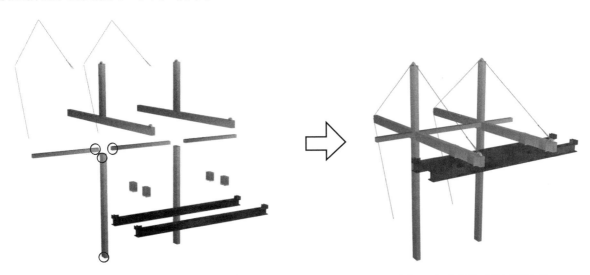

图 3　屋面轨道焊接位置示意图　　　　　　　　图 4　完成安装后的屋面轨道

3.2 拆卸过程中的缺点分析

屋面轨道在拆除过程中，架高立杆横杠与悬臂杆间、架高立杆与埋件间都需要拆解，通常切割拆解的方法为电锯、氧乙炔焰或离子切割。但无论用哪种切割方法，现场切割后的钢通总伴随有长短不一、切割口不平齐等缺陷，造成拆除后的轨道杆件无法直接进行下个项目的重复使用，损耗率高。此外，切割过程中产生的掉渣、铁屑等残渣对完成幕墙造成不同程度的损伤。屋面轨道拆除示意图如图5所示。

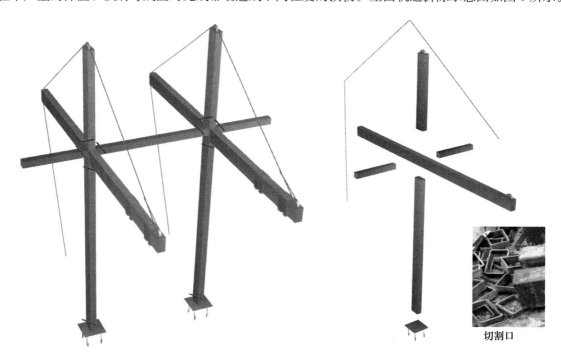

切割口

图5 屋面轨道拆除示意图

综合上述分析，传统屋面轨道拆除后的弊端可分为5大类，见表1。

表1 传统屋面轨道拆除弊端分析

事项	弊端分析
拆除后不同程度损坏的杆件占比	约90%
拆除后钢架使用至架高高度偏小的屋面	架高立杆、横向加强杆的两端需重新加工，端头切平齐
拆除后钢架使用至架高高度偏大的屋面	架高立杆需重新下料
拆除后的轨道杆件性能情况	防锈漆需重新喷涂
拆除过程的危险度	危险系数大

4 装配式轨道设计思路

装配式轨道主要思考方向为：采用栓接的形式来实现安装、拆除过程中免焊、免切割，达到轨道材料可循环利用的效果。装配式轨道设计时应具备的特点：

（1）轨道高空安装中全程免焊接；

（2）轨道拆除过程中免切割、无废料；

（3）拆除后的轨道各杆件可供下个类似项目循环利用；

（4）层间轨道可循环运用于屋面轨道。

5　装配式轨道设计方案

装配式轨道主要采用螺栓对接、杆件插接代替传统的焊接，实现高空免焊安装。装配式轨道整体示意图见图6。

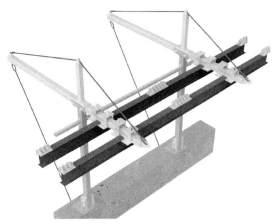

图 6　屋面装配式轨道整体示意图

各杆件之间的连接设计见表2。

表 2　屋面装配式轨道各杆件间的连接方式分析

序号	分析项	弊端分析
1	架高立杆与埋件之间的连接	槽钢支座＋螺栓
2	架高立杆与悬臂杆之间的连接	槽钢＋螺栓
3	架高立杆与顶部支撑杆之间的连接	双槽钢对插＋螺栓
4	悬臂杆与顶部支撑杆之间的连接	槽钢＋螺栓
5	悬臂杆与工字钢轨道之间的连接	双套筒＋限位片
6	工字钢轨道之间的连接	钢板插接＋螺栓

5.1　架高立杆与埋件之间的装配式设计

屋面轨道底部平板埋件随主体进度预埋、安装，并在主体屋面外架拆除之前完成槽钢支座的定位、焊接安装。

注意：在预埋件安装过程中应尽量保证平板埋件的安装水平平整度，以保证槽钢支座、架高立杆安装的垂直度，保证整个环形轨道的稳定性（图7）。

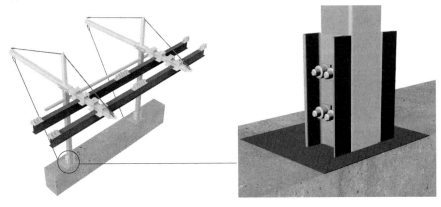

图 7　槽钢支座安装示意图

　　此外，也可采用槽式埋件（图8）代替平板埋件（图9）来实现全程免焊，但此方法的槽式埋件材料使用成本较高。

图8　槽式埋件安装示意图

图9　平板埋件安装示意图

5.2　架高立杆、顶部支撑杆与悬臂杆之间的装配式设计

　　架高立杆、顶部支撑杆与悬臂杆之间可通过设计槽钢进行套接，再通过对穿螺栓固定。悬臂杆设计多个调节孔，调节悬挑长度，以满足不同项目不同的悬挑长度要求。此外，悬臂杆应采用笔直设计，便于层间与屋面的轨道可相互取材循环利用。装配式设计示意图如图10和图11所示。

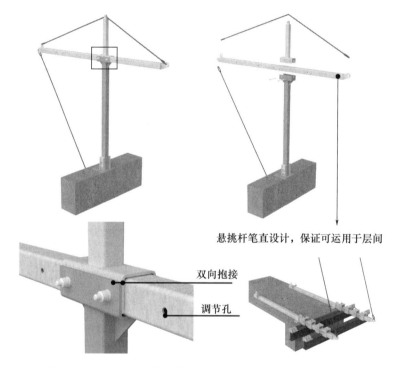

图10　架高立杆、顶部支撑杆与悬臂杆间装配式设计示意图

图11　悬臂杆调节孔设计示意图

架高立杆、顶部支撑杆与悬臂杆之间装配式设计（图 12）特点如下：

（1）悬挑杆与架高立杆、顶部支撑杆采用抱接形式，采用对穿螺栓加固；

（2）悬挑杆设计可调节孔位，以满足不同项目不同的悬挑长度要求；

（3）杆件笔直设计，以保证与层间轨道相互取材循环利用。

图 12　顶部支撑杆与悬臂杆间装配式设计示意图

补充说明：架高立杆也可考虑设计为可调节套杆，以满足不同项目对轨道架高高度的要求，调节套杆设计示意图如图 13 所示。

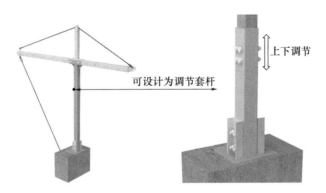

图 13　架高立杆高度调节设计示意图

5.3　横杆装配式设计

轨道横杆的主要作用是提高整个轨道体系的稳定性，通常设计于架高立杆之间。其装配式方案为：横杆两端焊接钢板，通过对穿螺栓将架高立杆、两侧横杆进行对接加固，中间可设计钢垫片进行微调节（图 14）。

此外，横杆也可采用套接的形式设计为可调节横杆，以满足不同项目对架高钢架间距要求。设计方案如图 15 所示。

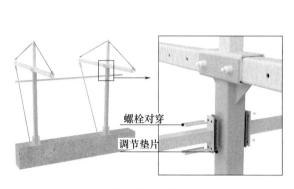

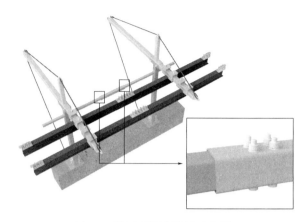

图 14　横杆装配式设计示意图　　　　　　　图 15　横杆可调节设计示意图

5.4　悬挑杆与工字钢间的装配式设计

悬挑杆与工字钢间通过设计一对钢套筒夹住，两钢套筒间设计钢板片进行限位；套筒顶部设计调节、限位螺杆，可调节钢套筒与工字钢的进出位，以满足项目对工字钢轨道悬挑距离的要求（图 16 和图 17）。

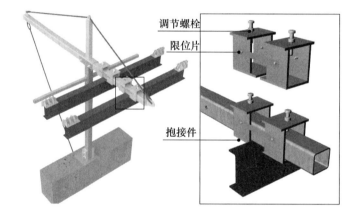

图 16　悬挑杆与工字钢间的装配式设计示意图

图 17　套筒现场图

5.5　工字钢搭接设计

轨道工字钢在整个轨道体系中用量是最大的，可考虑设计成标准件，减少设计、加工成本：如设计 2m 标准长度，工字钢间采用插接法设计，螺栓固定，现场安装高效。工字钢对接设计示意图如图 18 所示。

图 18　工字钢对接设计示意图

经过上述设计与分析，屋面装配式轨道优点见表 3。

表 3　屋面装配式轨道优点分析

分析项	优点
各杆件运输过程	各杆件轻便，便于现场转运
钢架、轨道安装过程	便于现场安装及安全管理
拆除后不同程度损坏的杆件占比	低于 5%
同个项目的层间与屋面轨道利用度	90% 层间轨道材料可运用至屋面
拆除后的轨道使用至其他项目	可循环利用
拆除后的轨道杆件性能情况	无切割，接近 100% 的性能保证
拆除过程的危险程度	危险系数较小

6　装配式轨道安装

装配式轨道各个杆件的质量基本都在 100kg 以内，运输、安装起来比较便捷。各杆件到场后可直接通过施工电梯装运至屋面，再通过花架梁顶部架设电葫芦吊装即可完成整个轨道的垂直运输；安装时，花架梁内侧搭设双排架进行辅助安装，即可完成整套装配式轨道的安装。装配式轨道安装现场见图 19。

图 19　装配式轨道安装现场

7　结语

本方案的宗旨是轨道材料在安装及拆除过程中的循环运用、现场安装便利及绿色拆除。在考虑采

127

用本方案屋面装配式轨道时，各个杆件尺寸大小尽量取最大、最优值，以便同一套轨道材料能运用到更多的项目上，达到更高的项目创效。

参考文献

［1］中华人民共和国住房和城乡建设部．钢结构通用规范：GB 55006—2021［S］．北京：中国建筑工业出版社，2021．

［2］中华人民共和国住房和城乡建设部．钢结构设计标准：GB 50017—2017［S］．北京：中国建筑工业出版社，2017．

第四部分

理论研究与技术分析

幕墙垫块设计简述

◎ 包　毅　窦铁波　杜继予

深圳市新山幕墙技术咨询有限公司　深圳　518057

摘　要　幕墙工程技术规范中有关垫块的规定，适用于常规构造和正常支承条件下的幕墙系统。在特定的幕墙构造条件下，需对幕墙的构造和承载方式进行具体分析，对幕墙板块的支承方式、定位和垫块种类进行正确设计和选用，才能满足实际工程设计的需要。本文对特殊条件下的垫块设计演化进行简略的归纳，并对活铰支承块、可调垫块、模块化可调垫块、无级可调垫块、重载微调垫块等进行了介绍。

关键词　幕墙；垫块；支承块；定位块

1　前言

　　垫块是幕墙系统中的一个小附件，在很多人眼里是幕墙最不起眼的部件之一。在《建筑幕墙术语》（GB/T 34327—2017）中垫块归入"5.3 其他零件"的"支承块"和"定位块"；但是从定义看，还是局限于面板（尤其是玻璃）的周边镶嵌垫块。在《建筑玻璃应用技术规程》（JGJ 113—2015）中，有关支承块和定位块的材质（第 4.2.2、4.2.3 条）、规格（第 12.2.2、12.2.3 条）、安装位置（第12.2.4 条）等，有明确的规定，并有相应图示。此外，第 12.2.5、12.2.6 条提到的"弹性止动片"，一般视作定位块的一种特殊形式，应用较少。严格来说，现行规范中提到的垫块主要是指玻璃垫块，不同垫块的标准做法，大部分常规幕墙工程可依照规范执行。但在某些特殊条件下，有些垫块并不是直接用于玻璃的支承或定位，则需要按照垫块所处的位置和作用及受力状况做相应的调整。本文就一些特殊条件下的垫块设计做介绍。

2　玻璃支承块和定位块的设置

　　现行相关规范中有关玻璃垫块的设置位置有明确的规定，"采用固定安装方式时，支承块和定位块的安装位置应距离槽角为 1/10～1/4 边长位置之间"，所以玻璃幕墙通常会在玻璃底边两侧设置垫块。但在实际工程中，由于特定幕墙构造的需要，玻璃垫块的设置无法达到规范中的规定，应采取特殊的处理方法。

2.1　支承块靠玻璃边角

　　当横梁或横梁的连接出现横梁抗重力方向很弱（如扁窄形横梁）、横梁抗重力偏心扭转能力不足（如角钢横梁）、横梁连接支座抗扭剪能力不足（如横梁支座连接螺钉间距较小）等情况时（图1），玻璃面板的重力通常需考虑支承在立柱上，导致玻璃支承块只能置于玻璃的边角部位。包括采用无横梁设计的幕墙系统（图2），更是只能把支承块连接固定在立柱上，否则就需要采用点式驳接的方式才能承托玻璃的重量。实际上，非穿孔夹板式点支承玻璃幕墙的支承块也是位于玻璃角部的夹具内。

当支承块靠玻璃边角布置时，支承块长度往往也不能完全满足规范要求，需对局部压应力进行验算分析。且玻璃角部需进行倒角圆角处理，避免应力过度集中，验算安全系数应适当提高。另外，此类设计玻璃局部应力往往偏大，玻璃应尽量采用钢化，半钢化很难实现设计要求。

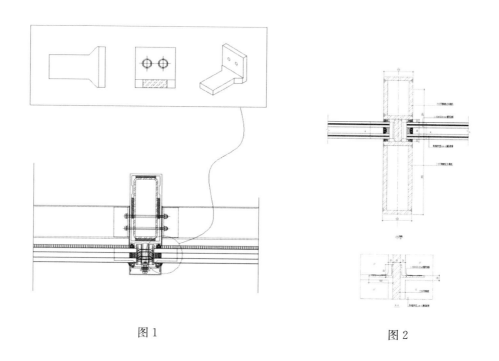

图1   图2

2.2 支承块设置在玻璃侧边

当幕墙玻璃不是矩形，如平行四边形，玻璃重心有可能偏离底边（图3），此时其中一个玻璃支承块需设置在侧边，才能防止玻璃侧翻。此种设置在倒置三角形的玻璃板块的支承中也是常见的。侧边设置的支承块需要考虑机械固定，才能避免移位。

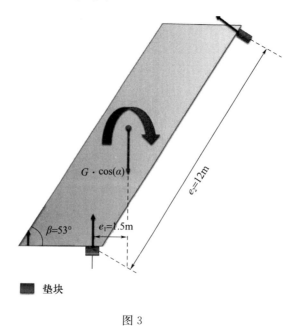

■ 垫块

图3

2.3　支承块设置在玻璃底边中点

图 4 为一结构特殊的玻璃幕墙样板，幕墙板块两侧立柱的安装方式，一侧为上端吊挂连接，一侧为落地固定连接，立柱受温度作用产生热胀冷缩时沿长度方向会出现相反的变化，极端条件下，横梁会出现左右不等高的情况。如采用传统的两边垫块形式，玻璃会出现平面内转动，可能与幕墙框架发生挤碰。为此，可采用多垫块设计来控制玻璃的平面内转动及防止玻璃板块与立柱间的碰撞。横梁上的支承块可设置在中点，支承块最好采用活铰结构，以便适应横梁的倾斜。两侧边设置定位块，防止玻璃侧翻。活铰如果是分离式的，上部需与玻璃粘接，下部也尽量与横梁固定。定位块也需要固定在立柱上，在保证玻璃与定位块可以相互移动的条件下，定位块不得逐渐滑落（图5）。

图 4　某玻璃幕墙样板

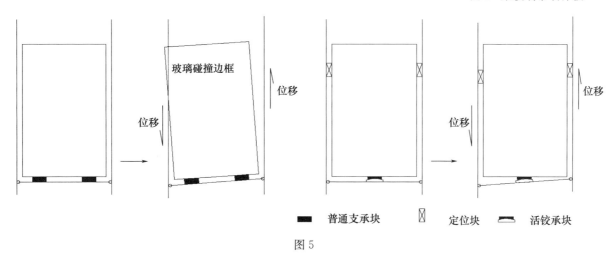

■　普通支承块　　　⊠　定位块　　　⌣　活铰承块

图 5

2.4　活动板块定位块的设置

玻璃幕墙的开启扇属于活动板块，其垫块的设置可以按照《建筑玻璃应用技术规程》（JGJ 113—2015）中第 12.2.4 条"2）采用可开启安装方式时，支承块和定位块的安装位置距槽角不应小于30mm。当安装在窗框架上的铰链位于槽角部 30mm 和距槽角 1/4 边长点之间时，支承块和定位块的安装位置应与铰链安装的位置一致"执行。除了玻璃幕墙开启扇外，活动板块还包括带玻璃运输安装的窗、窗墙单元、PC 集成墙和单元幕墙等，在现场的安装和运输过程中，均应考虑定位块的设置问题。对于周边或对边施作硅酮密封胶进行密封或结构装配固定的活动板块，固化后的胶也能部分起到防止玻璃与框架发生相对位移的作用。

2.5　多个支承块或连续支承

玻璃幕墙板块安装设置两个支承块，是基于工程实际中难于保证三点共线的原因，设置两点支承能较好地实现承重点的有效性。这种设置适用于玻璃垂直安装，玻璃垂直方向刚性较大，且忽略支承块间距的影响。当玻璃处于水平（采光顶）或倾斜安装时（倾斜幕墙），在重力影响下，玻璃会产生较大的平面外变形。较大跨距的支撑，不利于控制玻璃平整度。可适当增加支承点的数量，支撑点间距一般不宜大于 700mm，并按相应支承条件进行玻璃平面外变形的验算。如按《建筑玻璃采光顶技术要求》（JG/T 231—2018）"5.3 玻璃采光顶用玻璃面板面积应不大于 2.5m²，长边边长宜不大于 2m"控制了玻璃幅面，或玻璃周边采用连续胶条的连续支承来代替支承块，即可以忽略有关支撑间距的影响。

随着超大、超宽、超重玻璃板块越来越多的应用，即使玻璃是垂直安装，但由于底边太长、玻璃太重，也需要考虑多支承块设计。也可采用连续支承设计来支承玻璃面板，一般是在工厂内将玻璃与钢靴采用硅酮结构胶固化，通过钢靴转换，使得玻璃不承受集中力。隐框玻璃幕墙当硅酮结构胶承载设计不承载重力所产生的剪力时，玻璃的支承构件应采用连续支承构件并与幕墙支承构件可靠连接。

2.6 多向支承块的设置

对于斜幕墙，支承块需要在玻璃底部端面和玻璃边缘两个方向同时设置支承块，两侧边缘支承块的设置可参考采光顶的设计要求。

3 其他垫块设计

除了玻璃需要设置支承块外，实际上还有其他部件有类似于设置支撑块的要求，特别是用于幕墙安装时的调整垫块。由于主体结构的施工误差，幕墙安装经常使用大量的调整垫块来调整幕墙的位置，以便保证幕墙安装的精度。目前，国内对工程安装用调整垫块不太重视，功能和规格千差万别，极不规范，给幕墙施工质量带来很大的影响，急需产品的标准化和施工的规范化。

3.1 模块化可调垫块

模块化垫块一般是工程塑料产品，外形基本上是采用马鞍形 U 形垫片，方便插入，避开连接螺栓。垫块由不同厚度的板块组成，可以组合，满足现场实际厚度的需要。一般不同厚度会采用不同颜色以方便快速分辨取用。图 6 为国外常用模块化垫块。

  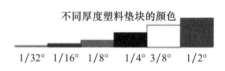

不同厚度塑料垫块的颜色

1/32° 1/16° 1/8° 1/4° 3/8° 1/2°

图 6 国外常用模块化垫块

3.2 无级可调垫块

无级可调垫块如图 7 所示，它由两块三角楔形垫块相互咬合组成，其特点是在相互接触的斜坡面上设置了锯齿面，所以两垫块在相互接触后会"咬合"在一起不产生滑动。楔形垫块与 U 形垫块有很

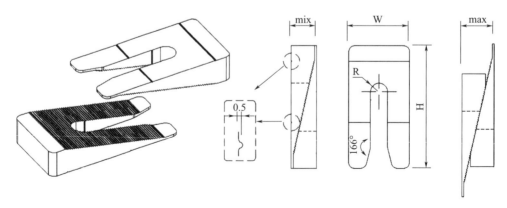

图 7 无级可调垫块

多相似之处，垫片的中间均为开放式 U 形条孔设计。楔形垫块开放式条孔的一端未设有锁定螺杆的凸起造型，主要是因为可以靠两对垫块相互咬合后自然形成的闭合长圆孔来将自身定位。无级可调垫块适用于微量调节，通过两个三角形垫块带齿条面间的相对滑动，无级可调垫块的整体厚度可在一定的范围内不断变化。不同厚度的楔形垫块其可调整的厚度范围是不同的。

无级可调垫块具有多种尺寸系列产品，以适应不同公称直径的螺杆和调节厚度的要求。表 1 为常用无级可调垫块规格。

表 1　常用楔形垫片规格

序号	对应公称直径	R/mm	H/mm	W/mm	mix/mm	max/mm
1	M8	4.5	60	35	15	19
2	M10	5.5	75	40	20	25
3	M12	6.5	90	50	20	25
4	M16	8.5	120	60	25	32
5	M20	10.5	145	75	30	38

从侧面看，楔形垫片与周边结构相接触的平面上带有特殊凹槽造型，见图 7 中虚线框中的放大图，此处的特殊造型主要是考虑在和 U 形垫片配合使用时用来限制垫片间相对滑动的。

3.3　带有螺旋的重载微调垫块

超大落地玻璃板块的设计，如苹果店外立面玻璃，底部支承力很大，普通的垫块是无法满足要求的。一般都需要厂内预制钢靴加螺旋可调垫块，才能满足现场安装调整的要求。基本做法见图 8。通过刚性夹持、钢制楔形可滑动垫块、螺杆等一套装置来实现微调。

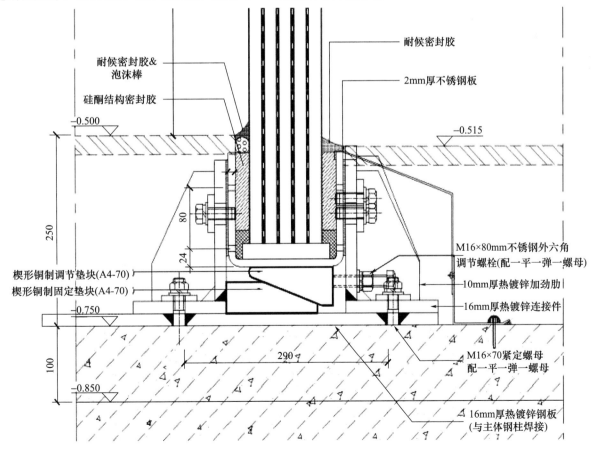

图 8　超大落地玻璃板块垫块基本做法

4 结语

幕墙垫块的设计需要适应实际工程需要，由于幕墙方案的多变形，需要配合实际情况进行变通。

（1）玻璃垫块可能不止两个，玻璃垫块位置可能不在底部；

（2）垫块设置应考虑搬运、安装、活动、变形等实际情况；

（3）特殊位置定位块需考虑机械固定；

（4）特殊位置垫块应进行验算，尤其注意集中应力对玻璃的影响；

（5）模块化、可调的垫块更适应现场实际需要。

参考文献

［1］中华人民共和国住房和城乡建设部．建筑幕墙术语：GB/T 34327—2017［S］．北京：中国标准出版社，2017.

［2］中华人民共和国住房和城乡建设部．建筑玻璃应用技术规程：JGJ 113—2015，［S］．北京：中国建筑工业出版社，2016.

［3］中华人民共和国住房和城乡建设部．建筑玻璃采光顶技术要求：JG/T 231—2018，［S］．北京：中国标准出版社，2018.

［4］杜继予．一种外插式可调垫片［P］．中国专利：ZL 2009 2 0154144.7，2010-3-10.

大荷载作用下硅酮结构密封胶耐久性研究

◎ 罗 银 汪 洋 蒋金博 张冠琦

广州市白云化工实业有限公司 广东广州 510540

摘 要 超高层项目由于风压大和幕墙板块尺寸大，硅酮结构密封胶按常规设计取值，宽度可能会超出标准规范要求，无法满足特定需求。本文参考国内外标准对隐框、半隐框玻璃幕墙硅酮结构密封胶粘结宽度计算进行了介绍和分析，采取超高性能结构密封胶提高强度设计值，具备标准依据和可行性。超高性能结构胶具有高强度、高伸展率、长期高强度保持率的特点，本文对其开展了疲劳试验等耐久性研究。研究表明，超高性能结构胶在提高强度设计值后的耐疲劳性能仍具备明显的优势。结合实际工程，该项目的强度设计取值是 JGJ 102 规范强度设计值的 2 倍，在历经 13 年的应用后，取样检测性能仍完全符合要求。因此，在特殊的应用情况下，超高性能硅酮结构密封胶的强度设计值可适当提高以满足设计要求，且仍完全具备安全性和预期的使用寿命。

关键词 硅酮结构密封胶；超高性能；强度设计值；耐久性

1 背景

建筑硅酮结构密封胶在幕墙板块的结构粘结中，要长期承受风、重力、温度、地震作用等引起的荷载变化。其中重力荷载属于静态荷载，风荷载、地震作用和温差变化属于动态荷载。当下，由于《玻璃幕墙工程技术规范》（JGJ 102）要求幕墙玻璃下端采用金属托条来承受玻璃重力荷载作用，所以重力荷载对硅酮结构密封胶影响较小。一般情况下，风荷载对建筑幕墙起主要影响作用。风荷载对建筑幕墙的影响时刻在变化，有正荷载也有负荷载，对密封胶产生反复且长期的拉应力和压应力，呈拉压交替状态。

随着幕墙的广泛应用和发展，高层、超高层建筑的玻璃幕墙、板块尺寸特别大的玻璃幕墙、复杂体形的玻璃幕墙，在台风多发的滨海地区建造的玻璃幕墙等越来越多。这些幕墙需要承受的风荷载更大，在幕墙设计时，如果设计强度按照标准规范取值，结构密封胶的宽度很可能会过宽，超过标准规范要求，会影响美观，还会影响加工过程中的安全性；如果结构密封胶的宽度按照标准规范内的设计宽度，反算出结构密封胶的强度设计值会超过标准规范取值。

结构密封胶按照标准规范的强度设计取值，受到的是常规荷载；如结构密封胶按照高于标准规范的强度设计取值，可满足标准规范设计要求[1]，但结构胶会受到更大荷载。设计师担心硅酮结构密封胶长期承受的荷载过大，耐疲劳性会出现下降，影响幕墙安全。且根据早年国外的大荷载作用下的硅酮结构密封胶疲劳试验研究，硅酮结构密封胶的疲劳次数确实出现明显下降。但近些年来，随着硅酮结构密封胶的性能提升，提高标准规范的强度设计取值成为一个可能。

基于上述原因，本文对超高性能硅酮结构密封胶进行了大荷载作用下的耐疲劳性研究。

2 提高强度设计取值的标准依据

2.1 结构胶宽度计算的基本公式

针对竖向隐框、半隐框玻璃幕墙中玻璃和铝框之间硅酮结构密封胶的粘结宽度，根据中国规范、美国规范和欧洲规范，分别介绍结构胶宽度计算的基本公式。因为玻璃自重由金属托条承受，不考虑永久荷载下的粘结宽度。以下计算公式均是风荷载作用下的粘结宽度计算公式。

2.1.1 中国规范

中国行业规范《玻璃幕墙工程技术规范》（JGJ 102）[1]中的结构胶宽度计算如下：

$$c_s = \frac{w_k a}{2 f_1}$$

式中，c_s 为硅酮结构密封胶的粘结宽度（mm）；w_k 为作用在计算单元上的风荷载设计值（kN/m²）；a 为玻璃板的短边长度（m）；f_1 为结构胶在风荷载作用下的强度设计值，取 0.2N/mm²。

2.1.2 美国规范

美标《结构密封胶玻璃标准指南》（ASTM C1401）[2]中的结构胶宽度计算如下：

$$B = \frac{L_2 \times P_w}{2 F_t}$$

式中，B 为硅酮结构密封胶的粘结宽度（mm）；P_w 为由风引起的作用在计算单元上的水平荷载（kN/m²）；L_2 为幕墙系统玻璃板块的短边长度（m）；F_t 为密封胶拉伸强度允许值，取 0.14N/mm²。

2.1.3 欧洲规范

欧标《结构密封胶装配体系欧盟技术认证指南》（ETAG 002）[3]中的结构胶宽度计算如下：

$$h_c = \frac{\alpha \times W}{2 \sigma_{des}}$$

式中，h_c 为硅酮结构密封胶的粘结宽度（mm）；α 为玻璃板块的短边尺寸；W 为结合相关的风荷载、雪荷载、自重荷载等的作用力；σ_{des} 为拉伸强度设计值，$\sigma_{des} = R_{u,5}/\gamma_{tot}$；$\gamma_{tot}$ 为总安全系数，可考虑使用 6；$R_{u,5}$ 为拉伸强度标准值。

上述在风荷载作用下的结构密封胶粘结宽度的计算公式，均是风荷载乘以短边尺寸，再除以 2 倍的强度设计值，计算方法是相同的。

2.2 强度设计值的取值

2.2.1 美国规范

美国材料与试验协会（ASTM）发布的标准作为国际先进标准，已被世界多数国家所采用。美标 ASTM C1184[4]规定标准条件下结构胶强度值仅为不小于 0.345MPa，ASTM C1401[2]结构密封胶粘结设计规定 0.139MPa（20psi）是最大强度设计值；由于美标 ASTM C1184 对结构密封胶强度值要求不高，按 ASTM C 1401 强度设计值取值 0.14MPa 计算，其设计安全系数为 2.5。

2.2.2 中国规范

硅酮结构密封胶的强度设计值取值，在《玻璃幕墙工程技术规范》（JGJ 102）[1]中的强制性条文第 5.6.2 条规定"硅酮结构密封胶的拉应力或剪应力设计值不应大于其强度设计值 f_1，f_1 应取 0.2N/mm²"。JGJ 102 对 f_1 的取值依据，在第 5.6.2 条条文说明中进行了相应解释："现行国家标准《建筑用硅酮结构密封胶》（GB 16776）[5]中，规定了硅酮结构密封胶的拉伸强度值不低于 0.6N/m²，在风荷载或地震作用下，硅酮结构密封胶的总安全系数取不小于 4，套用概率极限状态设计方法，风荷载分项系数取 1.4，地震作用分项系数取 1.3，则其强度设计值 f_1 约为 0.21～0.195N/m²，本规范

取为 $0.2N/m^2$，此时材料分项系数约为 3.0"。

由于 JGJ 102 编制过程中同样参考了一些先进国家有关玻璃幕墙的标准和规范，JGJ 102 中结构胶强度设计值 f_1 取值 $0.2N/mm^2$，即 $0.2MPa$，仅从数值上看比美标有所提高，但由条文说明可见这仅是为套用概率极限状态设计方法，将风荷载标准值乘分项系数 1.4，改取为风荷载设计值，即 $1.4 \times 0.14N/mm^2 = 1.96N/mm^2 \approx 0.2N/mm^2$，可见实际强度设计取值仍是参照美标。因此，根据现行国家标准规范取值，硅酮结构密封胶是提供 4 倍的安全系数。

2.2.3 欧洲规范

欧洲标准《结构密封胶装配体系欧盟技术认证指南》（ETAG 002）[3]对结构密封胶的最大强度值无具体数值要求，但其前置条件是产品性能经高温、低温、湿热及耐热水-UV 辐照等处理后的强度标准值保持率必须高于 75%。

欧标的强度设计值按以下公式计算：

$$\sigma_{des} = R_{u,5}/r_{tot}$$

式中，σ_{des} 为短期荷载下结构胶强度设计值（f_1）；r_{tot} 为安全系数，ETAG 002[3]中建议取 6。

上述规范中结构胶的强度设计取值，一般情况下，风荷载作用下的结构胶强度设计值取 $0.14MPa$。

2.3 提高强度设计值的可行性

根据欧洲标准[3]，强度设计值按前述公式计算而得，一般是结构密封胶拉伸强度标准值的 $1/6$，并不是都取 $0.14MPa$。性能低的结构密封胶，设计值按公式计算取值可能还达不到 $0.14MPa$；性能高的结构密封胶，只要符合欧洲标准，设计值按公式计算取值是可以超过 $0.14MPa$ 的。

比如，广州白云的超高性能硅酮结构密封胶，其 23℃拉伸强度标准值达 $1.2MPa$ 以上，按照欧标的强度设计值公式计算，其强度设计值可以从 $0.14MPa$ 提高到 $0.2MPa$，提高幅度接近 50%。

$$\sigma_{des} = \frac{R_{u,5}}{6} = \frac{1.2}{6} = 0.2MPa$$

据了解，在欧洲、东南亚等地已有多个提高结构胶强度设计值的应用案例。

3 建筑幕墙用超高性能硅酮结构密封胶介绍

1998 年，白云化工成为我国首批硅酮结构密封胶生产认定企业，硅酮结构密封胶产品逐渐取代了国外产品，但当时 200m 以上的高层幕墙用胶仍被国外产品所垄断，国内产品在该领域很难与国外产品竞争。

2004 年，白云超高性能硅酮结构密封胶 SS921 和 SS922 开发成功，逐渐在四川凉山烟草公司综合楼（抗震 9 度区）、重庆第九人民医院（抗震 8 度区、外倾）、西昌第一人民医院（抗震 9 度区）、福州大剧院（大板块）等项目成功应用。

2005 年，白云超高性能结构胶通过建设部科技成果评估；2006 年，该产品荣获建设部华夏建设科技奖。

2008 年，白云超高性能结构胶成功应用于当时全球最高隐框玻璃幕墙——440m 的广州国际金融中心（广州西塔）项目，打破了国外产品在我国超高层建筑领域的垄断。值得一提的是，该项目不仅打破了国外垄断，还是国内第一个提高硅酮结构密封胶强度设计值的项目。

3.1 产品性能特点

白云 SS921/SS922 超高性能硅酮结构密封胶，是采用脱醇型配方体系制备的中性固化的硅酮结构密封胶，具有强度高、伸展率高、粘结性和耐久性好的特点，其性能指标见表 1。其在 2005 年的性能即达到国标 2 倍，标准条件下拉伸粘结强度达国标的 2 倍。2021 年其符合国标外，同时符合 JG/T 475 标准的要求，23℃拉伸强度标准值高于 $1.2MPa$。

表 1　白云超高性能硅酮结构密封胶与 ETAG 002、JG/T 475 性能指标对比

			产品牌号		SS921/SS922 超高性能硅酮结构密封胶	SS921/SS922 超高性能硅酮结构密封胶	
		标准		GB 16776	Q/BYHG 13—2005 GB 16776	Q/BYHG 13—2021 GB 16776 JG/T 475	JG/T 475
拉伸粘结性	拉伸粘结强度/MPa	23℃		≥0.60	≥1.2	≥1.5	—
		90℃				≥1.0	
		−30℃		≥0.45	≥0.9	≥1.2	
		浸水后、水-紫外光照后				≥1.2	
	粘结破坏面积/%			≤5	≤5	≤5	—
	23℃时最大拉伸强度时伸长率/%			≥100	≥200	≥200	—
定伸粘结性（25%）				—	—	—	—
伸长率10%时的拉伸模量/MPa				—	—	—	—
拉伸粘结性	23℃拉伸粘结强度标准值 R_u, 5/MPa			—	—	≥1.2	≥0.5
	粘结破坏面积/%			—	—	≤10	≤10
剪切性能	23℃剪切强度标准值 R_u, 5/MPa			—	—	≥1.0	≥0.5
	粘结破坏面积/%			—	—	≤10	≤10
强度保持率	80℃、−20℃拉伸、剪切、水-光照 1008h、NaCl 盐雾、SO₂ 酸雾、清洗剂浸泡、撕裂强度、100℃7d 高温后（JG/T 475）、疲劳循环、耐紫外线拉伸强度			—	—	≥0.75	≥0.75
	粘结破坏面积/%			—	—	≤10	≤10
弹性恢复率/%				—	—	≥95	≥95
收缩率/%				—	—	≤10	—
气泡				—	—	无可见气泡	无可见气泡
烷烃增塑剂		红外光谱		—	—	无	无

3.2　应用场景

白云超高性能硅酮结构密封胶高强度的特性，能够保证其在应用过程中承受荷载占其强度的比例远低于普通结构胶，在常规设计的情况下，相对于国标型硅酮结构胶提供的 4 倍安全系数，其可以提供 8 倍以上的安全系数。当采用高于 JGJ 102—2003 强制性条文规定的强度设计值进行设计时，在保证幕墙安全的同时减少结构胶的粘结宽度和厚度，使幕墙更加美观。

基于超高性能硅酮结构密封胶优异的各项性能，为达到结构胶在长期承受高于普通水平的大荷载情况下的安全性和耐久性，我们开展了一系列的研究工作。

4　高应力下硅酮结构密封胶疲劳循环试验

4.1　试验材料

4.1.1　硅酮结构密封胶

白云牌超高性能硅酮结构密封胶 SS922、市售普通结构胶。

其性能指标满足以下要求：

（1）SS922 符合标准：企业标准 Q/BYHG 13—2021、国家标准 GB 16776、行业标准 JG/T 475、美国标准 ASTM C1184、欧洲标准 ETAG 002；

（2）市售普通结构胶符合标准：国家标准 GB 16776；

（3）实测物理力学性能见表 2。

表 2 SS922 和市售普通结构胶物理力学性能

结构胶	23℃拉伸粘结强度/MPa	23℃时最大拉伸强度时伸长率/%	23℃拉伸粘结强度标准值 R_u，5/MPa	粘结破坏面积/%
SS922	1.56	370	1.28	0
市售普通结构胶	0.73	106	—	0

4.1.2 试验基材

试件基材：浮法白玻璃片，尺寸 50mm×50mm×6mm，市售；阳极氧化铝片，尺寸 50mm×50mm×4mm，市售。

4.2 试验设备

疲劳试验机：定制微控电子万能试验机（广州精控测试仪器有限公司），型号 JK-3000E。

4.3 试样制备

先将玻璃片、铝片基材按照《建筑幕墙用硅酮结构密封胶》（JG/T 475）[6] 清洗处理后，备用。将试样双组分硅酮结构密封胶样品 A 组分与 B 组分以混胶体积比例 10∶1 按照《建筑用硅酮结构密封胶》（GB 16776）的要求完成制样，在标准条件下（23℃，50%RH）养护 28 天。

4.4 试样确认

将 4.3 制样并养护完成的试片，在标准条件下按《建筑用硅酮结构密封胶》（GB 16776）测试拉伸粘结性，确认该试样力学性能符合试样指标要求，即拉伸强度≥1.5MPa、最大强度伸长率≥200%。

4.5 性能测试

在疲劳试验结束后，按《建筑用硅酮结构密封胶》（GB 16776）检查测量试样是否发生粘结破坏或试样内部破坏。如试片未发生破坏，将试样按 ETAG 002—2012 拉伸测试其拉伸粘结强度，计算得出试样疲劳后的拉伸强度保持率（标准要求≥75%）。

4.6 耐久性试验

4.6.1 试验 A

试验方案：参照欧洲标准 ETAG 002—2012 进行机械拉伸疲劳试验，但强度设计值提高 1 倍（即提高 100%）。

试验目的：考察超高性能硅酮结构密封胶在承受大荷载拉伸疲劳试验后的性能保持情况。

具体试验过程如下：将养护好的试样试片 5 个按 ETAG 0024 第 5.1.4.6.5 条的规定进行机械疲劳试验，且试验的标准强度值相比 JGJ 102 强度设计值取值 0.14MPa 提高一倍至 0.28MPa，其疲劳周期见图 1。

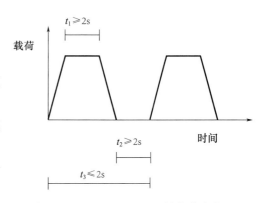

图 1 ETAG 002—2012 机械拉伸疲劳试验周期示意图

该疲劳试验分三个阶段进行：

（1）在疲劳应力 0.28MPa 下疲劳循环 100 次；

（2）在疲劳应力 0.22MPa（即初始标准强度值的 0.8 倍）下疲劳循环 250 次；

（3）在疲劳应力 0.17MPa（即初始标准强度值的 0.6 倍）下疲劳循环 5000 次。

按标准疲劳 5350 次后，取试样测试如表 3 所示。

表 3　超高性能硅酮结构密封胶按试验 A 疲劳循环后的性能保持率

初始 23℃拉伸粘结强度/MPa	疲劳试验后 23℃拉伸粘结强度/MPa	拉伸粘结强度保持率/％	粘结破坏面积/％
1.56	1.51	97	0

试验结果与讨论：试样按 ETAG 002 疲劳周期要求且提升强度设计值 100％进行机械疲劳试验后，检测试样的拉伸强度保持率为 97％及粘结性仍符合标准要求。如参照欧洲标准 ETAG 002 设计计算，本试样测试结果证明提高强度设计值是可行的。

4.6.2　试验 B

试验方案：试样高频率拉伸-压缩循环疲劳试验，试验的应力在常规强度设计值基础上提高 100％。

试验目的：该试验参照美国 1992 年的试验[7]进行同样测试，对比超高性能硅酮结构密封胶和市售普通结构胶的耐疲劳性能差异。

将养护好的试样试片各 5 个进行快速拉伸-压缩循环疲劳试验，且试验的标准强度值相比 JGJ 102 强度设计值取值 0.14MPa 提高 100％至 0.28MPa，试验疲劳循环频率 1Hz，其拉伸-压缩疲劳周期如图 2 所示。

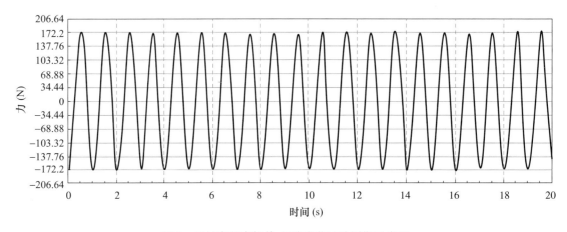

图 2　机械高频率拉伸-压缩疲劳试验周期示意图

拉伸-压缩循环采用的峰值荷载为该结构胶可变荷载作用下的强度设计值 δ_{des}，本试验 δ_{des} 取 0.28MPa 且保持此应力在疲劳试验过程中不变。拉伸-压缩循环的周期见图 2，拉伸峰值荷载持续时间（t_1）$\geqslant$0.25s，压缩峰值荷载持续时间（t_2）$\geqslant$0.25s，每个循环周期（t_3）$\leqslant$1s。以 1Hz 频率周期持续循环直至试样破坏。试验所得疲劳曲线如图 3 和图 4 所示。

试验结果与讨论：本试验的疲劳试验应力在常规强度设计值基础上提升 100％，进行频率为 1Hz 的拉伸-压缩高频率疲劳试验直至试样破坏，最终市售普通结构胶试样疲劳次数仅 4.8 万次（试验时长 0.5 天），超高性能硅酮结构密封胶试样的疲劳次数可达 308 万次（试验时长 36 天）。作为对比，美国在 1992 年进行了同样 1Hz 高频率疲劳试验[7]，当时常规强度设计值下的试验结果是最高 89 万次胶样破坏（21.7 万～89.2 万次）；在疲劳试验应力提高 50％情况下，结构胶疲劳循环次数仅为 1.4 万～11.8 万次就会发生破坏；在疲劳试验应力提高 100％情况下，结构胶疲劳循环次数仅为 1.2 万～5 万次就会发生破坏。说明在提高荷载的情况下，对产品的耐疲劳次数影响明显。本试验所用市售普通结构胶试样在提高疲劳应力 100% 情况下的疲劳次数和 1992 年美国试验相当，但在采用超高性能硅酮结构密封胶提升 100% 疲劳试验应力的情况下疲劳次数可达到 308 万次，远高于美国当时各项疲劳试验的最高疲劳次数，说明该超高性能硅酮结构密封胶试样即使在强度设计值提升 100% 的应用条件下，耐疲劳性能也具备明显优势。

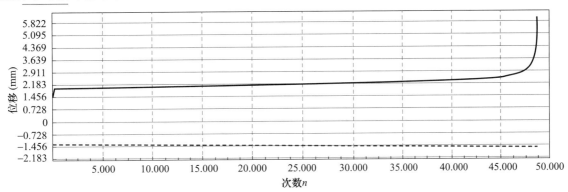

图 3　市售普通结构胶疲劳位移-次数曲线

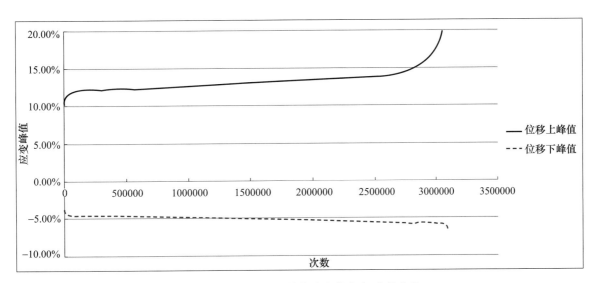

图 4　超高性能硅酮结构胶疲劳应变-次数曲线

但因为试验 A 中参照的 ETAG 002 一则仅只有拉伸疲劳，未考虑到压缩疲劳的影响；二则其 5350 次疲劳中的大部分疲劳次数（5000 次）均是采用逐步降低为初始强度设计值的 0.6 倍，即虽然提高了强度设计值 100%，实则大部分疲劳时的应力只有 $1 \times 2 \times 0.6 = 1.2$ 倍于原标准强度设计值。而试验 B 中所用 1Hz 高频率疲劳和实际情况下的风荷载等受力情形不符，其持续作用时间不够。在综合试验 A 和 B 的基础上，本文的试验方案 C、D 进行更加严苛的耐久性试验，以进一步论证提高强度设计值的可行性。

4.6.3　试验 C

试验方案：试样进行机械拉伸-压缩疲劳试验，试验的应力在常规强度设计值基础上提高 50%。

试验目的：参考试验 A 和 B，对试样同时进行拉伸-压缩循环疲劳试验。试验过程中疲劳应力一直保持不变，循环周期延长至 8 秒，考察超高性能硅酮结构密封胶的性能保持情况。

具体试验过程：将养护好的 5 个试样试片进行机械疲劳试验，试验的应力相比 JGJ 102 强度设计值取值 0.14MPa 提高 50% 至 0.21MPa，其疲劳周期如图 5 所示。

本试验 δ_{des} 取 0.21MPa 且保持此应力在疲劳试验过程中不变。拉伸-压缩循环的周期见图 5，拉伸峰值荷载持续时间（t_1）≥2s，压缩峰值荷载持续时间（t_2）≥2s，每个循环周期（t_3）≤8s。循环 120 万次后检查试件破坏情况，并测试其拉伸粘结强度保持率，结果如表 4 和图 6 所示。

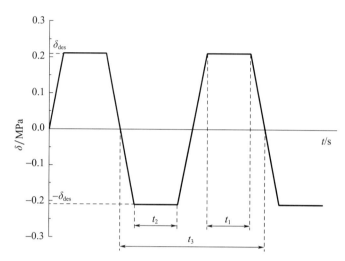

图 5　机械拉伸-压缩疲劳试验周期示意图

表 4　超高性能硅酮结构密封胶按试验 A 疲劳循环后的性能保持率

初始 23℃拉伸粘结强度/MPa	疲劳试验后 23℃拉伸粘结强度/MPa	拉伸粘结强度保持率/%	粘结破坏面积/%
1.56	1.53	98	0

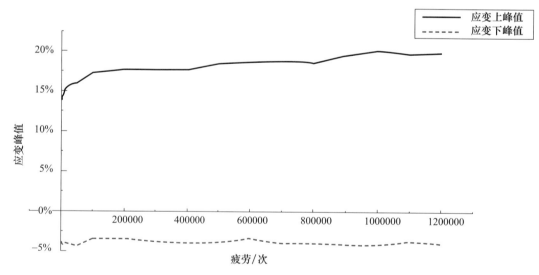

图 6　超高性能硅酮结构胶疲劳应变-次数曲线

试验结果与讨论：本试验参考采用与 ETAG 002 同样的疲劳试验周期，但疲劳试验应力提升 50%，且不降低为 0.8、0.6 倍强度设计值，同时采用拉伸和压缩交替作用。本试验在疲劳 120 万次、持续时间约 111 天后取样，试样发现仍未破坏，检测试样的拉伸强度保持率为 98% 及粘结性仍符合标准 ETAG 002 的要求。作为对比，美国在 1992 年进行了频率为 1Hz 的快速疲劳试验[7]，常规强度设计值下的试验结果是最高 89 万次（对应疲劳试验时长 10.3 天）胶样破坏（不同胶样的疲劳次数范围

21.7万～89.2万次）；在疲劳试验应力提高50％情况下，参与试验的结构胶疲劳循环次数仅为1.4万～11.8万次就会发生破坏。本试验结果，采用超高性能硅酮结构密封胶在提高疲劳试验应力50％的情况下，疲劳次数达到120万次仍未破坏，远高于上述对比的常规强度设计值下美国疲劳试验的疲劳次数（89万次），且对应试样总受力时间分别是111天和10.3天，即远多于美国试验的总时长，说明本试验超高性能硅酮结构密封胶试片承受了明显更严苛的测试。

本试验已经考察了试样在拉伸和压缩交替作用、疲劳应力提升50％且不下降的性能情况，后续试验进一步综合考虑水-紫外老化和疲劳的影响。

4.6.4　试验 D

试验方案：试样经水-紫外老化后，再进行机械拉伸-压缩疲劳试验，试验的应力在常规强度设计值基础上提高50％。

试验目的：在水-紫外和疲劳综合作用下，考察超高性能硅酮结构密封胶的性能保持情况。

具体试验过程：将养护好的试样试片10个，按GB/T 37126[8]中第12章要求进行水-紫外线辐照试验。辐照试验后取出试件，其中5个在标准试验条件下放置（24±4）h后，按GB/T 37126进行拉伸粘结性试验，记录拉伸强度、破坏情况及粘结破坏面积。按JG/T 475—2015中5.1.3计算拉伸强度保持率。其余5个用于疲劳试验。

将经水-紫外线辐照试验后的试件在标准试验条件下放置7d，然后进行拉伸-压缩循环疲劳试验，且试验的标准强度值相比JGJ 102强度设计值取值0.14MPa提高50％至0.21MPa，其疲劳周期采用图5所示的同样周期。

本试验δ_{des}取0.21MPa且保持此应力在疲劳试验过程中不变。拉伸峰值荷载持续时间（t_1）≥2s，压缩峰值荷载持续时间（t_2）≥2s，每个循环周期（t_3）≤8s。循环60万次后检查试件破坏情况，并测试其拉伸粘结强度保持率，得表5所示数据。

表5　超高性能硅酮结构密封胶按试验 D 水-紫外光照和疲劳循环后的性能保持率

检测项目			检测结果
23℃拉伸粘结性	23℃拉伸粘结强度/MPa		1.53
	粘结破坏面积/％		0
水-紫外光照1008h后	23℃拉伸粘结性	23℃拉伸粘结强度/MPa	1.45
		粘结破坏面积/％	0
		保持率/％	95
水-紫外光照1008h后，0.21MPa下拉伸压缩循环60万次后		外观	完好无破坏
	23℃拉伸粘结性	23℃拉伸粘结强度/MPa	1.59
		粘结破坏面积/％	0
		保持率/％	104

试验结果与讨论：本试验考察了试样在水-紫外辐照1008h老化后，再进行拉伸-压缩疲劳试验，疲劳试验应力相对常规强度设计值提升50％且一直保持。试验结果，拉伸-压缩疲劳60万次后，试样未破坏。将上述水-紫外辐照1008h老化及拉伸-压缩疲劳60万次后的试样，测试拉伸粘结性，试样的拉伸强度保持率104％及粘结性仍符合标准ETAG 002的要求。该试验证明，试样采用的超高性能硅酮结构密封胶经水-紫外辐照1008h老化，再进行拉伸-压缩疲劳60万次后，未见明显的性能衰减，试样的拉伸强度保持率及粘结性仍符合标准ETAG 002的要求。

综上，根据疲劳试验结果，白云牌超高性能硅酮结构胶试样即使在提高强度设计值50％甚至

100%的应用条件下，耐疲劳次数相比常规结构胶在不提高强度设计值的水平下也具备明显优势。在具体项目应用中，使用超高性能硅酮结构密封胶强度设计值提高50%甚至100%，在荷载的作用下，耐疲劳性能表现优异，具备设计预期的使用寿命，确保幕墙长期安全。

5 实际工程中的表现

5.1 现有结构胶加速老化方法与实际工程的表现

研究人员[9]综述了硅酮胶老化研究情况，发现目前尚没有人工加速老化方法可模拟硅酮密封胶的自然老化过程，该文中提到自然老化的长期试样跟进中虽然部分胶样性能保持较好，但部分胶样的粘结性、拉伸强度、最大强度伸长率都发生明显下降；而加速老化试验中，除了对较薄的片型试样可导致强度减小、伸长率变大之外，较厚的块状试件加速老化后的性能并无明显变化。说明现有的结构胶加速老化方法与实际工程表现不一致，在实际工程中有些结构胶出现强度下降的情况，现有加速老化方法对类似实际工程中较厚的试块试件老化并不能模拟出来。因此，仅从实验室加速疲劳试验尚不能完全确保高强度结构胶在实际工程中的安全性。要确认结构胶的安全性，还需要有一定年限的工程实例数据。

5.2 白云超高性能硅酮结构密封胶在工程中的表现

广州珠江新城西塔项目始建于2008年，主塔楼为高达440m的超高层建筑，毗邻珠江，属于台风地区，其外幕墙采用全隐框幕墙结构形式，板块分格大，采用夹胶中空玻璃，因此风荷载和自重荷载都较大。如果采用现行《玻璃幕墙工程技术规范》（JGJ 102）中结构胶的强度设计值，结构胶宽度过大，难以满足工程实际需求。因此需要采用更高性能的硅酮结构密封胶，提高结构胶的强度设计值，来减小结构胶的粘结宽度。广州西塔高难度的设计大大提高了硅酮结构密封胶所需承受的荷载，属于超规范设计，需要专家论证其可行性。

白云牌超高性能硅酮结构胶 SS922 在当时的拉伸强度值≥1.2MPa，是国家标准 GB 16776 要求的2倍。由于其优异的性能，通过了专家论证。根据专家论证的结果，白云牌超高性能硅酮结构胶 SS922 的强度设计值提高至规范的2倍。

2021年，在进行幕墙玻璃维护的过程中，经第三方检测机构——广东省建设工程质量安全检测总站现场鉴证，从广州西塔塔楼幕墙高层板块中采集玻璃与铝副框粘结用硅酮结构密封胶、中空二道密封用硅酮结构密封胶样品，并委托广东省建设工程质量安全检测总站进行了检测。检测机构按照《玻璃幕墙粘结可靠性检测评估技术标准》（JGJ/T 413）[10]对所取样品进行了拉伸粘结强度试验和邵氏硬度试验，得到以下测试结果（表6）。

表6 广州西塔粘结副框和中空玻璃用的超高性能硅酮结构胶应用13年后的物理力学性能

SS922 应用工程位置	23℃拉伸粘结强度/MPa	粘结破坏面积/%	邵氏硬度（Shore A）
粘结副框	1.20	0	36～39
中空玻璃	1.35	0	40～44

历经13年的应用后，用于本工程粘结副框和中空玻璃的白云牌 SS922 超高性能硅酮结构密封胶的邵氏硬度在40左右，拉伸强度≥1.2MPa，没有发生明显老化情况，与基材粘结良好，拉伸粘结强度仍符合2008年产品标准，弹性依然满足国家标准 GB 16776 的要求，依然能够保证幕墙的结构粘结安全（图7）。

图7　广州西塔粘结中空玻璃（左）和副框（右）用的超高性能硅酮结构胶应用13年后的粘结性情况

6　结论

（1）疲劳试验结果显示，同时符合 GB 16776 和 ETAG002（或 JG/T 475）标准要求，且23℃拉伸强度标准值达1.2MPa的高强度结构胶，可以长期承受不超过 JGJ 102 规范要求的强度设计值150％的荷载。

（2）有些结构胶在实际工程应用过程中，性能会出现一定的下降。由于现有实验室加速方法无法准确重复结构胶在实际幕墙工程中的性能变化情况，因此要提高结构胶的强度设计值，该产品应经过一定年限的实际工程使用，并确认各项性能保持良好。

（3）由于提高结构胶强度设计值具有一定的风险，因此对于每个工程均应邀请业内专家对设计方案进行充分论证以确认其安全可靠性。

参考文献

［1］中华人民共和国建设部．玻璃幕墙工程技术规范：JGJ 102—2003［S］．北京：中国建筑工业出版社，2003．

［2］Standard Guide for Structural Sealant Glazing：ASTM C1401：2014［S］．

［3］Guideline for european technical approval for structural sealant glazing kits（SSGK）Part 1：Supported and unsupported systems：ETAG 002：2012［S］．

［4］Standard specification for structural silicone sealants：ASTM C1184：2018［S］．

［5］中华人民共和国国家质量监督检验检疫总局，中国国家标准化管理委员会．建筑用硅酮结构密封胶：GB 16776—2005［S］．北京：中国标准出版社，2005．

［6］中华人民共和国住房和建设部．建筑幕墙用硅酮结构密封胶：JG/T 475—2015［S］．北京：中国建筑工业出版社，2015．

［7］DARREL L S. Fatigue behavior of structural silicone sealant［D］．Texas：Texas Tech University，1992．

［8］国家市场监督管理总局，中国国家标准化管理委员会．结构装配用建筑密封胶试验方法：GB/T 37126—2018［S］．北京：中国标准出版社，2018．

［9］罗银，庞达诚，蒋金博，等．硅酮密封胶老化研究进展［J］．合成材料老化与应用，2021，50（03）：126-130．

［10］中华人民共和国住房和建设部．玻璃幕墙粘结可靠性检测评估技术标准：JGJ/T 413—2019［S］．北京：中国建筑工业出版社，2019．

单元式幕墙侧挂支座体系分析

◎ 卢伟忠

深圳市方大建科集团有限公司　广东深圳　518057

摘　要　本文探讨了单元式幕墙支座在承受较大载荷，以及由于受到施工调节空间的限制导致载荷存在较大偏心时的设计计算。支座体系对于幕墙系统的安全性起到关键作用，本文提供计算思路，期待引起业内设计人员的思考与重视。

关键词　单元式幕墙；超大板块幕墙；侧埋支座体系；Ansysworkbench；装配体；弹性力学；压力容器

1　工程概况

　　蛇口渔人码头——南山区蛇口街道西岸更新单元项目，位于深圳市南山区蛇口湾厦路渔人码头，总用地面积 25147.7m²，其中计入容积率的建筑面积为 176790.00m²。商业、办公及酒店 124950.00m²，商务公寓 51780.00m²，公共配套服务设施 60m²。由 1 栋 A 座、1 栋 B 座、2 栋超高层塔楼及部分裙楼组成，1 栋 A 座、1 栋 B 座建筑高度分别为 156.50m、171.10m，2 栋超高层建筑高度为 249.70m，项目效果图及计算位置标准大样如图 1 和图 2 所示。

图 1　建筑效果图

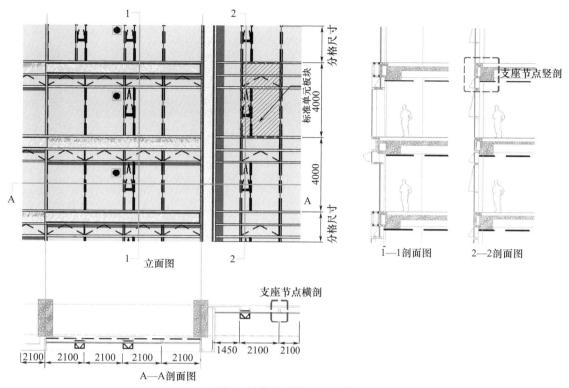

图 2 计算位置标准大样图

项目计算基本参数：基本风压 0.75kPa，地面粗糙度 B 类，标准层计算高度 250m，负压墙面区，标准幕墙分格 2.1m×4.0m，幕墙支座采用层间侧埋，槽式埋件与主体结构连接（单支座）。依据《广东省建筑结构荷载规范》（DBJ15-101—2014）计算可知，挂接位置反力标准值为 $F_{1k}=16.7$kN、$F_{2k}=4.2$kN，设计值为 $F_1=25$kN、$F_2=5.5$kN。采用 ANSYS2020 R2 对支座挂码进行实体分析，计算单元采用 solid187。

2 原支座分析

2.1 支座受力模型

挂码与立柱型材通过 3-M12 螺栓连接。计算受力模型为：螺栓约束 U_X、U_Y、U_Z，水平力 F_1 偏心弯矩作用下，挂码有绕 A 点或者 B 点转动的趋势（图 3）。

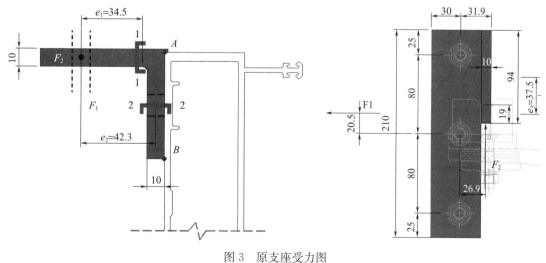

图 3 原支座受力图

2.2 变形分析

模型中，A、B、C采用远端位移约束（约束U_X、U_Y、U_Z模拟铰接受力模型），D采用位移约束（约束U_Y），荷载标准值均匀施加在作用面上（图4）。

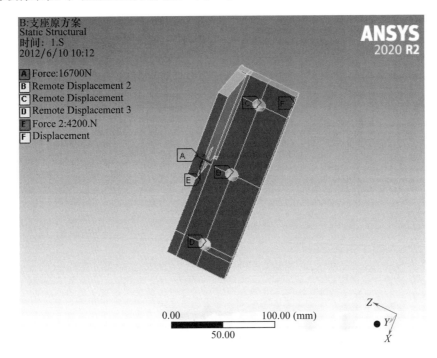

图4 原支座挂码ANSYS分析模型

根据计算可知，挂码综合变形值为4.5579mm，变形值过大，且材料进入塑性，产生永久塑性变形，挂码失效（图5）。

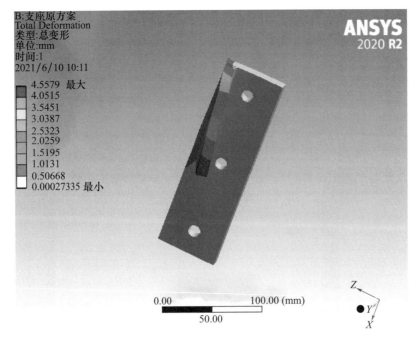

图5 原支座挂码变形图

2.3 强度分析

工程结构中的应力分布大多数是不均匀的，随着实验技术与计算机技术的发展，对于局部不连续处按照精确的弹性理论或者有限元法所得到的应力集中系数往往可以达到3～10倍。此时若按照最大应力点进入塑性即判断失效为评定依据会显得过于保守，因为结构尚有很大的承载潜力；若不考虑应力集中，只按照简化公式进行设计又不安全，应力集中区将出现裂纹，故允许结构出现可控制的局部塑性区。参考压力容器强度评定方法，采用弹性名义应力分析法，在最不利位置线性化应力，对于机械应力来说，平衡外部荷载所需要的合力与合力矩已由等效线性化处理后的薄膜应力和弯曲应力所承担，峰值应力不会引起结构任何明显的变形，而使整个截面失效，它仅仅是疲劳裂纹产生的根源或者断裂的原因，它的危险程度较低，具有自限性。

确定典型评定截面，即包括机械在结构不连续位置产生较高应力强度的那些截面。找到显示在等效应力强度（第四强度理论进行评定时）云图的高应力强度区域，且在结构不连续位置选取外壁上相对网格上的两个节点，设置贯穿壁厚最短距离的路径，再依照此路径进行线性化处理。选取1—1和2—2典型评定截面。

2.3.1 1—1危险截面强度计算

采用ANSYsworkbench实体分析如图6～图8所示。

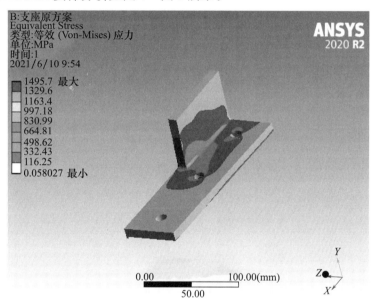

图6 原支座挂码应力图

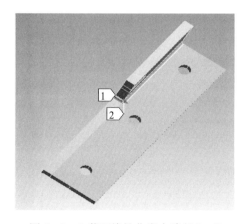

图7 1—1截面线性化应力路径1—2

	长度 [mm]	☑ 薄膜 [MPa]	☐ 弯曲 [MPa]	☑ 薄膜+弯曲 [MPa]	☐ 峰值 [MPa]	☑ 总计 [MPa]
1	0.	465.32	883.42	1280.2	131.91	1159.
2	0.20833	465.32	846.61	1244.4	157.1	1103.8
3	0.41667	465.32	809.8	1208.7	126.66	1099.
4	0.625	465.32	772.99	1173.	78.209	1109.8
5	0.83333	465.32	736.18	1137.3	51.246	1105.6
6	1.0417	465.32	699.37	1101.8	46.357	1075.7
7	1.25	465.32	662.56	1066.3	31.386	1062.5
8	1.4583	465.32	625.75	1031.	25.805	1016.6
9	1.6667	465.32	588.94	995.7	26.222	975.23

图8 1—1截面线性化应力截面各应力值

$$\sigma_m = 465.32MPa > 200MPa$$

$$\sigma_m + \sigma_b = 1280.2MPa > 1.5 \times 200 = 300MPa$$

1—1危险截面强度不满足计算要求。

2.3.2　2—2危险截面强度计算

采用 ANSYsworkbench 实体分析图 9～图 11 所示。

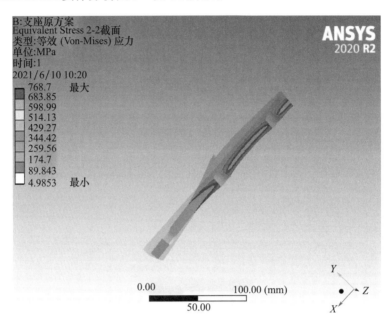

图 9　2—2截面应力图

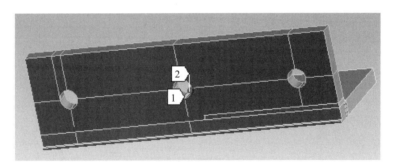

图 10　2—2截面线性化应力路径 1—2

长度 [mm]	✔ 薄膜 [MPa]	弯曲 [MPa]	✔ 薄膜+弯曲 [MPa]	峰值 [MPa]	✔ 总计 [MPa]
43	8.75	118.56	158.7	204.68	12.448	195.1
44	8.9583	118.56	167.52	211.94	16.136	202.4
45	9.1667	118.56	176.34	219.31	25.366	211.07
46	9.375	118.56	185.15	226.78	36.742	220.96
47	9.5833	118.56	193.97	234.35	53.489	232.74
48	9.7917	118.56	202.79	242.01	83.378	250.13
49	10.	118.56	211.6	249.74	116.22	272.25

图 11　2—2截面线性化应力截面各应力值

$$\sigma_m = 211.6MPa > 200MPa$$

$$\sigma_m + \sigma_b = 272.25MPa < 1.5 \times 200 = 300MPa$$

2—2危险截面强度不满足计算要求。

3　整体建模分析

由于幕墙支座体系与幕墙框架作为一个装配体构件，单独计算支座体系，则忽略了由于幕墙立柱刚度对支座体系的影响和支座单独计算（其简化计算模型）是否合理这两个问题，且无法计算出幕墙立柱在支座位置截面的受力。

以下为整体计算模型基础设置：①立柱与挂码同时建模，选取立柱计算高度为500mm，立柱上下端部固定约束；②挂码与立柱之间螺栓连接采用简化处理，采用插入梁单元（梁单元连接到对应于垫片直径的作用面）施加预紧力方式（螺栓连接的简化处理方式，不计算该处螺栓强度节省算力），挂码与立柱接触位置设置为无摩擦接触；③荷载标准值与单独计算挂码时保持一致。

整体建模变形（分别计算正、负风荷载）结果如图12所示。

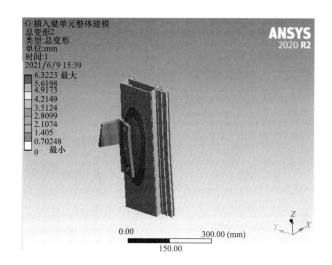
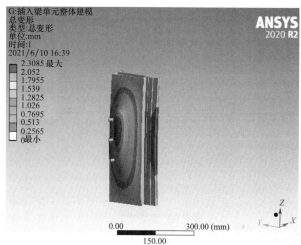
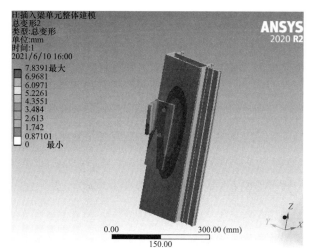
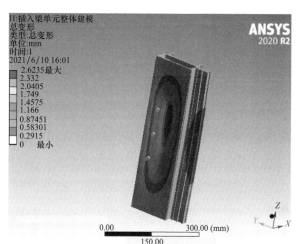

图12　原方案整体建模变形图

由于立柱刚度影响，装配体综合变形最大值可达到7.8391mm，立柱受挤压区变形值可达2.6235mm。铝合金立柱截面厚度3.5mm，支座挂码厚度10mm，相较挂码截面的失效，立柱截面更容易因为挤压或拉伸产生塑性变形，上述变形计算结果也验证了这一点。图13是一个侧挂单元式幕墙项目四性试验时，在支座位置支座挂码变形过大，立柱壁向外发生翘曲。

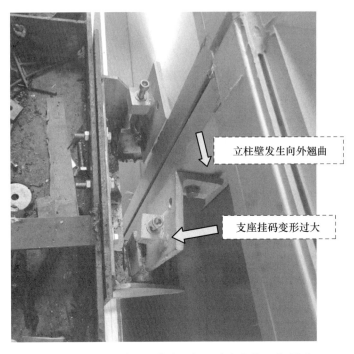

图13　某侧挂单元式幕墙四性试验支座位置变形图

4　建议支座分析

本项目板块面积 $S=2.1\times4=8.4m^2$，属于超大板块，且荷载值较大，侧埋式支座由于施工空间的需要，导致荷载偏心较大，而本项目支座的设计依旧沿用常规小板块小荷载幕墙支座设计，挂码壁厚仅10mm，没有针对本项目受力特点对支座加强，在工程上是十分危险的。超大板块是现阶段幕墙设计的趋势，连接处的受力值较之常规板块翻倍，由于荷载较大，仅增加挂码厚度的方式，效果不理想。故针对超大板块及荷载较大的幕墙连接位置，建议幕墙挂码增加加劲肋，加劲肋通过螺栓与立柱型材固定。

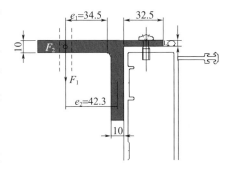

图14　建议方案支座图

以下方案支座挂码增加5mm厚加劲肋与幕墙立柱固定（图14），荷载、支座条件、接触条件与上述计算保持一致。针对该方案整体建模分析变形结果如图15和图16所示。

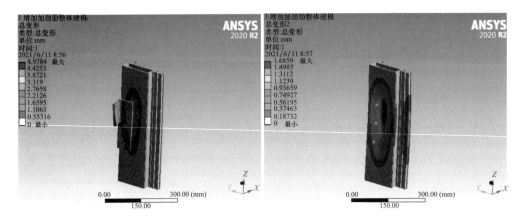

图15　建议方案整体建模变形图

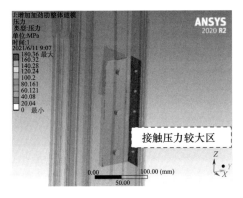 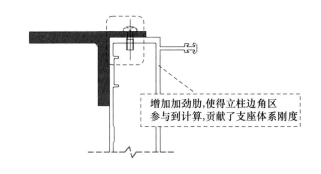

图16 建议方案接触位置压力图

经过计算，装配体综合变形最大值 4.9784mm（对比上述计算值 7.8391mm，变形值减小 36.5%），立柱受挤压区变形值 1.6859mm（对比上述计算值 2.6235mm，变形值减小 35.7%），增加加劲肋的效果比较明显。采用有加劲肋的侧挂支座，会使立柱截面的边角部分刚度也参与整个部分的变形，从而加大此处刚度，有效减小了支座体系的变形。

5 结语

根据上述的分析，可以得出以下结论：

（1）在计算支座体系时，计算模型的简化应该合理，不可想当然，否则会与真实受力不符合。

（2）幕墙支座体系、框架构件均为塑性材料，软件计算出来的位置由于模型前处理、构造及软件计算不可避免会存在应力奇异或者应力集中现象，设计人员不应该看到软件计算结果中出现极值就轻易认定结构失效。

（3）当幕墙板块较大或者荷载较大时，挂码增加加劲肋与立柱连接，可以有效减小挂码变形及立柱变形。

同时，当幕墙板块较大或者荷载较大时，挂码截面及立柱截面的厚度应该加厚，在满足同时施工操作空间的前提下，减小挂接点距离螺栓位置的偏心，以减小由于荷载偏心产生的附加弯矩。而且针对幕墙支座的计算，还有很多值得重视的地方，比如挂码与立柱之间的接触定义的研究、螺栓的简化、型材开孔位置应力集中导致提前屈服对连接的影响等。本文计算采取的计算方法及计算结果仍然需要与试验以及工程实际相结合，才能得出更全面及准确的结论。

参考文献

［1］王新敏．ANSYS 工程结构数值分析［M］．北京：人民交通出版社，2007.

［2］刘笑天．ANSYSworkbench 结构工程高级应用［M］．北京：水利水电出版社，2015.

［3］沈鋆，刘应华．压力容器分析设计方法与工程应用［M］．北京：清华大学出版社，2016.

［4］广东省住房和城乡建设厅．广东省建筑结构荷载规范：DBJ15-101—2014［S］．北京：中国建筑工业出版社，2015.

［5］国振喜，张树义．实用建筑结构静力学计算手册［M］．北京：机械工业出版社，2009.

AutoLISP 在幕墙五金标准化上的应用

◎ 于洪君

深圳市方大建科集团有限公司　广东深圳　518057

摘　要　幕墙标准化，每个公司都在做。幕墙用五金附件种类和规格非常多，要尽量减少它的种类和规格，否则就会增加幕墙采购、储存、加工和安装的成本，造成人力、物力的浪费。通过引进 CAD 的 AutoLISP 程序，简化设计，引用标准化的程序，提高了设计效率。AutoLISP 程序简单易学，能大量引用我们熟悉的 CAD 自带的命令，大量简化绘图工作，对设计师来说是福音。

关键词　五金件；AutoLISP 主程序；子程序；对话框

1　五金件使用概述

幕墙工程有很多相同点，标准化简化了设计、加工、施工的工作量。但不是所有的标准化都有这个特点，幕墙连接用的五金附件的规格种类繁多，使用时要不断查找五金件的规定，增加了设计的工作量。

例如，幕墙能用到的自攻螺钉有六角头、十字槽盘头、开槽盘头、十字槽沉头、开槽沉头、十字槽半沉头及开槽半沉头等 7 个种类。常用规格有 ST3.5、4.2、4.8、5.5 和 6.3 等，公称长度常用有 9.5、13、16、19、22、25、32、38、45 和 50 等十多个种类。组合后可以达到 200 种以上的规格，这个数量非常大，只是一种附件就有这么多种。

还有很多种五金附件，如螺栓、螺柱、自攻螺钉、自钻自攻螺钉、膨胀螺栓及化学螺栓等，它们的半径不同，长度不同，头型、材质等都有很多种，组合下来数据非常庞大。

同一个连接位置可以选用几种规格或种类的钉。图 1 是单元幕墙中横料的一个节点，连接使用了三种自钻自攻钉（ST4.8×16、ST4.2×16、ST4.2×19、ST4.2×25），还有一种 ST4.2×19 自攻钉，这是同一个节点就用了四种连接五金件。

同一个工程，可能有几个人设计节点，每个人设计不同系统，都按自己的构思进行选用，势必会增加钉的种类。每年的工程都有几个甚至几十个，设计人员有几十几百人，都按自己的需求和方法去进行设计，涉及钉的种类会更多。

怎样合并这些项是我们要重点讨论的。如图 1 所示，如果是不同的设计师，连接用的钉可能有如下选择：

（1）直径可以用 3.5、4.2、4.8、5.5 四种；

（2）长度可以用 16、19 和 25 三种；

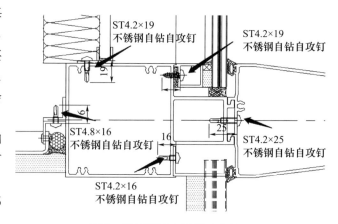

图 1　单元幕墙中横料五金件

（3）头型一字盘头自攻钉、十字盘头自攻钉、六角头自钻自攻钉、十字槽自钻自攻钉四种。

设计可能用到的种类有可能达到 $4 \times 3 \times 4 = 48$ 种。

图 1 中，如果不考虑荷载等其他因素，可以统一采用 4.2×25 的不锈钢自钻自攻钉（或者是 4.8×25 的不锈钢自钻自攻钉），种类减少到 1 种。

减少钉的种类的好处如下：

（1）加工的孔（过孔、底孔、工艺孔）种类减少，就减少了工人更换刀具的次数，减少加工时间；

（2）采购的种类变少，每种钉的数量变多了，签订的合同价格就能降下来；

（3）储存的空间会减少，也易管理，领料也方便；

（4）组装时找钉的时间减少，更换工具的时间减少，组装效率得到提高。

通过分析，可以看到简化的优点这么多，没有理由不去做这项工作。

2　五金件的标准化方法

要实现五金配件的标准化，部分可以通过幕墙（单元或框架幕墙）标准化来实现，其他的则需要对整个五金件的使用进行总体规定。

下面以自攻钉为例说明五金件种类规格简化方法：

（1）十字槽盘头和开槽盘头这两种作用相似，可以统一采用十字槽盘头；

（2）十字槽半沉头及开槽半沉头都采用十字槽半沉头；

（3）长度都可以进行规定。例如长度 13 和 16 都采用 16 长的；19、22 和 25 的都采用 25 长的；32 和 38 都采用 38 长的。

以上规定可以大大地减少自攻钉的使用种类。这里只是简单地介绍一些方法，要在工程使用中逐渐完善。

其他螺栓、螺杆、紧定螺钉及抽芯铆钉等都可以采用相同的方法进行归类简化，这里不详细讨论。

这些规定不能满足一切工况。有时候操作或使用空间不够，有的位置只能用 13 长的而不能用 16 的，有的位置只能用 19 长的而不能用 25 的，上面的规定就会出现问题。

所以我们要采用两个系列来解决，把 16 和 25 变成第一系列（最常用的），13、19 和 22 变成第二系列（不常用的），区别哪些五金是常用的，哪些是不常用的。

设计幕墙时能选用第一系列的，就不要用第二系列，减少不常用钉的数量。

这些规定有了，还是存在问题。现在工程都很急，去查这些规定要花费时间。设计师绘图时不查这些规定，那它就形同虚设。要考虑怎样让设计师使用它，且不增加设计工作量。

我们绘图大多是用 AutoCAD，可以通过 CAD 来解决。以下通过 AutoCAD 的 AutoLISP 介绍和一些简单的程序设计来论述这个过程的实现。

3　AutoLISP 的介绍及五金件对话框初步思路

AutoLISP 是由 Autodesk 公司开发的一种 LISP 程序语言，LISP 是 List Processor 的缩写。通过 AutoLISP 编程，可以节省幕墙设计很多时间。AutoLISP 语言作为嵌入在 AutoCAD 内部的具有智能特点的编程语言，是开发应用 AutoCAD 的工具，是 LISP 语言和 AutoCAD 有机结合的产物。

它可以把 AutoLISP 程序和 AutoCAD 的绘图命令透明地结合起来，使设计和绘图完全融为一体，还可以实现对 AutoCAD 图形数据库的直接访问和修改。

如果可以通过对话框（图 2）进行五金显示及选择操作，然后插入到文件里就比较理想了。图中显示的内容多，查找困难，可通过键盘输入关键字减少显示数量。例如要选择螺栓有关的块，输入"M6"就可以显示 M6 有关的螺栓第一系列和第二系列的全部附件，再点击对应的螺栓就可以插入对应的块。

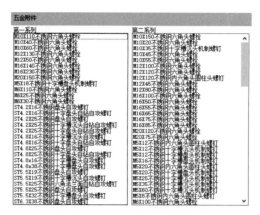

图 2　五金件的分类

怎样实现上面的想法来提高绘图效率？那就是通过五金件库与 LISP 语言结合。

4　程序设计的规划

4.1　五金件块库的建立

首先要按图 3 建好第一系列的附件库，按图 4 建好第二系列的附件库，把图块储存到硬盘中，可以放到任意的路径。本例中的路径为 "E：\ yyhhjj \ lsp \ greentea \ dwg \ 附件 \ 第一系列" 和 "E：\ yyhhjj \ lsp \ greentea \ dwg \ 附件 \ 第二系列"。

图 3 为第一系列的 dwg 文件汇总，图 4 为第二系列的文件汇总。本例只为示例，两个系列的内容可以按公司的标准及需要进行汇总，块文件可以用属性块和动态块，具体操作可以在一个文件画出很多属性块或动态块，用 wblock 命令块选项写成文件就可以了。

图 3　第一系列的五金件图块

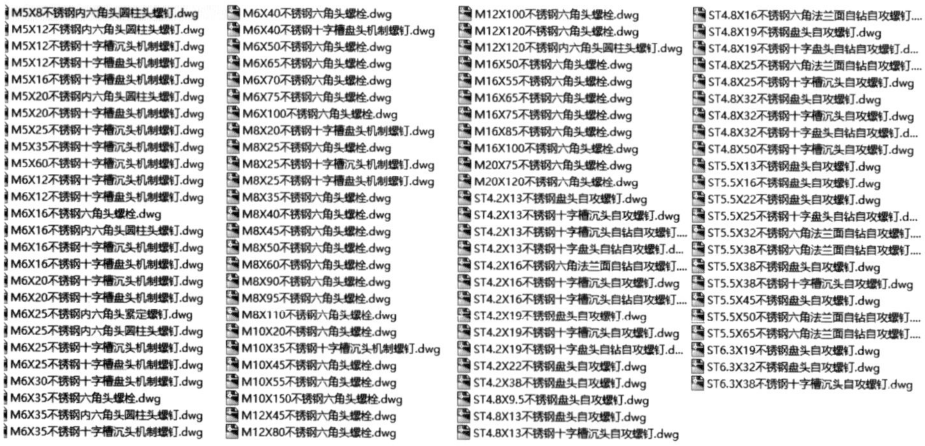

图 4　第二系列的五金件图块

158

4.2 程序设计的分析比较

1. 原始绘图时插入块的流程

CAD 命令 insert—找到文件（或现文件的图块）—确定—在屏幕上指定插入点（或比例和旋转方向）—块插入想要的位置。

用 CAD 插入文件，要找到所在位置，还要在很多文件里找到想要的块文件（图 3 和图 4），看着就眼晕。

2. 编写程序插入块的流程

五金件一般是不用缩放的，取消比例项。由此，程序的流程是：输入命令—对话框找到五金—在屏幕上指定插入点—旋转方向—插入。

用 CAD 的对话框可以直接显示图 1、图 2 的五金目录，而不用查找路径，会省不少时间，见图 5 对话框示意。但看起来还是有些多，只是省了查找路径的时间，效果还是不理想，如果可以精简插入块，进一步减少显示五金列表数量，那样就可以很容易找到五金件。

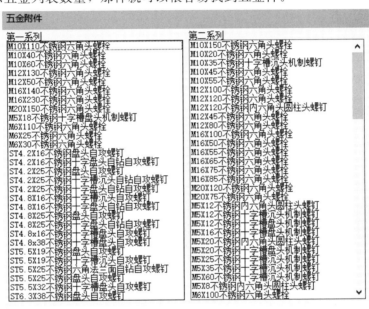

图 5 五金件对话框

3. 精简插入块的流程

比较一下文件，可以发现它们的起始位置都是英文字母和数字，输入字母和数字只显示出对应的图块，减少图块目录的显示量。例如输入"ST"只显示所有包含"ST"有关的项，其他项不显示，输入得越多显示得就越少。输入"ST5"就显示包含"ST5"的所有图块（图 6），显示数量比图 5 少了很多，按系列显示。在对话框里找到需要的五金件附件，插入图中就可以了。

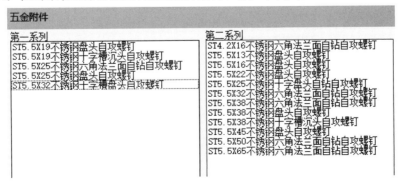

图 6 ST5 五金件图块

按上述方法虽然简单很多，但还是不够完美。

图形插入块多了后，很难记住已经使用了哪些图块。例如是已经插入"ST5.5×25 盘头自攻钉"还是"ST5.5×19 盘头自攻钉"？它们都是第一系列的，如果两个钉都可以用，选错就可能增加钉的种类。普通的操作要用 insert 命令去找，insert 里面显示了所有的块，数量很多，可以输入字母去找到块，比较麻烦。CAD 还可用查询命令 find，或是过滤命令 filter，但操作都很麻烦。

如果在对话框里增加一栏，显示按现有的条件已经插入的块。如图 7 所示，增加"图中已经存在图块"项，该显示列中含有了是"ST5.5×25 盘头自攻钉"，而不是"ST5.5×19 盘头自攻钉"，帮我们记住了曾经使用过的块。点击"ST5.5×25 盘头自攻钉"插入就可以了。同时，我们可以把这一列与其他列比较，可以看到使用过第二系列的钉是哪些，通过比价看看是不是可以更改为第一系列的项。

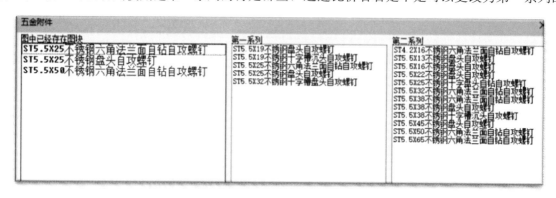

图 7 ST5 五金件图块

总体构思有了，下一步就可以着手程序的设计。

5 程序的设计

程序设计主要包括对话框设计、子程序设计和主程序设计。

5.1 对话框的设计

对话框比较简单，可以查找一些书籍学习下。它的程序代码可以用 Windows 的写字本输入，也可以用 CAD 自带的 visual lisp。具体程序代码如下：

```
wujingfujian: dialog {
label=" 五金附件";
    : row {
    : list_box { label=" 图中已经存在图块"; width=40; height=28; key=" klist3"; abs=" 10";
    fixed_width_font=true;}
    : list_box { label=" 第一系列"; width=40; height=30; key=" klist1"; tabs=" 10";}
    : list_box {label=" 第二系列"; width=40; height=30; key=" klist2"; tabs=" 10";} }
    : row { : button {label=" 块索引; key=" kuaisy"; }: button {}: button {}: button {} : button {}
: button {}: button {}
    spacer_1;
    : cancel_button {label=" 退出<";}
    }
  }
```

图 8 是对话框程序要显示的结果。这里增加了"块索引"和"退出"两个按钮，还可以扩展其他按钮。块索引在选择块后可以直接自动标注（图 9）。退出按钮是不插入块时退出，也可以用 Esc 键退出。

对话框程序说明："wujingfujian"是一个对话框的名称，引用时需要提供的定位；"row"是横行；"list＿box"是列表框；"button"是按钮。"spacer＿1"是空白栏＜宽高为1＞，相当于空一行；"cancel＿button"是退出按钮；｛｝内为各对象的属性，label为表头，width为宽度，height为高度，key为参数，tabs为制表位，fixed＿width＿font为字体加大显示。

把输入的对话框程序在硬盘的任何位置保存为"块管理．DCL"文件，"块管理"是文件名称，可以采用其他名称，"DCL"为文件扩展名，不能更改。这个文件可存放多个对话框程序。本例放到路径"E：\ yyhhjj \ lsp \ greentea \ dcl"下。

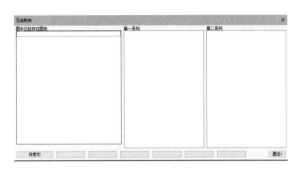

图8　对话框设计（dcl）

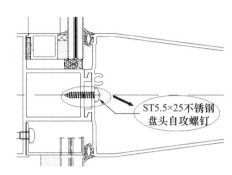

ST5.5×25不锈钢盘头自攻螺钉

图9　自动标注

5.2　LISP 子程序设计

同DCL一样，子程序可以用Windows写字本建立，也可以用CAD自带的visual lisp建文件。把子程序、主程序保存到"wq（插入文件块或当前块五金）．lsp"这个文件里，可以放到DCL所在的目录下，也可以存到其他目录。本例把它存到"E：\ yyhhjj \ lsp \ greentea"目录下。

子程序有CHARWJ、chark、show＿list、sub＿klist、kuaisy五个。

程序的几个主要命令，defun为定义程序和命令，括号是成对出现。如果在CAD环境下运行要加上"c:"。";"后面是注释，用于对程序的解释。

1. 子程序CHARWJ定义，按第一系列（图3）、第二系列（图4）形成对话框列表（图7），显示到对话框里，具体如下：

```
(defun CHARWJ (string01)
    (setq string02 (strcat " * " string01 " *.dwg"))        ；输入字符串的通用 DWG 文件
    (setq path " E：\ \ yyhhjj \ \ lsp \ \ greentea \ \ ")              ；文件所在的路径
    (setq path＿fj (strcat path " dwg \ \ 附件 \ \ "))         ；文件所在的路径
    (setq path＿fj1 (strcat path " dwg \ \ 附件 \ \ 第一系列 \ \ "))；第一系列文件所在的路径
    (setq path＿fj2 (strcat path " dwg \ \ 附件 \ \ 第二系列 \ \ "))；第二系列文件所在的路径
    (setq mulu (vl—directory—files path＿fj1 string02))   ；第一系列文件列表
    (setq mulu＿sort (san＿dwg mulu))               ；第一系列文件列表排序
    (setq mulu2 (vl—directory—files path＿fj2 string02))    ；第二系列文件列表
    (setq mulu2＿sort (san＿dwg mulu2))               ；第二系列文件列表排序
    (show＿list " klist1" mulu＿sort)               ；对话框显示第一系列表，show＿list 为子程序
    (show＿list " klist2" mulu2＿sort)               ；对话框显示第二系列表，show＿list 为子程序
)
```

2. 子程序chark定义，按给定条件在当前激活的CAD文件里搜索块，形成显示对话框列表：

```
(defun chark (string01)
    (setq nn (strlen string01))                ；统计字符个数
    (setq acadobj (vlax—get—acad—object))        ；对当前已经打开 DWG 文件的操作
```

161

```
    (setq dwgobj (vla-get-ActiveDocument acadobj))      ；对当前活动 DWG 文件的操作
    (setq mspace (vla-get-ModelSpace dwgobj))           ；对当前活动 DWG 文件的模型空间操作
    (setq blocksobj (vla-get-blocks dwgobj))            ；对当前活动 DWG 文件的模型空间块操作
    (setq blklist3 nil)                                 ；定义一个空表
    (vlax-for sobj blocksobj                            ；对块表的名称进行
        (setq blkn (strcase (vla-get-name sobj)))       ；得到的名称统一为大写
        (if (/= nn 0)                                   ；如果输入字符串不为零，就显示输入字节对应
          (cond
            ( (= (substr blkn 1 nn) string01)           ；去掉 ".dwg" 的扩展名
            (setq blklist3 (cons blkn blklist3))        ；形成对话框可以显示的列表
            )
          )
          (if (/= (substr blkn 1 1) " * ")              ；如果输入字符串为零，就显示全部块
            (setq blklist3 (cons blkn blklist3))        ；形成对话框可以显示的列表
          )
        )
    )
    (setq mulu3_sort (vl-sort blklist3 '<))             ；对字符串表进行排序
    (show_list " klist3" mulu3_sort)                    ；对话框显示现有块，show_list 为子程序
)
```

3. 子程序 show_list 设计，带有参数的子程序，显示列表见图 7：

```
(defun show_list (key newlist)
    (start_list key)
    (mapcar 'add_list newlist)
    (end_list)
)
```

4. 子程序 sub_klist 设计，带有参数的子程序，产生要使用的参数（就是选择的块的位置参数），为插入块做准备：

```
(defun sub_klist (vvs mulu_sort0)
    (setq block01 (nth (atoi vvs) mulu_sort0))
)
```

5. 子程序 kuaisy 设计，选择块自动增加以块名称进行标注：

```
(defun kuaisy ()
        (command " osmode" " 675")      ；初始参数操作
        (setvar " cmdecho" 0)；初始参数操作
        (setq osm (getvar " osmode"))    ；初始参数操作
        (setvar " osmode" 0)；初始参数操作
        (repeat 10                      ；重复十次选择块并标注，用 "esc" 退出，或回车
          (setq block1 (entsel " \n选取索引块：\n"))
          (if (= block1 nil) (progn (setvar " osmode" osm) (exit)))；没有选择块退出
          (setq ent (car block1))；图元名
          (setq block1-vla (vlax-ename->vla-object ent))          ；得到 vla 物体
          (setq block1-name (vla-get-EffectiveName block1-vla))   ；取出名称
          (if (= (vla-get-ObjectName block1-vla) " AcDbBlockReference")  ；判断是否是块，是块就进
行索引标注，否则就退出程序
                (progn
                  (setq block_po (cadr block1))；得到块物体
```

```
        (command " _ qleader" block _ po pause pause "" block1-name "" "")    ；插入索引
        )
        (exit) ；退出程序
      )
    )
  (princ)    ；静默退出
)
```

5.3 主程序设计

　　主程序是主控程序，把各子程序和对话框有机地结合起来。把下面的主程序录到"wq（插入文件块或当前块五金）.lsp"这个文件里，与子程序是一个文件，也可以自己单独形成文件，建议都放到一起加载方便。代码具体如下：

```
(defun c：wq()       ；"C："为 CAD 环境可以运行，wq 为输入的 CAD 命令
  (setq string01 (strcase (getstring " \ n 输入要显示的块含有的字符 <全部显示>:")))；输入字节
  (setq dcl _ id (load _ dialog " E：\ \ yyhhjj \ \ lsp \ \ greentea \ \ dcl \ \ 块管理"))    ；调用对话框
文件
  (setq std 2)      ；参数赋值
  (new _ dialog " wujingfujian" dcl _ id)    ；激活块管理文件里的 "wujingfujian" 对话框
  (CHARWJ string01)     ；文件列表子程序 CHARWJ，见上文
  (chark string01)       ；块列表子程序 chark，见上文
  (action _ tile " klist1" " (sub _ klist $ value mulu _ sort) (done _ dialog 11)")；对话框操作（第一系列）
  (action _ tile " klist2" " (sub _ klist $ value mulu2 _ sort) (done _ dialog 12)")；对话框操作（第二系列）
  (action _ tile " klist3" " (sub _ klist $ value mulu3 _ sort) (done _ dialog 13)")；对话框操作（图中块列）
  (action _ tile " kuaisy" " (done _ dialog 15)")    ；给图块加索引的按钮操作
  (setq std (start _ dialog))    ；启动接受返回的参数 "11" "12" "13" "15"
  (unload _ dialog dcl _ id)    ；卸载对话框，不显示对话框
  (cond ( (= std 11)；满足条件就插入第一系列图块，cond 是 lisp 条件整合命令
        (progn (setq
              block02
                (findfile
                  (strcat path _ fj1 block01 " .dwg")
                ))
              (command " -insert" block02 pause " 1" " 1" pause)
        ))
    ( (= std 12)；满足条件就插入第二系列图块
        (progn (setq   block02 (findfile (strcat path _ fj2 block01 " .dwg") ) )
            (command " -insert" block02 pause " 1" " 1" pause) ) )
    ( (= std 13)；满足条件就插入本图图块
        (command " -insert" block01 pause " xyz" " 1" " 1" " 1" pause) )
    ( (= std 15) (kuaisy) ) )；满足条件就激活子程序 kuaisy，给图块索引
)
```

5.4 程序加载使用

　　加载方法有很多，最直观的方法是用 CAD 的"APPLOAD"加载，简化命令是"ap"。运行后出现对话框（图 10），找到存放的文件"wq（插入文件块或当前块五金）.lsp"，点击加载，退出后就可以使用命令了。这个方法每次都要加载，比较麻烦。

还可以点击图 10 中的"内容"按钮，然后按图 11 把文件添加进入应用程序列表里，以后打开 CAD 它会自动加载。

 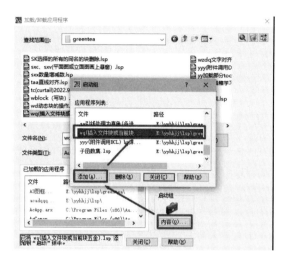

图 10　加载卸载应用程序（一）　　　　　　图 11　加载卸载应用程序（二）

5.5　运行程序

程序加载后就是运行程序。

（1）在命令栏里输入"wq"回车或空格；

（2）命令提示行显示"输入要显示的块含有的字符＜全部显示＞:"，这时可以输入"ST5.5"，空格（或回车）就会显示图 7 的对话框；

（3）用鼠标点击需要插入的五金，对话框就消失了，命令行显示"指定插入点或［基点（B）/比例（S）/X/Y/Z/旋转（R）］:"；

（4）用鼠标在需要插入的位置点击，命令行显示"指定旋转角度＜0＞:"；

（5）输入角度，也可以用鼠标在屏幕点选确定角度，跟"insert"插入块命令一样的操作；

（6）在步骤（2）输入"ST5.5"时，也可以什么都不输入，空格或回车就显示所有的块，像图 5 那样。也可以输入其他中间的字符，程序可以按输入的字符自动过滤并显示到对话框里。

6　结语

幕墙标准化非常重要，不只是螺钉螺栓等五金件，还有许多方面都要进行标准化，例如腰孔、工艺过孔、胶条的槽孔及排水孔等。常用的铝型材像角码、铝方通等都要标准化，量少时可以不用开模，量大时开模。常用的钢连接件、埋件等都应该标准化。

有了这些标准化规定，绘图时我们就可以采用 AutoLISP 程序控制它的显示和操作。

图 12 是腰孔的显示列表，大多是冲床冲出来的。冲床的冲具尺寸是固定的，改变尺寸就要更换刀具。如果改用铣床铣，效率非常低。

例如 M12 螺栓用到的腰孔，可以用 14×45 的，也可以用 13×45 的，其中长度尺寸是可以变化的，表中有"30、45、56"。这里建了两栏是为了查找方便，一

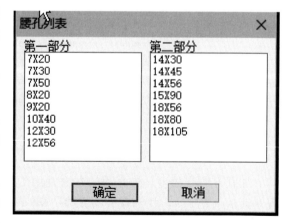

图 12　腰孔对话框示意

栏显得有点长。这里的腰孔不用建立块库，直接用 CAD 命令集画图就能实现，也可以用图块管理。有了这个表，以后就不会出现其他的腰孔，标准化就能很好地贯彻下去。

可见 CAD 自带的 lisp 程序使标准化得以实现，减少了设计人员的工作量，降低了后续工程产生的额外成本。

参考文献

［1］祝燮权. 实用五金手册［M］. 上海：上海科学技术出版社，2006.
［2］吴永进. AutoCAD 完全应用指南：程序设计篇［M］. 北京：科学出版社，2011.

对建筑开启窗设置的相关规定

◎王海军[1]　陈立东[2]

1 深圳市建筑门窗幕墙学会　广东深圳　518028
2 深圳天盛外墙技术咨询有限公司　广东深圳　518001

摘　要　本文梳理了我国现行标准、规范以及政府部门管理文件对建筑开启窗在通风、排烟等方面设置的要求，希望能给建筑门窗幕墙设计者在设计开启窗时提供一些帮助。

关键词　现行标准和规范；建筑外窗；幕墙；开启扇；通风；节能；排烟；有效开口面积

1　引言

本文所说的"相关规定"是指国家和行业以及所属地方政府制定的现行标准和规范、国家和地方政府颁布的管理性文件。"建筑开启窗"是指建筑外窗的开启扇和建筑幕墙的开启扇，对应建筑通风和消防排烟相关标准的"外窗""窗户""外门窗"等术语。建筑开启窗除了起到通风的作用外，还起到消防排烟作用。建筑开启窗的设置一般情况下由建筑设计单位确定，但作为建筑门窗幕墙设计者，应该了解这方面的相关标准和规范，知道建筑设计单位设计开启窗的位置、大小、开启形式、数量的缘由，正确设计建筑开启窗。笔者将这方面的标准梳理了一遍，摘录和分析有关规定，做一些必要的分析，给建筑门窗幕墙设计者在设计开启窗时提供一些帮助。

2　建筑开启窗通风方面的标准

2.1　建筑开启窗通风的作用

建筑开启窗通风包含两方面的作用：第一方面是换气，即排除室内废气，引入室外新鲜空气，这是环境健康方面的作用；第二方面是降温，当室内温度高于人体适宜温度一定范围时，排除室内较高温度的空气，引入室外较低温度的空气，而不是依靠消耗能源来降低室内温度，这是建筑节能减排方面的作用。

2.2　建筑设计标准对开启窗通风的要求

《民用建筑设计统一标准》（GB 50352—2019）相关规定如下：

7.2　通风

7.2.1　建筑物应根据使用功能和室内环境要求设置与室外空气直接流通的外窗或洞口，当不能设置外窗和洞口时，应另设置通风设施。

7.2.2　采用直接自然通风的空间，通风开口有效面积应符合下列规定：

1　生活、工作的房间的通风开口有效面积不应小于该房间地面面积的1/20；

2　厨房的通风开口有效面积不应小于该房间地板面积的1/10，并不得小于0.6m²；

3　进出风开口的位置应避免设在通风不良区域，且应避免进出风开口气流短路。

其中7.2.2条第1款规定生活、工作的房间的开启窗开口有效面积不应小于该房间地面面积的1/20，即5%。（关于开启扇开口有效面积相关标准规定，后面将摘录和分析。）

住房城乡建设部行业标准《宿舍建筑设计规范》（JGJ 36—2016）和《办公建筑设计标准》（JGJ/T 67—2019）对外窗有相同的规定，只是后者要求开启窗要有对流通风要求。

2.3　建筑节能方面的标准

新颁布的《建筑节能与可再生能源利用通用规范》（GB 55015—2021）规定如下：

3.1.14　外窗的通风开口面积应符合下列规定：

1　夏热冬暖、温和B区居住建筑外窗的通风开口面积不应小于房间地面面积的10%或外窗面积的45%，夏热冬冷、温和A区居住建筑外窗的通风开口面积不应小于房间地面面积的5%；

2　公共建筑中主要功能房间的外窗（包括透光幕墙）应设置可开启窗扇或通风换气装置。

此标准规定岭南地区居住建筑开启窗开口面积不小于房间地面面积的10%，这高于前面所列的建筑设计标准要求的5%。行业标准《夏热冬暖地区居住建筑节能设计标准》（JGJ 75—2012）和广东省地方标准《广东省居住建筑节能设计标准》（DBJ/T 15-133—2018）、深圳地方标准《居住建筑节能设计规范》（SJG 45—2018）在这方面已有相同的规定。《建筑节能与可再生能源利用通用规范》（GB 55015—2021）是强制性标准，所以，《广东省居住建筑节能设计标准》（DBJ/T 15-133—2018）第4.2.12条中"7层及以上能形成穿堂风的房间，外门窗的通风开口面积可减小，但不应小于房间地面面积的8%"应不能再执行。

《建筑节能与可再生能源利用通用规范》（GB 55015—2021）对公共建筑开启窗开口面积未做规定。《公共建筑节能设计标准》（GB 50189—2015）规定如下：

3.2.8　单一立面外窗（包括透光幕墙）的有效通风换气面积应符合下列规定：

1　甲类公共建筑外窗（包括透光幕墙）应设可开启窗扇，其有效通风换气面积不宜小于所在房间外墙面积的10%；当透光幕墙受条件限制无法设置可开启窗扇时，应设置通风换气装置。

2　乙类公共建筑外窗有效通风换气面积不宜小于窗面积的30%。

3.2.9　外窗（包括透光幕墙）的有效通风换气面积应为开启扇面积和窗开启后的空气流通界面面积的较小值。

深圳地方标准《公共建筑节能设计规范》（SJG 44—2018）规定如下：

4.1.6　办公建筑、酒店建筑、学校建筑、医疗建筑及公寓建筑的100m以下部分，主要功能房间外窗有效通风面积不应小于该房间外窗面积的30%；透光幕墙应具有不小于房间外墙透光面积10%的有效通风面积。

1　外窗的有效通风面积占外窗面积的比例应以一个房间中的所有外窗计算。

2　同一房间若同时存在外窗和透光幕墙，外窗有效通风面积不应小于该房间外窗面积30%，透光幕墙有效通风面积不应小于该房间透光幕墙面积的10%。

3　外窗（包括透光幕墙）的有效通风换气面积应为可开启扇面积和窗开启后的空气流通界面面积的较小值。对上悬窗、下悬窗或中悬窗，当开启角度大于等于45°时，有效通风换气面积取为开启扇面积。

4　主要功能房间是指公共建筑内除室内交通、卫浴、大堂等之外的主要使用房间。

公共建筑节能标准对建筑开启窗有效通风面积的规定采用了与房间外墙或外窗或透光幕墙面积之比，而不是居住建筑与室内地面面积之比。

2.4　建筑开启窗有效通风面积计算的相关规定

深圳地方标准《公共建筑节能设计规范》（SJG 44—2018）定义如下：

2.0.17

有效通风换气面积

有效通风换气面积应为开启扇面积和窗开启后的空气流通界面面积的较小值。针对不同外窗开启形式，有效通风换气面积的计算方法如下：

（1）推拉窗

有效通风换气面积是推拉扇完全开启面积的100％。

（2）平开窗（内外）

有效通风换气面积是平开扇完全开启面积的100％。

（3）悬窗

以外上悬窗扇为例，开启扇下缘框扇间距、空气流通界面如图所示。开启扇面积计算方法如公示1所示，空气流动界面计算方法如公式（1）、（2）所示。

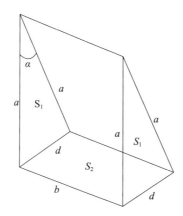

计算公式如下：

$$S_{开启扇面积}=a\times b \tag{1}$$

$$S_{空气流通界面面积}=2S_1+S_2 \tag{2}$$

3　建筑开启窗消防排烟方面的标准

3.1　建筑开启窗消防排烟的作用

建筑排烟窗是自然排烟设施。建筑物发生火灾时，会产生大量烟、气和热量，排烟窗的作用就是利用火灾产生的热烟气流的浮力和外部风力作用，把烟气向室外排放，避免在室内快速积聚大量有毒烟气，给人员以逃生的机会。

3.2　采用建筑开启窗排烟的相关规定

《自然排烟窗技术规程》（T/CECS 884—2021）规定如下：

3.0.1　具备自然排烟条件的场所宜采用自然排烟方式。自然排烟窗的设计应综合考虑建筑使用功能、平面布局、室外环境等条件。

《建筑防烟排烟系统技术标准》（GB 51251—2017）规定如下：

4.3.1　采用自然排烟系统的场所应设置自然排烟窗（口）

3.3 消防排烟开口面积的相关规定

公安部消防局 2018 年 4 月 10 日发布的《建筑高度大于 250 米民用建筑防火设计加强性技术要求（试行）》相关规定如下：

第二十条 设置自然排烟设施的场所中，自然排烟口的有效开口面积不应小于该场所地面面积的 5%。

采用外窗自然通风防烟的避难区，其外窗应至少在两个朝向设置，总有效开口面积不应小于避难区地面面积的 5% 与避难区外墙面积的 25% 中的较大值。

此通知是针对高度大于 250m 民用建筑，此范围之外的其他建筑应当符合《建筑防烟排烟系统技术标准》（GB 51251—2017）第 4.6.3 条中的规定：

4.6.3 除中庭外下列场所一个防烟分区的排烟量计算应符合下列规定：

1 建筑空间净高小于或等于 6m 的场所，其排烟量应按不小于 60m³/（h·m²）计算，且取值不小于 15000m³/h，或设置有效面积不小于该房间建筑面积 2% 的自然排烟窗（口）。

2 公共建筑、工业建筑中空间净高大于 6m 的场所，其每个防烟分区排烟量应根据场所内的热释放速率以及本标准第 4.6.6 条～第 4.6.13 条的规定计算确定，且不应小于表 4.6.3 中的数值，或设置自然排烟窗（口），其所需有效排烟面积应根据表 4.6.3 及自然排烟窗（口）处风速计算。

表 4.6.3 公共建筑、工业建筑中空间净高大于 6m 场所的计算排烟量及自然排烟侧窗（口）部风速

空间净高（m）	办公室、学校（×10⁴m³/h）		商店、展览厅（×10⁴m³/h）		厂房、其他公共建筑（×10⁴m³/h）		仓库（×10⁴m³/h）	
	无喷淋	有喷淋	无喷淋	有喷淋	无喷淋	有喷淋	无喷淋	有喷淋
6.0	12.2	5.2	17.6	7.8	15.0	7.0	30.1	9.3
7.0	13.9	6.3	19.6	9.1	16.8	8.2	32.6	10.8
8.0	15.8	7.4	21.8	10.6	18.9	9.6	35.4	12.4
9.0	17.8	8.7	24.2	12.2	21.1	11.1	38.5	14.2
自然排烟侧窗（口）部风速 m/s	0.94	0.64	1.06	0.78	1.01	0.74	1.26	0.84

注：1 建筑空间净高大于 9.0m 的，按 9.0m 取值；建筑空间净高位于表中两个高度之间的，按线性插值法取值；表中建筑空间净高为 6m 处的各排烟量值为线性插值法的计算基准值。

2 当采用自然排烟方式时，储烟仓厚度应大于房间净高的 20%；自然排烟窗（口）面积＝计算排烟量/自然排烟窗（口）处风速；当采用顶开窗排烟时，其自然排烟窗（口）的风速可按侧窗口部风速的 1.4 倍计。

对于建筑空间净高小于或等于 6m 的场所自然排烟窗口，如果按该房间建筑面积的 2% 计算，排烟窗开口面积比通风节能要求的开口面积小。但如果按排烟量计算，由于计算与场所面积无关，计算结果相差很大，例如排烟量按 15000m³/h 计算，选择有喷淋的办公室，则自然排烟侧窗口风速为 0.64m/s，排烟窗开口面积为 15000m³/h÷3600s÷0.64m/s＝6.5m²。当场所面积为 50m² 时，开窗面积与室内面积比为 13%；当室内面积为 100m² 时，开窗面积与室内面积比为 6.5%，与 2% 相差较大，甚至超过通风节能开窗面积的要求。建筑空间净高大于 6m 的场所，排烟窗有效开口面积要通过计算确定，大多会大于通风节能要求的有效开口面积。至于中庭自然排烟开口面积计算，由于中庭要按周围场所最大排烟量的 2 倍计算，所以，中庭的自然排烟开口面积都要大于通风节能开口面积的要求。

3.4 消防排烟窗设置高度的相关规定

《建筑防烟排烟系统技术标准》（GB 51251—2017）第 4.3.3 条第 1 款规定如下：

1 当设置在外墙上时，自然排烟窗（口）应在储烟仓以内，但走道、室内空间净高不大于 3m 的区域的自然排烟窗（口）可设置在室内净高度的 1/2 以上；

要确定排烟窗设置高度，先要弄清楚室内空间净高和储烟仓厚度。关于室内空间净高，《挡烟垂壁》（GA 533—2012）规定室内空间净高为从地面到开孔率小于25%的吊顶；关于储烟仓厚度，《建筑防烟排烟系统技术标准》（GB 51251—2017）第4.6.2条和第4.6.9条规定如下：

4.6.2　当采用自然排烟方式时，储烟仓的厚度不应小于空间净高的20%，且不应小于500mm；当采用机械排烟方式时，不应小于空间净高的10%，且不应小于500mm。同时储烟仓底部距地面的高度应大于安全疏散所需的最小清晰高度，最小清晰高度应按本规范第4.6.9条的规定计算确定。

4.6.9　走道、室内空间净高不大于3m的区域，其最小清晰高度不应小于其净高的1/2，其他区域的最小清晰高度应按下式计算：

$$H_q = 1.6 + 0.1 \cdot H \qquad (4.6.9)$$

式中　H_q——最小清晰高度（m）；

　　　H——对于单层空间，取排烟空间的建筑净高度（m）；对于多层空间，取最高疏散楼层。

对于室内空间净高没超过3m的，例如室内空间净高为3m，则排烟有效开口面积设置在1.5m以上即可。注意，这里说的是"排烟有效开口面积"，而不一定是整个窗扇的面积。对于室内净高大于3m的，例如室内净高为3.1m，则排烟有效开口面积的高度计算为：1.6+0.1×3.1=1.91（m）。

3.5　消防排烟窗开启方向的相关规定

《建筑防烟排烟系统技术标准》（GB 51251—2017）第4.3.3条第2、3款规定如下：

2　自然排烟窗（口）的开启形式应有利于火灾烟气的排出；

3　当房间面积不大于200m²时，自然排烟窗（口）的开启方向可不限；

根据这两款规定可以得知，房间面积大于或等于200m²时，排烟窗要采用下悬窗、平推窗或内开上悬窗等有利于烟气排出的形式。

3.6　消防排烟窗有效开口面积的规定

《建筑防烟排烟系统技术标准》（GB 51251—2017）规定如下：

4.3.5　除本规范另有规定外，自然排烟窗（口）开启的有效面积尚应符合下列要求：

1　当采用开窗角大于70°的悬窗时，其面积应按窗的面积计算；当开窗角小于70°时，其面积应按窗最大开启时的水平投影面积计算；

2　当采用开窗角大于70°的平开窗时，其面积应按窗的面积计算；当开窗角小于70°时，其面积应按窗最大开启时的竖向投影面积计算；

3　当采用推拉窗时，其面积应按开启的最大窗口面积计算；

4　当采用百叶窗时，其面积应按窗的有效开口面积计算；

5　当平推窗设置在顶部时，其面积可按窗的1/2周长与平推距离乘积计算，且不应大于窗面积；

6　当平推窗设置在外墙时，其面积可按窗的1/4周长与平推距高乘积计算，且不应大于窗面积。

以上规定对于悬窗而言，消防排烟的有效排烟面积比通风节能有效通风面积取值大。

3.7　消防排烟窗设置手动开窗器的相关规定

《建筑防烟排烟系统技术标准》（GB 51251—2017）规定如下：

4.3.6　自然排烟窗（口）应设置手动开启装置，设置在高位不便于直接开启的自然排烟窗（口），应设置距地面高度（1.3～1.5）m的手动开启装置。净空高度大于9m的中庭、建筑面积大于2000m²的营业厅、展览厅、多功能厅等场所，尚应设置集中手动开启装置和自动开启设施。

根据《自然排烟窗技术规程》（T/CECS 884—2021）第3.0.4条条文解释，这里的手动开启装置包含可直接开启窗扇的执手和间接开启窗扇的手动机械式开窗器摇柄、电动或气动开窗器开关等。无论排烟窗设置多高、用什么方式开启，都应可以手动开启。当排烟窗不便于直接用手开启时，应在距地面高度 1.3～1.5m 处设置手动能够开启的装置。

3.8　消防排烟窗设置自动开窗器的相关规定

《自然排烟窗技术规程》（T/CECS 884—2021）规定如下：

3.0.3　净高大于 9m 的中庭和人员密集公共场所的建筑面积大于 2000m² 的厅、室，当设置自然排烟窗时，应采用自动排烟窗。

这一条明确规定了什么场合要使用自动排烟窗。

4　现行幕墙和门窗规范对幕墙开启窗的要求

《玻璃幕墙工程技术规范》（JGJ 102—2003）规定如下：

4.1.5　幕墙开启窗的设置，应满足使用功能和立面效果要求，并应启闭方便，避免设置在梁、柱、隔墙等位置。开启扇的开启角度不宜大于 30°，开启距离不宜大于 300mm。

本条后一句的规定是出于安全考虑，防止人员坠落和窗扇本身坠落。如果开启窗在顶部，不存在人员坠落问题，窗扇安装采取加强措施，也就可不执行此规定。江苏省《建筑幕墙工程技术标准》（DB32/T 4065—2021）在词条前面加了一句"除消防排烟窗外"。玻璃幕墙既要满足此条规定又要满足通风、排烟有效面积规定，就要通过增加开启窗的数量来实现。对于室内净空高度大于 3m 的房间，有时顶部全部设置窗仍然不满足通风要求时，开启角度要大于 30°，开启距离大于 300mm，或者设置上下两道开启扇。

出于安全考虑，很多地方标准对幕墙或门窗开启窗的尺寸做了规定，如江苏省《建筑幕墙工程技术标准》（DB32/T 4065—2021）第 5.10.3 条规定："单扇外开启扇的面积不宜大于 1.5m²，不应大于 2.0m²。"《深圳市建筑工程质量常见问题防治指南》第 57 页规定："平开窗窗扇宽度不应大于 650mm，面积不应超过 1.0m²。"浙江省地标《铝合金建筑外窗应用技术规程》（DB33/T 1064—2021）第 4.2.5 条规定："外平开窗扇的宽度不宜超过 650mm，高度不宜超过 1500mm，开启角度不宜大于 75°；推拉窗扇的宽度不宜超过 900mm，高度不宜超过 1500mm。"设置开启窗数量时要考虑各地对窗扇尺寸或面积及开启角度的限制。

5　结语

（1）多数建筑采用的是消防自然排烟系统，在自然排烟建筑中，消防排烟用的开启窗可以兼作节能通风窗，但由于消防排烟窗有高度或开启方式的要求，有些不符合排烟要求的开启窗不能当作消防排烟窗使用。

（2）对于建筑空间净高小于或等于 6m 的场所自然排烟窗口，如果按该房间建筑面积的 2% 计算，排烟窗开口面积比通风节能要求的开口面积小。但如果按排烟量计算，可能超过通风节能开窗面积要求。建筑空间净高大于 6m 的场所，大多会大于通风节能要求的有效开口面积。对于中庭，由于要按周围场所最大排烟量的 2 倍计算，中庭的自然排烟开口面积都要大于通风节能开口面积的要求。

（3）室内空间净高等于或小于 3m 的排烟窗有效开口部分的高度为室内空间净高的 1/2 以上；室内空间净高大于 3m 的排烟窗有效开口部分的高度应设置在 $1.6+0.1H'$（H' 为室内空间净高，单位为 m）以上。

（4）当房间面积大于或等于 200m² 时，自然排烟窗的开启方向应有利于火灾烟气的排出，可采用下旋窗、平推窗、内开上悬窗等。

（5）自然排烟窗都应有手动可开启装置。手动开启装置包含可直接开启窗扇的执手和间接开启窗扇的手动机械式开窗器摇柄、电动或气动开窗器开关等。当排烟窗不便于直接用手开启时，应在距地面高度 1.3~1.5m 处设置手动能够开启的装置。

（6）净高大于 9m 的中庭和人员密集公共场所的建筑面积大于 2000m² 的厅、室，当设置自然排烟窗时，应当采用自动排烟窗。

（7）对于玻璃幕墙，既要满足通风节能有效开口面积的要求，又要满足《玻璃幕墙工程技术规范》（JGJ 102—2003）开启角度和开启距离的要求，就要通过增加窗扇数量来实现。开启窗在顶部时可通过增加开启角度和开启距离来实现排烟功能。

一种凹槽单元式幕墙系统及其防排水设计浅析

◎ 许惠煌

深圳市特区建发投资发展有限公司　广东深圳　518100

摘　要　单元式建筑幕墙已在高层建筑上广泛应用，建筑立面造型创意涌现，给单元式幕墙的防水性能提出了更高的要求。本文就一种凹槽单元式幕墙系统设计及其防排水设计进行探讨，为类似建筑幕墙设计提供参考和解决思路。

关键词　凹槽；单元式幕墙；防排水

1　项目概况

特区建发乐府广场项目位于深圳市光明区，总用地面积约5.5万平方米，包含两栋超高层办公楼、两栋超高层公寓、一座购物中心及商业街。办公楼地上36层，标准层高4.2m，最高幕墙标高为171.3m，塔楼采用单元式玻璃幕墙，大面玻璃采用8＋1.52PVB＋8＋12A＋8mm钢化夹胶中空玻璃，标准计算分格为1500mm×2350mm。本项目办公楼外立面最大特色是在塔楼每两层错位设置一道内凹300mm的凹槽单元式幕墙，使得塔楼形体更加丰富，昭示性更强。

2　凹槽单元式幕墙系统设计

竖向凹槽玻璃幕墙系统位于A栋西面和B栋南面，此系统玻璃面相对于标准幕墙玻璃面内凹300mm，每道凹槽跨2层高，凹槽尺寸为800mm宽×300mm深×8400mm高，采用6＋12A＋6＋1.52PVB＋6mm钢化夹胶中空玻璃，大样图及现场安装效果如图1和图2所示。

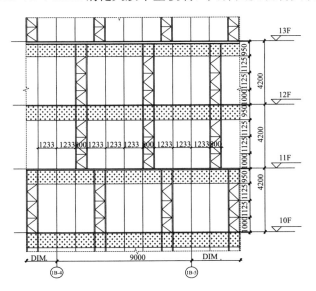

图1　凹槽大样图

图2　现场安装实景

2.1 竖向插接设计

综合考虑结构计算、材料特性、构件加工、现场安装及成本管控等多方面因素，在满足规范要求的前提下，本项目凹槽位采用双层通高设计，形成一个贯通两层的单元板块，板块立柱跨度为 8400mm，板块安装两个连接支座，在层高位置各设一个支座，按拉弯杆件考虑，标准水平分格为 $B_1 = 1233mm$，$B_2 = 800mm$，对立柱的强度及刚度进行结构验算校核，满足设计要求。

凹槽单元式幕墙系统采用经典的"雨幕原理"和"等压原理"进行设计，公、母立柱保留标准板块相对应的尘密线、水密线和气密线。因凹槽位置与标准板块的玻璃完成面相对土建结构边缘不同，土建施工过程需在结构边缘预留满足幕墙安装的凹槽尺寸，避免大尺寸凹槽幕墙立柱与土建干涉，在深化设计时需强化与结构专业的交叉配合（图 3 和图 4）。

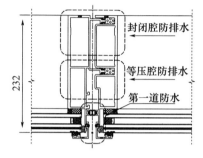

图 3　标准板块立柱插接设计

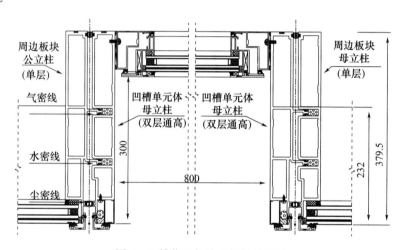

图 4　凹槽位置板块立柱插接设计

2.2 横向插接设计

凹槽体单元式横向分格与上下层单元板块的横向分格不一致，上下左右 4 个单元连接点上有三个或四个单元板块，此处存在的内外贯穿的缺口封堵宜采用横滑型构造，横滑型构造封口技术既有集水槽和分隔板的功能，又不限制上单元下横梁在两相邻下单元组件上横梁内的有限位移滑动，满足单元板块的三维可调要求。

同样，凹槽体上下横梁也保留了与标准板块相对应的尘密线、水密线和气密线设计，保证了单元幕墙密封线的连续性，确保密封性能。单元体伸缩缝的设计也综合考虑结构偏差、安装误差、主体结构水平层间位移及材料热胀冷缩等多种影响因素（图 5～图 7）。

2.3 单元挂件设计

本项目幕墙系统支座埋件采用侧埋，立柱两侧各通过 3 颗 M12 不锈钢螺栓（A2-70）连接于 8mm 厚铝合金挂码（6061-T6），挂码

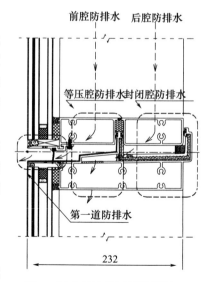

图 5　标准板块横梁插接设计

挂接于 20mm 厚铝合金挂板（6061-T6），挂板两侧各通过两个 M16 不锈钢螺栓（A2-70）连接于铝合金支座（6061-T6），支座通过两个 M16 的 T 型螺栓连接于槽式埋件，有效传递垂直于幕墙的水平荷载及平行于幕墙的竖向荷载，保证幕墙系统安全。

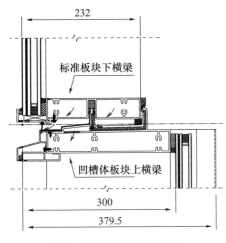

图 6　凹槽上部插接设计

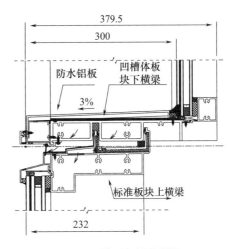

图 7　凹槽下部插接设计

本单元幕墙挂件的设计具备以下优点：（1）具有上下、水平、进出三维六向位移可调能力；（2）实现防脱落设计，限位角码安装简便；（3）与幕墙立柱腔体连接，充分利用立柱构造，节省材料且更便于安装（图 8、图 9）。

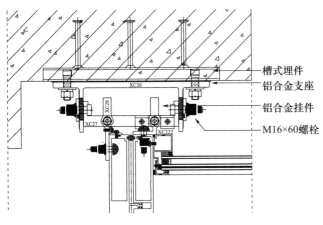

图 8　单元挂件设计

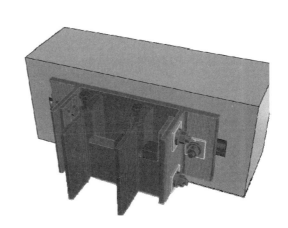

图 9　挂件三维示意图

3　凹槽单元式幕墙防排水设计分析

单元式幕墙主要靠单元幕墙板块自身系统进行防水，而不是靠施打密封胶防水，因此单元式幕墙的防水系统设计尤其关键，在设计过程中要秉持"疏堵"结合的设计理念，充分利用等压原理，结合项目具体实际提升设计的合理性和实用性，达到防渗漏的目的。

3.1　凹槽单元体自身防排水设计

单元立柱和横梁拼接缝设计是单元式幕墙防水设计的重要组成部分，本项目凹槽体横梁与立柱连接部位完全暴露，凹槽单元表面所接触的水直排到室外。因加工误差、运输倒运及安装等因素导致横梁与立柱之间可能出现无法完全封闭的情况，不可避免地出现一些缝隙，形成漏水隐患，主要解决措施是在拼接缝处打上胶进行密封形成第一道防水密封（图10）。

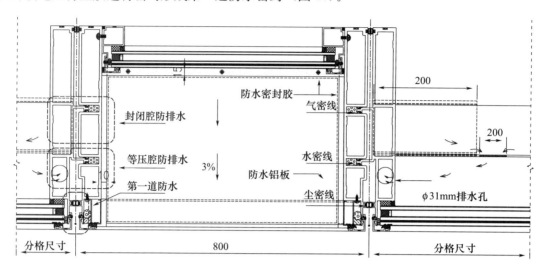

图10　单元体排水线路平面图

为彻底杜绝漏水隐患，在凹槽体底板横梁表面安装一片3mm厚防水铝板，安装坡度3%，大部分水沿铝板直接排出，铝板与立柱之间形成10～15mm的宽胶缝，通过胶缝有效防水，是为第二道防水密封。

3.2　凹槽单元体与交接板块防排水设计

本项目凹槽体及标准单元板块均采用隐藏式内排水线路设计。

第一步，在负风压的作用下，部分雨水通过第一道胶条防水设计进入立柱前腔及横梁前腔（等压腔），立柱前腔的水分沿腔壁向下流至下单元板块上横梁前腔，与上横梁前腔的水一起经批水板直接排到室外。此设计思路未在横梁插接部位开设排水孔，减少了雨水通过负风压作用穿过排水孔进入等压腔的可能。

第二步，根据等压原理，大部分雨水在第一步过程中已排出，但仍有少量的水突破第二道密封设计进入立柱后腔及横梁后腔（封闭腔），立柱后腔的水分在重力作用下向下流至下单元板块上横梁后腔，横梁后腔的水分随型材设计的坡度导入横梁隐藏式内排水腔，由横梁排水腔流至与立柱交接位置预留的前腔出水口，最终由立柱前腔排入下一层上横梁前腔，再次与上横梁前腔的水一起经披水板直排室外（图11）。

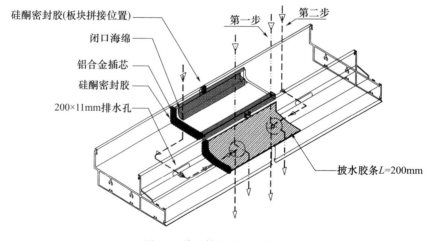

图11　单元体排水系统横剖

此类排水设计属于目前应用较多的错层排水方式，主要原理是采用科学的设计手法，利用水的重力作用，把渗透至横梁后腔的雨水组织起来，通过隐藏的方式排出，其排水过程受风压的影响较小，且排水孔隐藏后既不会主动进水，又不会被灰尘堵塞，排水通畅，有效发挥了单元式疏导排水作用。

4　结语

单元式建筑幕墙已在高层建筑上广泛应用，建筑立面造型创意涌现，加上超高层建筑的不断建设，给单元式幕墙的防水性能提出了更高的要求。本文介绍了一种跨层凹槽单元式幕墙设计在超高层建筑上的落地应用，而可靠的防水设计是幕墙系统的重要和关键内容。幕墙防水性能对幕墙的安全、安装及施工工艺、运营维护都将产生直接影响，因此本文还对凹槽单元式幕墙基于幕墙防水原理进行科学合理的水密性及其防排水设计进行了探讨，为类似建筑幕墙设计提供参考和解决思路。

参考文献

[1] 中华人民共和国建设部. 玻璃幕墙工程技术规范：JGJ 102—2003 [S]. 北京：中国建筑工业出版社，2003.
[2] 中华人民共和国建设部. 建筑幕墙：GB/T 21086—2007. 建筑幕墙 [S]. 北京：中国建筑工业出版社，2007.

第五部分

工程实践与技术创新

南沙 IFF 永久会址项目"木棉花"造型幕墙设计解析

◎ 顾仁杰 彭赞峰

深圳市方大建科集团有限公司 广东深圳 518057

摘 要 南沙国际金融论坛（IFF）永久会址外观形似一朵绽放的"木棉花"，主要由立面大跨玻璃幕墙、UHPC幕墙、PTFE膜、金属幕墙及屋面组成，18.83m通高大跨Y型柱与屋面巨型钢构交接，U形采光顶玻璃面板翘曲值多变，UHPC面板翘曲歪扭镂空变化多，23.76m长PTFE膜沿弧形龙骨通长布置，设计及施工难度大。

关键词 大跨度；精制钢；采光顶；UHPC；PTFE；Rhino＋GH参数化；BIM；翘曲值；曲面；倾斜；弯弧；歪扭

1 引言

国际金融论坛（IFF）是总部设在中国的非营利、非官方独立国际组织，2003年10月由中国、美国、欧盟等G20国家、新兴经济体，以及联合国、世界银行、国际货币基金组织等相关国际组织领导人共同发起成立，是全球金融领域高级别常设对话机制和多边合作机构，被誉为全球金融领域的"F20（Finance 20）"。

南沙国际金融论坛（IFF）永久会址项目位于广州市南沙新区明珠湾区横沥岛尖，地处粤港澳大湾区的几何中心。该项目立足于展现广东独特的地域文化要素，以"木棉花开、鸿翔海丝"为设计理念，建筑造型优雅灵动，远看恰似迎风绽放的木棉花，瓣瓣不同却瓣瓣通透，寓意融汇四海，汇聚湾区之心。整体建筑的屋檐线条如鲲鹏展翼，有振翅欲飞之力，寄意国际金融论坛（IFF）助力粤港澳大湾区腾飞发展，成为中国经济高质量发展的新引擎和国际金融枢纽，是广东省打造中国金融"第三极"的重点依托，也是大湾区建设的标志性工程。

历经3年如火如荼的建造，目前已进入收尾阶段的国际金融论坛（IFF）永久会址建设工程被央视总台大型纪录片《大国建造》（第二季·第一集）收录其中。

2 工程概况

本工程总用地面积约20万m²，总建筑面积约25万m²，是以会议功能为主导，兼具宴会、新闻发布、展览活动、商务住宿等功能的复合型会议场馆，其中国际会议中心建筑面积约16.74万m²，建筑高度50m，共四层，幕墙面积约8.63万m²，立面采用多种造型独特的新型材质依附于主体钢构及钢筋混凝土表面，屋面钢构覆盖着三个巨大U形采光顶和大量金属板，同时点缀着六个长条形采光顶（图1和图2）。

图1 南沙国际金融论坛（IFF）永久会址效果图

图2 本项目现场实景照片

本工程国际会议中心幕墙形式主要包括：PTFE网格膜幕墙、大跨Y型柱框架玻璃幕墙、UHPC幕墙、采光顶玻璃幕墙、PTFE膜内侧玻璃幕墙、铝包钢框架式玻璃幕墙、大跨拉索玻璃幕墙、铝合金框架式玻璃幕墙、钢框架玻璃幕墙、水幕钢框架玻璃幕墙、立面铝板幕墙、石材幕墙等，其中，大跨Y型柱框架玻璃幕墙、采光顶玻璃幕墙、UHPC幕墙、PTFE网格膜幕墙为本项目重难点，设计及施工难度极大。

3 主要系统设计及施工重难点剖析

3.1 大跨Y型柱框架玻璃幕墙设计剖析

3.1.1 幕墙系统介绍

本系统位于会议中心西立面入口两侧，采用竖明横隐框架式玻璃幕墙，面板选用8HS＋2.28PVB＋8HS（Low-E）＋12A＋12TP全超白中空夹胶玻璃，分格（600～2000）mm（宽）×3000mm（高），龙骨选用精制钢（图3），立柱跨度约18.83m，室内侧采用高精度焊接矩形钢龙骨（Q355B），室外侧为焊接T型钢（外包隔热毯及铝合金型材），精制钢技术要求见表1。幕墙立柱受力模型为坐地式铰接，钢横梁两端与钢立柱焊接，面板四边简支竖向通过隔热型材及通长压板固定于钢立柱，横向通过铝副框、结构胶及铝压块固定于钢横梁（图4）。

表1 精制钢技术参数

项目	控制要求	项目	控制要求
截面尺寸对角线偏差	±1mm	弯曲失高	$L/2000$
壁厚偏差	+0.5mm	平整度	≤±0.2mm
截面垂直度误差	±0.5°	粗糙度	粗糙度≤25μm
焊缝角度	≤2mm	R角	不大于0.5mm
钢管的扭拧度	小于（2＋L×0.5/1000）mm	转角	直角方管90°光滑，线条清晰
钢骨架直线度	0.5mm/1000mm	涂层表面	表面光洁，无凹陷或起皮现象
长度偏差	L≤6000mm（±1mm） L≤10000mm（±2mm） L＞10000mm（±5mm）		

图 3　精制钢照片

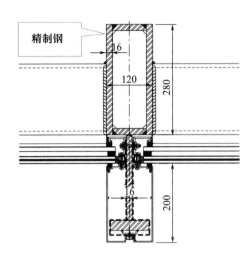

图 4　节点图

3.1.2　Y 型柱幕墙与主体连接分析

由于屋面主体采用大型钢构，受温度、地震及风压等因素影响，屋面钢构变形幅度较大，大跨钢框幕墙与屋面钢构连接若采用底部坐地式、顶部开长腰的传统形式，很难满足屋面钢构位移变形需求，立面幕墙容易遭到拉伸或压缩变形，造成玻璃炸裂，因此，设计一种能适应屋面钢构大幅位移变形的连接方式很有必要（图 5 和图 6）。

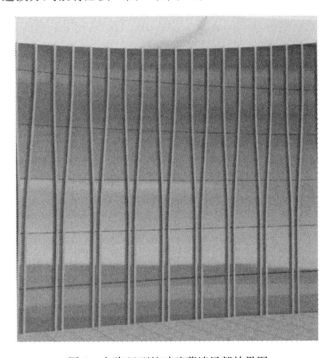

图 5　大跨 Y 型柱玻璃幕墙局部效果图

图 6　现场实景照片

3.1.3　幕墙龙骨与主体连接分析及节点设计

（1）传统连接形式

具体做法：幕墙钢柱底部焊接耳板开圆孔铰接承重（图 7），顶部焊接耳板开长腰孔滑移调节（图 8），腰孔长度一般最多 100mm，除去螺栓所占空间，调节行程也就 ±30mm 左右。由于此做法局限性较大，很难满足屋面钢构大幅位移变形需求。

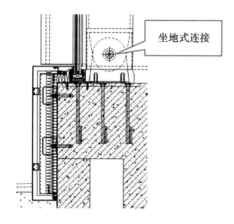

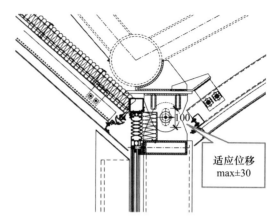

图 7　大跨 Y 型柱幕墙底部传统连接节点　　　　图 8　大跨 Y 型柱幕墙顶部传统连接节点

（2）本项目连接设计

具体做法：幕墙钢柱底部连接同上述传统形式，主要区别在于顶部（图 9），顶部通过一段水平杆件将立面幕墙钢柱与屋面钢结构串联起来，杆件两端连接处均开圆孔铰接，可自由转动（图 10）。此做法适应位移变形能力见下文分析。

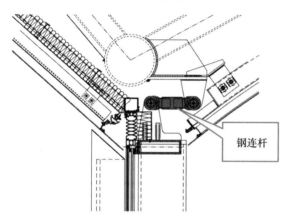

图 9　大跨 Y 型柱幕墙顶部钢连杆连接节点　　　　图 10　钢连杆项目案例

（3）钢连杆做法适应屋面钢结构变形能力分析

与总包单位沟通，本项目屋面钢构位移最大约 ±100mm，经分析，立面幕墙最大摆动角度仅 ±0.052°。采用此做法能够很好地适应屋面钢构变形，同时对立面幕墙的影响也非常小（图 11～图 13）。

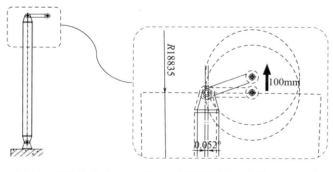

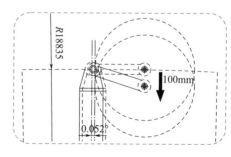

图 11　标准状态时　　　图 12　屋面钢构向下位移 100mm 时　　　图 13　屋面钢构向上位移 100mm 时

（4）结论

通过对比上述两种形式，传统连接形式适应屋面钢结构变形的能力极其有限，而钢连杆连接形式

184

在保持立面幕墙受影响很小的情况下，能更大程度适应屋面钢结构变形，因此，当立面大跨钢框幕墙与屋面大型钢结构交接时，采用钢连杆连接形式更为合理。

3.2 采光顶玻璃幕墙设计剖析

3.2.1 面板分析

选取屋面中间部位最大的 U 形采光顶为例，利用犀牛软件对玻璃面板翘曲值进行 Rhino＋GH 参数化分析，其范围为 0~16.41mm，玻璃采用 12（Low-E）＋12A＋10＋1.52PVB＋10mm 超白钢化中空夹胶玻璃。为了缩短加工周期，提高项目经济性，我司对玻璃面板进行了拟合：翘曲≤10mm 为平板，翘曲＞10mm 为单曲板（图 14）。

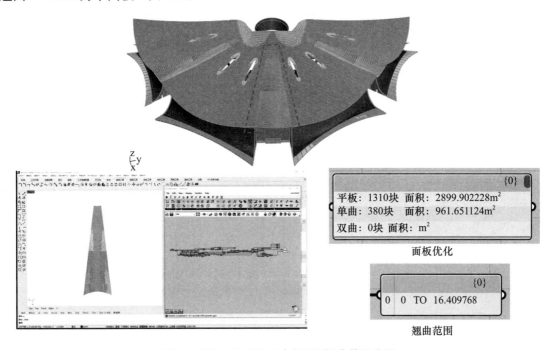

图 14 Rhino＋GH 对玻璃面板翘曲值的分析

通过以上面板分析和拟合得知：所选取部位的面板总共 1690 块，其中，平板为 1310 块，单元板为 380 块，无双曲板。

3.2.2 面板与骨架连接设计

通过上述分析，我司对不同类型的玻璃面板采取不同的连接方式：

（1）平板玻璃：采用一体式标准副框，通过压块与骨架相连（图 15）；

（2）单曲玻璃：采用分体式转轴副框，通过压块与骨架相连（图 16）。

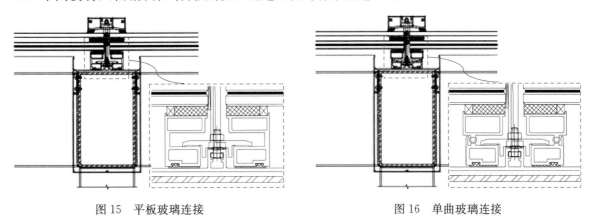

图 15 平板玻璃连接　　　　　　　　　图 16 单曲玻璃连接

3.2.3 骨架设计

采光顶钢架均采用钢通组成网壳（图17），由于网壳体形巨大，结合现场场地因素、起吊重量、加工工艺及我司以往项目经验，为了更好地控制平整度和安装质量，我司将其分解成若干榀小单元进行吊装，每榀骨架采用4个钢转接件与主体钢构相连，如图18所示；每榀骨架连接节点处均预留接头，榀与榀之间采用单独杆件拼接，杆件安装到位后接缝位置焊接并打磨，最后表面做喷涂处理（图19）。

图17 采光顶网壳现场实景图

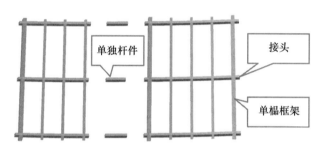

图18 单榀骨架与主体连接　　　　　　图19 骨架分榀示意图

3.3 UHPC 幕墙设计剖析

3.3.1 面板分析

面板采用50mm厚UHPC（局部开孔），选取图20右侧立面UHPC为例，利用犀牛软件对面板翘曲值进行Rhino＋GH参数化分析，其范围为0～236.19mm。为了减少面板种类，提高项目经济性，我司对面板进行了拟合，由于翘曲值变化比较突兀，从0mm直接变化到10.51mm。该系统为开缝式做法，为了保证接缝处顺滑衔接的外观效果，我司做了以下划分：翘曲＝0为平板，翘曲≥10.5mm为单曲板，无双曲板（图20）。

通过以上面板分析和拟合得知：所选取部位的面板总共426块，其中，平板为141块，单元板为285块，无双曲板。

3.3.2 UHPC 幕墙平整度控制

（1）设计阶段控制

UHPC幕墙系统为开缝式系统，为了确保歪弧状UHPC面板平整度，本系统选用了点爪式连接，采用不锈钢爪件与主体钢结构相连，通过预埋套管与不锈钢驳接头连接，并与不锈钢爪件固定，完成安装。

该连接方式的优势在于固定点位置及方向可灵活设置，并且有两处可以调节进出位：①钢结构与驳接爪连接处调节，驳接爪采用的是螺纹套筒式设计，用于调节其连接的四块面板的进出及固定方位；②面板与驳接爪连接处调节，可针对其中某一块面板单独进行微调（图21）。

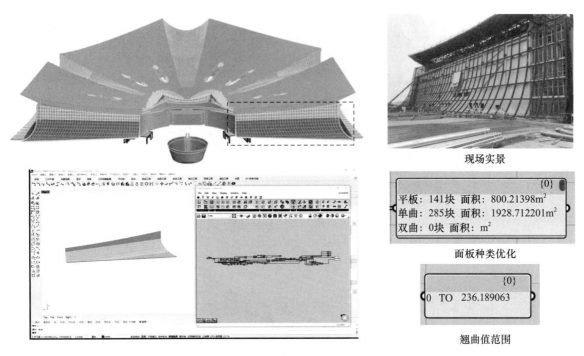

现场实景

平板：141块 面积：800.21398m²
单曲：285块 面积：1928.712201m²
双曲：0块 面积： m²

面板种类优化

0 TO 236.189063

翘曲值范围

图 20 Rhino＋GH 对 UHPC 面板翘曲值进行参数化分析

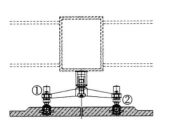
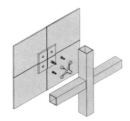

图 21 UHPC 节点示意图

（2）施工阶段控制

① 钢龙骨在工厂加工时，制作专用拉弯模具，提前将龙骨拉弯成歪扭弧状（减少现场安装调节工作量），经过严格扫描复核检测，直至达到合格，并制作专用胎架，用于转运和摆放成品龙骨，控制龙骨变形（图22）。

② 运用 BIM 技术和三维扫描技术，利用三维扫描设备对现场已安装好的主体结构进行扫描，并建立实际结构点云模型，通过数字信息仿真模拟建筑物所具有的真实信息，再将建筑的真实信息传递到构件的生产当中，使整个设计、加工、安装的过程变成一个不断发现问题—解决问题的优化过程，这样碰撞检查所反映出来的误差问题可提前得到解决，避免幕墙构件加工完成后因误差致使无法安装或者无法满足使用功能要求的现象发生（图 23 和图 24）。

③ 当 UHPC 幕墙钢龙骨安装完成后，再次利用三维扫描技术进行扫描复核，原理步骤同②，遇到安装不合格的龙骨及时进行纠正，提高骨架安装的精确度。

图 22 现场 HUPC 幕墙龙骨

图 23　三维扫描技术运用示意

图 24　三维扫描设备

3.4　PTFE 网格膜幕墙设计剖析

3.4.1　系统分布及说明

PTFE 网格膜幕墙位于会议中心南、北、东立面大面区域，面积约 12000m²，膜厚度为 0.8mm，通过铝合金边框和固定棒进行穿条，扣拉式固定，膜外侧分布有拉弯铝线条，膜结构悬挑于玻璃幕墙外侧，为双层幕墙形式，PTFE 膜沿着主体钢构呈弧形通长布置，上半段垂直，下半段呈弯弧（图 25 和图 26）。

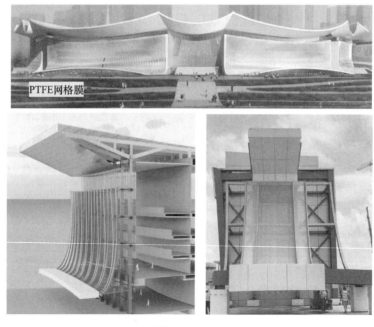

图 25　PTFE 网格膜幕墙立面、局部效果图及样板图

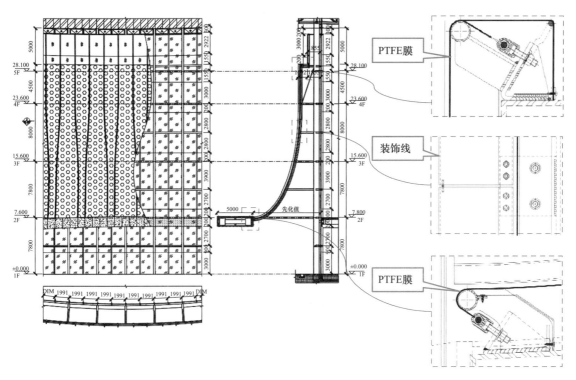

图 26　PTFE 膜幕墙大样图

3.4.2　膜的选用及节点设计

PTFE 膜在耐冲击性、耐候性、变形性及防火性能方面，相比其他材料均有着较高优势，对比如表 2 所示。因此，本项目采用 PTFE 膜作为首选材料较为合适（图 27）。

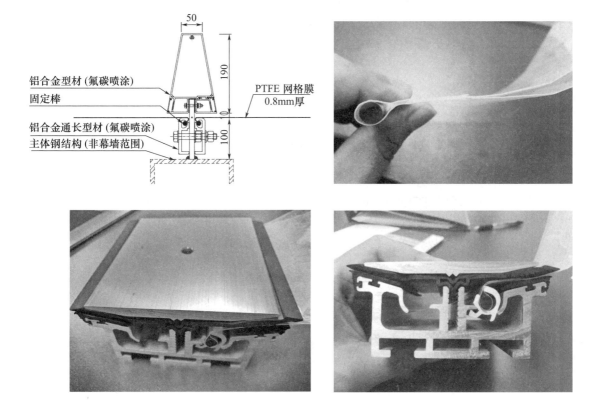

图 27　PTFE 膜横剖节点及实样

189

表 2 膜在建筑领域用途的特长（与其他材料比较）

项目	膜材料		透明材料	
	ETFE FILM	PTFE 玻璃纤维	PC 板	玻璃
重量 （相对密度 g/cm³） （厚度 mm）	非常轻 （1.75） （0.1～0.3）	轻 （1.6） （0.7～0.9）	比较重 （1.2） （2～15）	重 （2.5） （3～19）
光线透过率	约 95%	约 12%	约 85%	约 80%
耐冲击性	良好	极为良好	极为良好	破裂
耐候性	良好	良好	需要表面处理	极为良好
变形性	极为良好	极为良好	比较好	不好
防火性	防火 （氧气浓度低于 30%）	不燃	防火	不燃

3.4.3 安装精度控制

由于 PTFE 膜外立面呈弯弧状，并且外侧线条竖向呈 S 形弯弧分布，对安装精度要求较高，精度控制原则（见本文 3.3.2—2）施工阶段控制。

4 结语

随着我国经济发展的转型和时代发展的需要，越来越多新材料、新工艺运用于现代建筑当中，也有越来越多造型新颖的建筑如雨后春笋般涌现出来，本工程作为湾区建设重大项目，有着举足轻重的地位，其系统多、跨度大、体型复杂、施工难度之高，对设计思路及施工方案有着严格要求，本文着重对本工程大跨立面幕墙与屋面钢构的交接方式、巨大 U 形采光顶面板及系统连接处理、UHPC 面板处理及平整度控制、大跨 PTFE 网格膜系统设计及安装精度控制，做出了详细剖析，为今后这类工程的设计及施工提供了参考与借鉴。

参考文献

[1] 中华人民共和国建设部．玻璃幕墙工程技术规范：JGJ 102—2003［S］．北京：中国建筑工业出版社，2004.
[2] 中华人民共和国国家质量监督检验检疫总局，中国国家标准化管理委员会．建筑幕墙：GB/T 21086—2007［S］．北京：中国标准出版社，2008.
[3] 中华人民共和国住房和城乡建设部．钢结构通用规范：GB 55006—2021［S］．北京：中国建筑工业出版社，2021.
[4] 姚谏，赵滇生．钢结构设计及工程应用［M］．北京：中国建筑工业出版社，2008：440.
[5] 中华人民共和国住房和城乡建设部．建筑用膜材料制品：JG/T 395—2012［S］．北京：中国标准出版社，2013.
[6] 中华人民共和国住房和城乡建设部．人造板材幕墙工程技术规范：JGJ 336—2016［S］．北京：中国建筑工业出版社，2016.
[7] 中国建筑材料联合会，中国混凝土与水泥制品协会．超高性能混凝土基本性能与试验方法：T/CBMF 37/T/CCPA 7—2018［S］．北京：中国建材工业出版社，2018.
[8] 广州南沙．产业资讯：央视·大国建造：南沙，一朵"木棉花"见证世界之约［EB/OL］．https：//gzrc-work.com/index. php/Index/detail/23650. html.

上海图书馆东馆幕墙工程复杂技术应用

◎ 陈 钢 花定兴

深圳市三鑫科技发展有限公司 广东深圳 518054

摘 要 上海图书馆东馆是国内单体建筑面积最大的图书馆，幕墙采用了 3D 打印玻璃、精致钢龙骨等新材料，大窗部分的主龙骨为跨度近 26m 的空腹钢桁架。本文对上海图书馆东馆幕墙的主要系统进行介绍，对复杂技术进行分析，对类似项目的设计提供参考。

关键词 精致钢龙骨；大尺寸开启窗；大跨度钢结构；空腹桁架

1 引言

上海图书馆东馆幕墙工程，是"十三五"时期上海文化设施建设的重点项目之一，是实施"文化东进"战略、"一轴双心"城市文化新布局的重要一环，是国内单体建筑面积最大的图书馆。本项目建筑形体及幕墙特点明显，分格尺寸超大，宽度达到 4.2m，需利用各种新技术、新方法、新工艺完成幕墙安装。

2 工程概况

本项目位于上海浦东新区花木城市副中心，西北至迎春路、东北至合欢路、南至锦绣路和世纪大道，建筑高度约 50m，结构类型为钢筋混凝土框架-剪力墙。分别采用 4 个直立面与 4 个倾斜立面进行建筑立面切割，形体就像一块正在雕琢的玉石，建筑外立面玻璃通过特殊的打印上釉技术呈现不同层次的透明度，表现出石材表面变化的肌理（图 1）。本项目最主要的两个系统为主楼玻璃幕墙系统和大窗玻璃幕墙系统（图 2），下文对这两个系统的设计进行技术分析。

图 1 项目完成照片

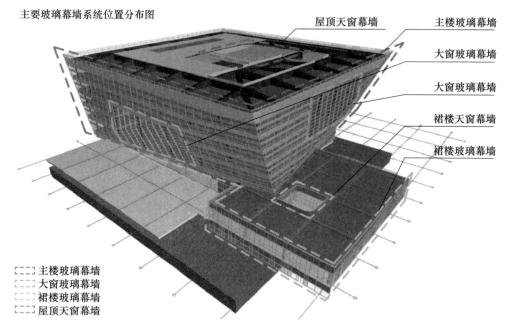

图 2　主要系统分布图

3　主楼玻璃幕墙系统设计

3.1　3D 打印玻璃面板

主楼玻璃幕墙系统是竖隐横明式框架玻璃幕墙系统，根据玻璃面板的透明度可分为：透明区、半透明区和不透明区（图 3）。各区域的玻璃配置如下：透明区域为 8＋1.52SGP＋8＋16Ar＋6＋1.52SGP＋6 全超白钢化夹胶三银 Low-E 中空玻璃；半透明区域为外侧 8＋1.52SGP＋10 压花 3D 打印夹胶钢化玻璃，内侧 8＋16Ar＋6＋1.52SGP＋6 超白钢化夹胶三银 Low-E 中空玻璃；不透明区域为 8＋1.52SGP＋10 压花 3D 打印夹胶钢化玻璃。其中主楼 8＋1.52SGP＋10 压花 3D 打印夹胶钢化玻璃为大理石纹路图案，标准分格尺寸为 1550mm×4200mm。

图 3　幕墙立面局部照片

3D打印玻璃采用了数码彩釉玻璃技术，与传统的网版套印方式不同，其通过数码打印将无机高温油墨直接印刷在玻璃上，经钢化后具有抗酸碱、耐腐蚀性及耐候性等特点。数码彩釉印刷精准，可实现1440DPI的打印精度。3D打印玻璃的使用，使得外立面呈现出不同层次的图案，本项目选用的是鱼肚白大理石纹路图案（图4）。

图4　鱼肚白大理石纹路图案

3.2　幕墙结构体系

幕墙的结构体系由钢横梁和钢立柱框架结构组成。竖向力的传力途径：玻璃自重直接落到立柱上，立柱通过支座连接传递给埋件；水平力的传力途径：玻璃面板通过压板把水平力传递给横梁，横梁通过连接件传给立柱，立柱再通过支座连接传递给埋件。横梁跨度有4.2m，为了控制横梁的竖向挠度，将玻璃自重直接落到立柱上。横梁主要作抗风构件，横梁与立柱的连接为铰接，横梁与立柱的连接一端焊接，一端通过螺钉连接（图5）。立柱上下铰接，为受均布荷载的简支梁受力体系。

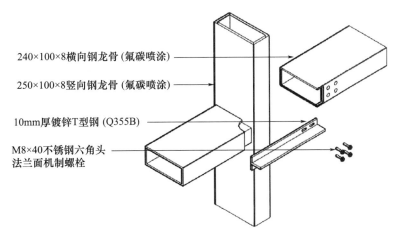

240×100×8横向钢龙骨（氟碳喷涂）

250×100×8竖向钢龙骨（氟碳喷涂）

10mm厚镀锌T型钢（Q355B）

M8×40不锈钢六角头法兰面机制螺栓

图5　立柱横梁连接节点示意图

3.3　精致钢龙骨

基于对幕墙钢龙骨外观的精美要求，本项目采用了精致钢龙骨。精致钢龙骨的加工生产工艺为：开模→退火处理→中频加热→矫直→端头锯切→四角打磨→校直→检验合格出厂（图6）。

为了保证精致钢龙骨的质量，其生产和检测有着非常高的要求：

（1）生产过程严格按照 QC 工程质量管理体系进行控制，不合格产品在过程中淘汰；

（2）原材料选择加工之前需要进行多项性能检测；

（3）冷变形挤压后进行钢材的力学性能检测，并运用硬度冲孔试验检测内应力曲线情况，如果有不均匀现象，则应进一步进行热处理；

（4）冷挤压后的钢材需要通过金相分析检测钢材内部晶体构造是否发生晶格畸变；

（5）取样试验检测分析钢材的晶粒度，进一步确认冷变形挤压对钢材的影响；

（6）对冷变形晶体改变的试样应该进行工业诊断，进一步分析晶体微观构造，并采取措施进行合理控制；

（7）热变形挤压后的成品钢材进行性能以及化学成分等相关检测，确保钢材满足验收标准与工程需要。

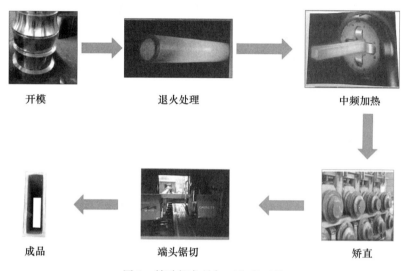

图 6　精致钢龙骨加工生产工艺

3.4　幕墙节能设计

本项目为甲类公共建筑，其对热工性能要求较高，透明幕墙的传热系数限值为 1.9W/（m² · K）。为满足节能设计要求，横向在明框压板和玻璃之间增加隔热垫块，竖向在玻璃与立柱之间通长设置硅胶条（图 7 和图 8）。

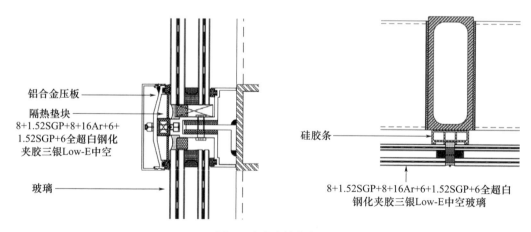

图 7　玻璃连接节点

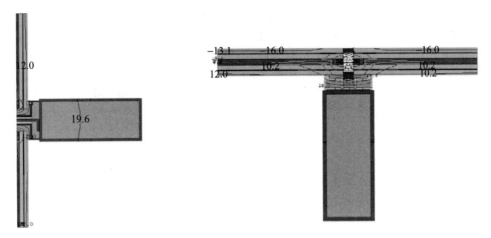

图 8　节点热工分析等温线

3.5　大尺寸开启窗设计

本项目的上悬开启窗尺寸为宽 4200mm、高 775mm，玻璃配置为 8＋1.52SGP＋8＋16Ar＋6＋1.52SGP＋6 超白钢化夹胶三银 Low-E 中空玻璃。开启窗面积达 3.26m²，重约 300kg。为了减少销轴和合页之间的摩擦，销轴和合页之间增加了滚珠轴承（图 9）。滚珠轴承使得上悬窗开启轻松。开启窗宽度达 4200mm，且窗扇的型材较小，为了保证窗扇在玻璃自重作用下竖向挠度满足设计要求，玻璃垫块设置在开启窗的两端，通过组角码直接将玻璃自重传给两侧的竖向型材（图 10）。

图 9　开启窗合页实物

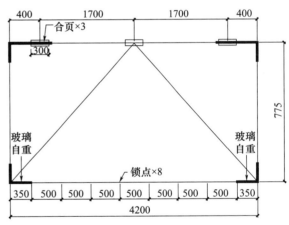

图 10　玻璃自重受力简图

4　大窗玻璃幕墙系统设计

4.1　大窗结构体系

大窗龙骨高度约 26m，综合结构受力和室内效果等诸多因素的考虑，本项目采用空腹钢桁架的结构体系，单榀桁架重量不超过 4t（图 11）。对于空腹钢桁架这种结构，腹杆与弦杆之间的连接需要传递弯矩。结构设计时，需要先按照《钢结构设计标准》（GB 50017—2017）判别无加劲钢管直接焊接节点的刚度，然后采用有限元软件整体建模，根据规范判定的设置节点刚度进行计算，确保钢桁架的强度、刚度、稳定性都满足规范要求。

图 11   大窗钢桁架室内侧照片

4.2   大窗幕墙系统与四周幕墙系统连接的处理

大窗幕墙系统处于本项目立面的正中间，此系统的四周为标准层高的框架玻璃幕墙系统。大窗幕墙系统与四周幕墙在风荷载、主体楼板变形及温度等作用下，主要存在垂直面板方向和竖向的变形协调问题。此变形协调问题需要通过连接构造来解决。

4.2.1   风荷载作用（垂直面板方向变形）

幕墙系统在风荷载作用下存在垂直面板方向的变形协调问题（图 12）。大窗钢桁架在风荷载作用下跨中最大挠度为 41mm，标准层立柱跨中挠度为 14mm，相差 27mm。由于立柱间距 4250mm，实际横梁转动角度为 0.36°，如图 12 所示，玻璃旋转 0.36°，硅胶条能满足其转动。

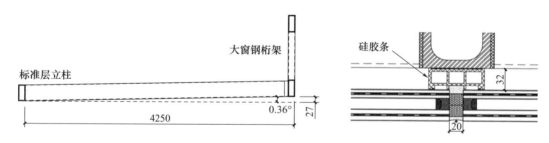

图 12   垂直面板方向变形示意图

4.2.2   主体楼板变形和温度叠加作用（竖向变形）

幕墙系统标准层立柱和大窗桁架的高度不同，在主体楼板变形和温度作用下存在竖向变形不一致情况。参考设计院提供的楼板变形参数，同时按照温差 50℃考虑，通过计算得大窗钢桁架最底部和标准层立柱底部竖向伸缩相差 15mm，即底部玻璃面板左右存在 15mm 的高差。通过放样可知，玻璃偏转了 0.2°使得玻璃顶点水平移动 5.3mm（图 13）。相邻两块玻璃之间 20mm 的缝隙能吸收此偏转。

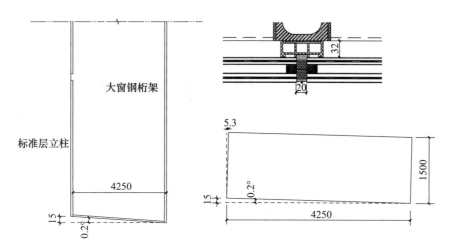

图 13　竖向变形示意图

5　结语

当代大型建筑更加追求个性化设计，建筑追求的空中大堂的大气通透性，已经突破了现代的建筑幕墙的常规设计理念。本项目采用了精致直角钢型材、超大尺寸开启窗、空腹钢桁架等新材料，新技术，为建筑立面及功能的实现提供了完美的解决方案，为以后大分格大尺寸幕墙设计提供参考和借鉴。

参考文献

［1］中华人民共和国国家质量监督检验检疫总局，中国国家标准化管理委员会．建筑幕墙：GB/T 21086—2007［S］．北京：中国标准出版社，2008.

［2］中华人民共和国住房和城乡建设部．钢结构设计标准：GB 50017—2017［S］．北京：中国建筑工业出版社，2017.

［3］中华人民共和国建设部．玻璃幕墙工程技术规范：JGJ 102—2003［S］．北京：中国建筑工业出版社，2004.

浅谈岁宝国展中心 D 塔幕墙弧线折面单元板块设计

◎ 唐文俊

深圳市方大建科集团有限公司 深圳 518057

摘　要　具有特色造型的单元式玻璃幕墙在设计、加工及施工过程中，通常实现难度较大，对幕墙系统各方面性能要求也较高。本文通过对岁宝国展中心 D 塔特色造型玻璃幕墙系统的构造重难点解析，探讨弧线折面单元板块在工程实践中实现设计合理、便于施工的方法，为类似造型幕墙的系统深化提供设计思路和工程借鉴。

关键词　单元式幕墙系统；弧线单元板块；折面造型

1　引言

深圳岁宝国展中心项目一期 D 塔楼位于广东省深圳市福田区八卦岭片区，泥岗西路与上步路交界东南侧。D 塔楼是一栋 258.5m 高、共 57 层的超高办公楼，建筑面积约 11 万 m²。其中 1~6 层为商业裙楼。D 栋塔楼幕墙形式为单元式玻璃幕墙系统。幕墙外立面采用弧线网状立柱造型线条，且单元板块在每一层之间均有折面凹凸的规律变化，这使得幕墙整体外观独特新颖。同时，这种特色造型的单元式玻璃幕墙对幕墙设计、加工及施工也有着很大的难度和极高的品质要求。

2　弧线折面单元式幕墙系统设计分析

本工程 D 塔楼的特色造型单元式玻璃幕墙与传统玻璃幕墙外立面的装饰效果相比，其外立面装饰造型更加形象立体。当它与平面标准单元式玻璃幕墙系统组合使用时，使幕墙立面造型效果更加具有多彩活泼的特点，向人们传达独特难忘的设计理念，更能表达本商业办公建筑群体在该区域位置的独特品牌效应。

3　幕墙整体造型分析

D 塔幕墙外立面由下向上由不同网状造型的单元板块排列渐变组合而成。其塔楼下部分与裙楼相接，采用平面标准单元板块组成，然后渐变采用弧线网状线条立柱造型，并让单元板块开始向上逐层间隔折面规律变化，最后在塔冠位置又逐渐变成平面标准单元板块收口。在空中花园位置，采用架空立柱弧线造型连续，内侧采用平面标准单元板块幕墙，使幕墙外立面立柱整体变化统一（图 1）。

图1　D塔幕墙立面及空中花园局部效果图

4　幕墙单元板块分析

针对D塔幕墙外立面特点，在本文中，主要探讨弧线折面单元板块在标准层中的系统深化设计要点（图2）。

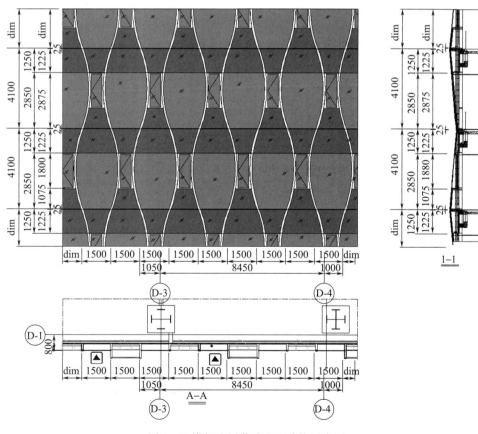

图2　D塔标准层幕墙立面分格示意图

在标准层中，弧线折面单元式玻璃幕墙系统的单元板块采用有序的渐变组合方式，让幕墙网状立柱及装饰线条整体变化有规律可寻。对单元板块分析可知，弧线折面单元可分为六种（图3）。

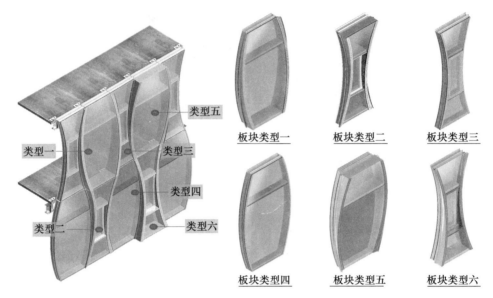

板块类型一　　　板块类型二　　　板块类型三

板块类型四　　　板块类型五　　　板块类型六

图3　D塔标准层幕墙单元板块分类示意图

根据这六种单元板块中玻璃面板的倾斜形式，可以将单元板块分为垂直板块、内倾板块和外倾板块三种。

1. 垂直板块

垂直单元板块的主要特点是幕墙立面视图上为整体内凹和外凸造型，内凹和外凸板块立柱为标准圆弧（板块类型三和板块类型四）。铝合金阴阳立柱仅需采用平面内拉弯铝合金型材即可，加工难度相对较低（图4）。

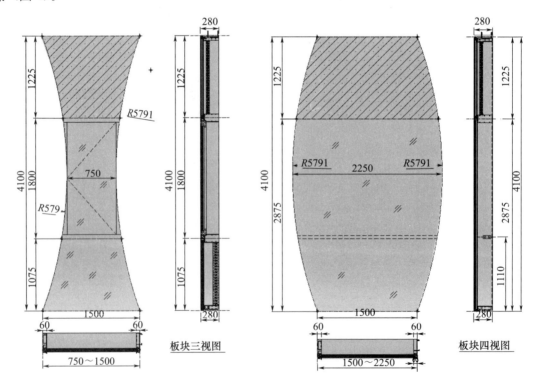

板块三视图　　　　　　　　板块四视图

图4　D塔标准层幕墙垂直单元板块示意图

2. 内倾板块：

内倾单元板块的主要特点为幕墙立面视图上，单元板块中玻璃面板向室内侧倾斜（板块类型一和板块类型六）。单元板块的铝合金阴阳立柱需增加铝合金型材补偿料，完成弧线斜切立柱造型的要求（图5）。

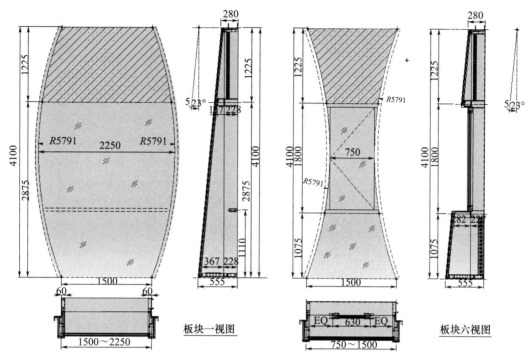

图 5　D塔标准层幕墙内倾单元板块示意图

3. 外倾板块

外倾单元板块的主要特点为幕墙立面视图上，单元板块中玻璃面板向室外侧倾斜（板块类型二和板块类型五）。与内倾单元板块相似，铝合金阴阳立柱需增加铝合金型材补偿料，完成弧线斜切立柱造型的要求（图6）。

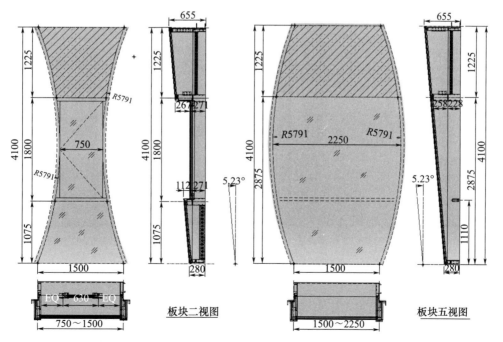

图 6　D塔标准层幕墙外倾单元板块示意图

3 幕墙系统构造分析

3.1 单元板块横梁立柱构造分析

在弧线折面单元式玻璃幕墙系统中，单元板块折面交线到土建结构距离是定值。进而可以确定，幕墙面交点到立柱后端面距离为定值：板块内凹交点到立柱后端面距离为280mm；板块外凸点到立柱后端面距离为630mm；铝合金上下横梁及补偿料无须拉弯，端头切削加工即可（图7）。

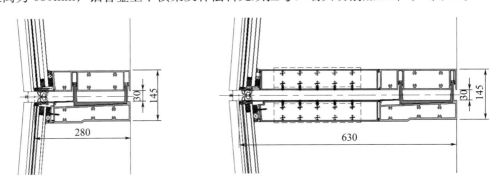

图7　D塔标准层幕墙单元板块上下横梁构造示意图

内倾、外倾单元板块中，铝合金阴阳立柱需完成立柱弧线斜切的要求。在设计立柱构造时，需考虑倾斜板块的立柱为多个型材拼接而成。其公、母立柱为平面拉弯，外挑铝合金补偿料立柱则需经过拉弯、铣切，然后通过紧固件与单元公、母立柱拼接。

外挑铝合金补偿料立柱拉弯后，应从其前端向后裁切。立柱型材在拼接组合时，后端槽口配合容易控制，前端槽口局部变形可以及时纠正，从而有效控制单元板块的加工精度，防止型材经铣切和拼接后存在空洞无法密封，影响单元板块密封防水功能（图8和图9）。

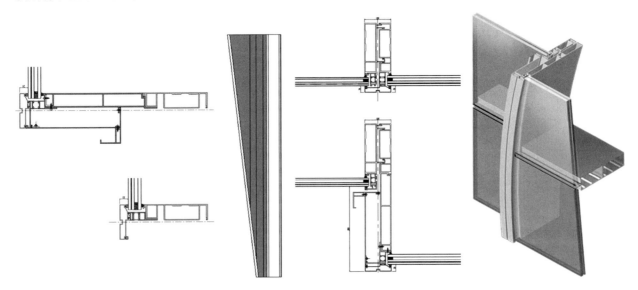

图8　弧线折面单元板块铝合金立柱铣切方向示意图　　　图9　弧线折面单元板块立柱剖面三维效果图

3.2 单元板块挂件设计分析

本工程幕墙弧线折面单元式玻璃幕墙系统中，单元板块立柱为拉弯弧形，单元板块的挂件需采用三角形补偿型材调正板块挂件受力方向，使得单元挂件转为垂直方向挂接，便于单元式幕墙系统受力传导至主体结构,避免单元板块挂件破坏(图10)。

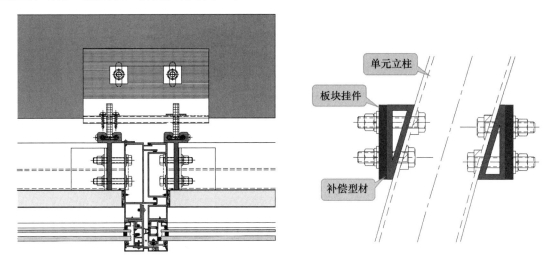

图10 弧线折面单元板块挂接示意图

3.3 单元板块开启窗窗框设计分析

本工程幕墙开启窗均设置在细腰型弧线单元板块位置,单元板块立柱为左右内凹弧形,在设计单元板块开启窗窗框时,需根据单元板块的立柱弧度合理加宽窗框型材,避免窗框与立柱间产生间隙(图11)。

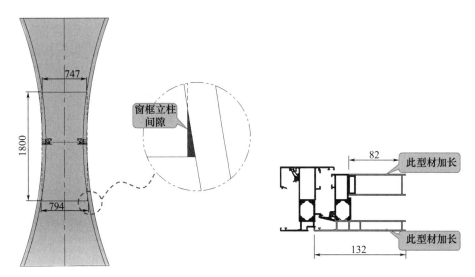

图11 弧线折面单元板块开启窗结构示意图

4 幕墙系统施工模拟设计分析

4.1 幕墙单元板块安装分析

在弧线折面单元式玻璃幕墙系统中,由于单元板块的立柱为外凸或内凹造型,无法直接垂直插接,所以其安装方式有别于常规板块,可以采用先垂直插接再水平插接方式的安装方案。

由于组合立柱为弧形,其相对移动受到限制。经分析,组合立柱正常插接时最小间距为12mm,该空间允许组合立柱上下互相错动约35mm。当单元板块预落位距离底部基准线"35mm"时,再水平插接方式安装较为合理（图12）。

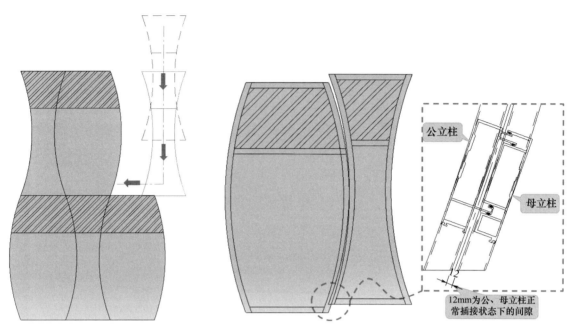

图12　弧线折面单元板块安装间隙距离分析示意图

4.2　幕墙单元板块安装步骤（图13）

（a）垂直下落板块，落至预定位置

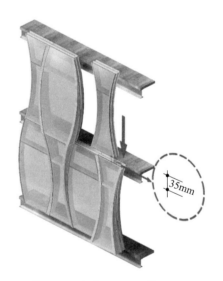

（b）落至距基准线35mm，横梁未插接，
板块可自由移动

（c）然后横向移动板块，使单元板块立柱完全插接　　　　（d）最后垂直下落板块，安装完成

图 13　幕墙单元板块安装步骤

5　结语

　　现今，国内建筑幕墙行业发展迅速，建筑幕墙系统中每个构件、每一种形式的演变，都会带来深化设计思路的革新，都需要大家认真地研究系统特点，结合实际施工情况思考出简单有效的做法，并不断寻求更好的解决方案和更合理的组合装配方式。铝合金单板以其优良的造型加工特点被广泛应用于建筑幕墙专业中。本文所述的单元系统将平面玻璃幕墙再造型、再开发，组合成外装饰幕墙面板，形成造型新颖的外立面装饰效果。本项目在单元板块深化设计的实施过程中也遇到了许多要解决的问题，希望有类似项目经验的人员对此提出宝贵意见，供大家共同研究与改进。

参考文献

［1］中华人民共和国国家质量监督检验检疫总局，中国国家标准化管理委员会．建筑幕墙：GB/T 21086—2007 ［S］．北京：中国标准出版社，2007.
［2］中华人民共和国建设部．玻璃幕墙工程技术规范：JGJ 102—2003 ［S］．北京：中国建筑工业出版社，2003.
［3］中华人民共和国建设部．金属与石材幕墙工程技术规范：JGJ 133—2001 ［S］．北京：中国建筑工业出版社，2001.
［4］中华人民共和国住房和城乡建设部．建筑结构荷载规范：GB 50009—2012 ［S］．北京：中国建筑工业出版社，2012.

斜拉索式脚手架在幕墙工程中的应用介绍

◎ 林炽烘　张祖江　杨江华　邓波生

深圳广晟幕墙科技有限公司　广东深圳　518029

摘　要　本文简单介绍了斜拉索式脚手架在幕墙施工中的应用。

关键词　斜拉索；脚手架；施工

1　引言

立面外倾造型在建筑幕墙中较为常见，满堂脚手架、曲臂车、吊篮等为常用的施工方法。本文简单介绍了另一种设计思路——斜拉索式脚手架，其具有搭设灵活、造价较低、安全可靠的优点，供幕墙业内人士参考指正。

2　工程概况

2.1　工程整体情况介绍

本工程为第十三届广西（河池）园林园艺博览会项目——景观楼及配套展览建筑幕墙工程。建筑总高度72.5m，地上9层、地下1层；主体属于钢框架-中心支撑结构形式，抗震设防烈度6度，结构安全等级二级。主体结构设计使用年限50年，幕墙设计使用年限25年。塔楼各层平面轮廓为不同心的圆形，直径在11~38m之间变化；结构外围布置有48根倾斜钢柱，通过整体扭转形成了两段偏心的直线回转面。

塔楼幕墙系统分为：一、二层为玻璃幕墙，三层以上为3.0mm厚铝单板幕墙。其中玻璃幕墙面积为3107m²，铝板幕墙面积为8203m²（图1）。

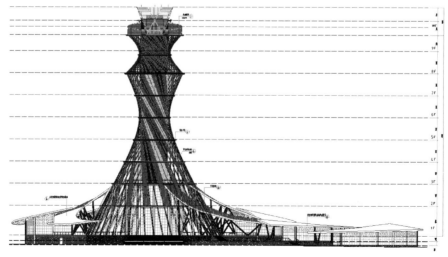

图1　建筑立面图

2.2 幕墙工程脚手架类型和分布情况介绍

本工程根据各楼层建筑立面和结构布置的不同特点，采用了多种形式的脚手架（图2）：

1～2层为落地式双排脚手架，高度18m；3～4层为落地式满堂脚手架，高度16m；5～6层为落地三排脚手架，高度16m；7～8层为斜拉索式脚手架（本文介绍部分），高度8m；8～9层为落地式多排脚手架，高度13.5m。

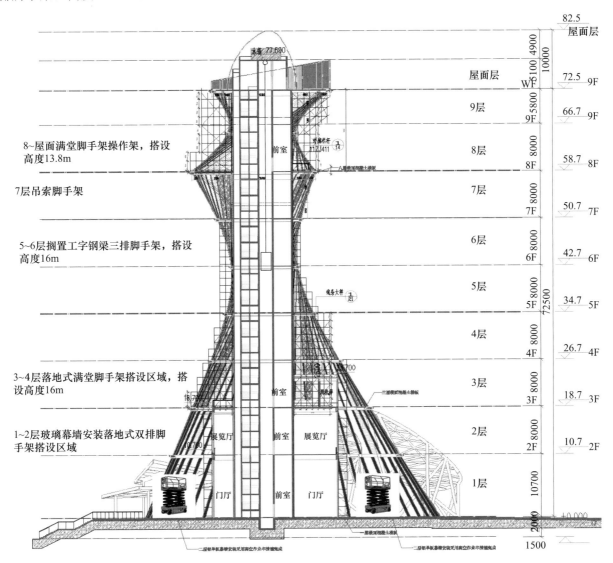

图2 幕墙脚手架分布情况

3 7～8层脚手架选型介绍

3.1 7～8层基本情况

7层平面直径14.4m，8层平面直径21.2m，幕墙外倾。最大外倾水平距离4.05m（倾角63°），最小外倾水平距离2.36m（倾角74°）；7层为镂空层，无楼板，承载力较小；8层为上人楼面，承载力较大（主体三维模型见图3）；按幕墙安装工艺要求，在7～8层层高范围内需增加3层操作平台，幕墙安装时在室内、外侧均需进行操作，即要求操作平台包裹住斜立柱。

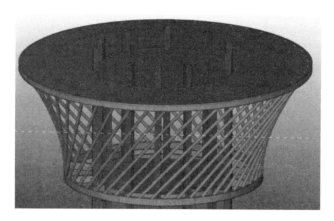

图 3   7~8 层主体模型

3.2   初设方案介绍（移动式悬挂平台）

初设阶段，由某一成品厂商提供了一种在桥梁维护中使用的移动式悬吊平台方案：在 8 层楼面搭设环形钢轨道，向下吊挂操作平台，操作平台向内悬挑（图 4）。因此方案存在以下缺陷：①风荷载或不均匀竖向荷载作用下结构可能发生倾覆；②若发生卡轨、脱轨情况可能会造成严重的后果；③对操作人员的要求比较高，容错率低；④平台无法伸缩，无法贴合建筑外立面，不能满足施工要求。在安全和使用功能上，移动平台都不能满足本工程需求，需对本层的施工措施进行重新设计。

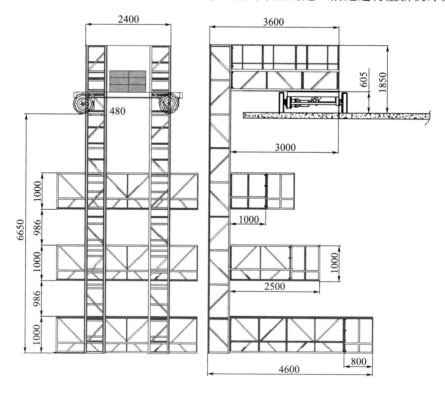

挂篮操作平台正立面图

侧边定制

行走系统：行走电机380V、1.5kW，机转速1430r/min；

配重量：1500kg；

安装吊篮架，质量：3200kg；

吊篮尺寸：8.5m×4m×4.6m；

最高承载能力1.56t。

图 4   移动式悬吊平台

3.3 选型思路

根据7~8层结构标高较高、楼面镂空、建筑立面外倾的特点，此层的施工措施在足够高的安全性能前提下，还应尽量地轻量化，应能适应立面造型的变化并且满足施工操作空间要求，应能较为方便地搭设和拆卸，同时主要荷载最好能传递至8层结构。

综合考虑后，选择了用倾斜张紧的拉索替代脚手架的立柱，操作平台仍采用普通脚手架杆件（ϕ48×3.5）来搭设的方案，即斜拉索式脚手架方案。此方案具有以下几个优点：

（1）采用拉索替代脚手架立柱可以减小结构自重，容易调整角度适应建筑立面倾角变化，支承条件要求不高；

（2）操作平台选用常规脚手架杆件搭设，无须特别加工，运输、搭设均较为方便；

（3）斜拉索的主要荷载传递至8层上人平台，主体结构完全可以承担；

（4）内外层拉索加上主体的斜立柱形成了多道竖向支承点，容易实现多道设防的设计思想。

4 斜拉索式脚手架设计介绍

4.1 脚手架布置

在主体斜柱的内、外侧各布置一圈斜拉索，每圈拉索的数量为48根（同斜立柱数量），总共96根。拉索的环向间距为1.2~1.45m、径向间距约1.7m。拉索的倾角同所在位置斜柱的倾角。

在层高四分点位置布置三层操作平台，操作平台采用ϕ48×3.5钢管搭设。平台形状为多边形，杆件无须拉弯；平台杆件通过夹板与斜拉索连接，通过环箍与斜立柱连接。为进一步增强平台的稳定性以及水平刚度，每层平台四分点位置布置四道水平剪刀撑，直接与斜立柱连接（图5）。

在8层楼面对于拉索位置布置48榀三角悬挑钢架（从结构边外挑约1m），作为外圈拉索的上端支点；在7层对应位置布置同样数量的悬挑钢梁，作为外圈拉索的下部支承点。内圈拉索全部在结构边线以内，故可拉结在8层混凝土楼面和7层附加钢梁上（图6和图7）。

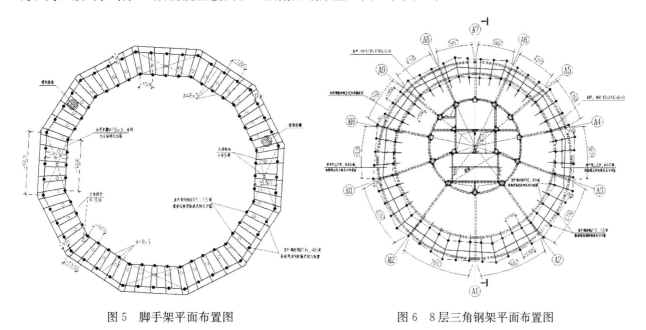

图5　脚手架平面布置图　　　　　　　　　图6　8层三角钢架平面布置图

操作平台的水平支承点为斜立柱，可以为平台提供水平刚度并确保结构稳定，克服了拉索平面外刚度弱的缺点；拉索无须施加过大的预拉力，只需保证在使用阶段拉索不松弛即可（经计算，预拉力取为 5kN 时可满足要求），减小了施工平台对 8 层结构的支座反力。

脚手架的上人钢梯布置在核心筒内混凝土楼板上，通过连桥与相应标高的平台连接（图 8）。

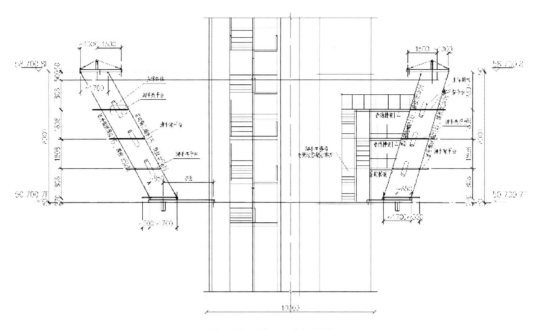

图 7　脚手架立面布置图

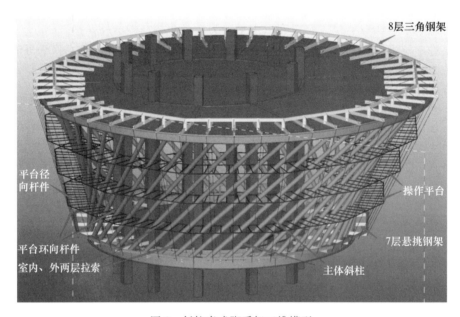

图 8　斜拉索式脚手架三维模型

4.2　脚手架节点做法

4.2.1　拉索底、顶连接节点

内圈拉索上端通过穿板锚栓固定在 8 层混凝土楼板上，下端拉结在 7 层附加钢方通上。外圈拉索上端拉结在 8 层悬挑三角钢架的前端，下端拉结在 7 层悬挑 H 型钢上（图 9），型钢均通过穿板 U 型箍与混凝土楼板（或主体钢梁）连接，无须焊接。

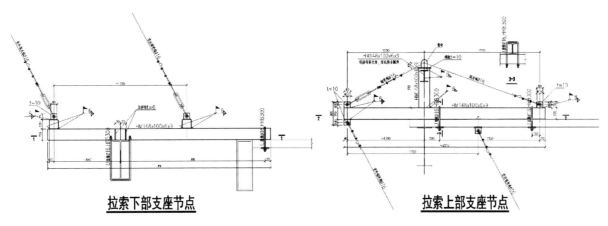

图 9　拉索顶、底节点

4.2.2　操作平台与拉索的连接

操作平台与拉索连接需保证传力可靠的同时不得损伤拉索，还需要能适应拉索倾角的变化以便于安装。此处采用了两块夹板与拉索压紧后连接；平台杆件搁置在夹板的 U 形槽内，通过焊接连接（图 10）。此做法可使杆件适应与拉索之间任意角度的变化。

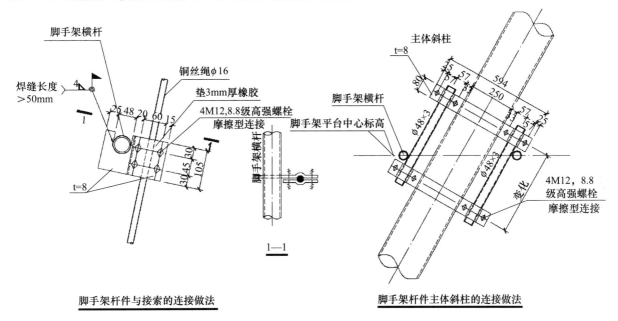

图 10　操作平台与拉索、操作平台与主体斜柱的连接节点

4.2.3　操作平台和主体钢柱的连接节点

为了适应斜立柱角度的变化，先用抱箍将两段标准短柱（φ48×3.5）连接在斜柱内外两侧，再通过标准扣件来与平台杆件连接（图 10）。

4.3　脚手架的结构受力分析

4.3.1　设计依据

由于结构近似中心对称，计算时选取了约 1/6 圈脚手架建模分析。计算软件 MIDAS GEN2018，采用非线性分析（图 11~图 14）。

荷载取值，恒载：0.5kN/m²；施工活荷载：2.0kN/m²。

基本风压：0.45kN/m²；

地面粗糙度类别：B 类；

计算高度：58.7m；

抗震设防烈度：6度，设计基本加速度为0.05g；

拉索的预拉力：5kN。

根据《建筑施工脚手架安全技术统一标准》（GB 51210—2016），脚手架的活荷载按两层满铺计算，脚手架上宽下窄，活荷载施加在上两层最不利。

图 11　计算模型

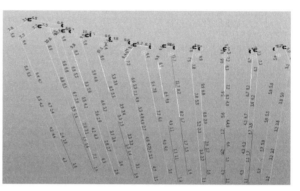

图 12　钢丝绳轴力标准值

力的单位N，长度单位mm。

$\phi 250 \times 4$ (主体钢柱)
$\sigma = 118 \text{N/mm}^2 < 2215 \text{N/mm}^2$ 满足要求

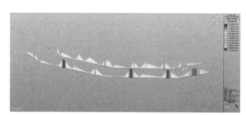

$\square\, 120 \times 120 \times 5\ \sigma = 25 \text{N/mm}^2 < 215 \text{N/mm}^2$ 满足要求

脚手架杆件 $\phi 48 \times 3\ \sigma = 118 \text{N/mm}^2 < 2215 \text{N/mm}^2$ 满足要求

HM $148 \times 100 \times 6/9\ \sigma = 111 \text{N/mm}^2 < 215 \text{N/mm}^2$ 满足要求

图 13　结构应力包络图

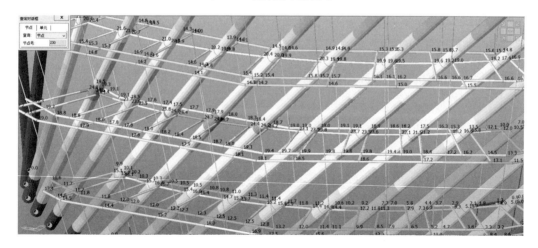

图 14　标准组合作用下结构挠度包络图

4.3.2　拉索强度验算

钢丝绳最大拉力标准值 $N＝11.7kN$；

$\phi16$ 钢丝绳最小破断拉力 $F_0＝144kN$；

安全系数 9.0；

$N＝11.7×9＝105.3kN＜144kN$，满足要求。

4.3.3　钢材强度验算

强度验算：$\sigma＝118N/mm^2＜215N/mm^2$，满足要求。

4.3.4　挠度验算

斜柱 $\phi250×4$ 的挠度 $\upsilon＝24.6/11000＝1/447＜1/250$；

主梁 Y 向水平位移：$\upsilon＝22/15887＝1/722＜1/250$；

立柱 Y 向水平位移：$7.1/5956＝1/8714＜1/250$；

均可满足要求。

4.4　多道设防的设计思路

本层脚手架属于危大工程，通过多道设防设计来确保结构安全：

（1）8层三角钢架之间的系杆为轴压构件，但设计时按压弯构件计算，可承担一榀钢架失效后的荷载；

（2）拉索的截面满足间隔一根拉索失效、内力重新分布后的荷载；

（3）一根拉索失效后，环向杆件的强度满足要求；

（4）与主体斜立柱的竖向约束失效后，径向杆件的强度满足要求。

同时，各类节点（夹板、抱箍等）的承载能力要通过试验进行检验，脚手架在使用前还需按规范进行 3 倍施工荷载试验。

5　脚手架施工介绍

脚手架按以下流程进行施工安装：斜拉钢丝绳安装→斜拉钢索定位点设置→横向水平杆→纵向水平杆（格栅）→剪刀撑→铺脚手板→扎防护栏杆→扎安全网。

5.1　定距定位

因 7 层和 8 层均为椭圆形平面，我们以 A2 轴主体结构工字梁的中线来作为基准定位线，将结构外边线分成 12 个等分段，向外延伸 1m 后连接各端点，形成 12 段相等的直线段，每个直线段再等分成 4 段，即为拉索的端部连接点位置。平面布置如图 15 所示。

5.2　8 层悬挑钢架与拉索顶部支座的安装固定

根据拉索上支座的定位确定悬挑三角钢架的位置，通过 U 形抱箍穿楼板与结构固定。悬挑梁外挑出楼板面 840mm，安装时注意定位三角桁架的支撑中点尽量与主体工字钢圈梁的中垂线重合。距主体工字钢圈梁中线 200mm 处通过 U 形螺杆抱箍穿楼板的方式固定第一道，间隔 1300mm 的位置再利用 U 形螺杆抱箍穿楼板的方式固定第二道。

在距室外钢丝绳 1700mm 处设一道室内钢丝绳耳板，该吊耳亦通过 U 形螺杆抱箍穿楼板的方式与悬挑梁固定。

5.3　7 层下悬挑钢梁与拉索底部支座的安装固定

下悬挑钢梁亦采用规格为 HM148×100×6×9 的钢构，外挑出结构边缘 850mm。由于 7 层楼面边沿为镂空结构，悬挑梁的前端利用 U 型螺杆抱箍与主体圈梁固定，后端通过 U 型螺杆抱箍穿楼板的方式固定。

下悬挑梁固安好后，在其上面间距 1700mm 处周圈焊接两根口 120mm×120mm×6mm 方通，并均匀分布 48 个点焊接耳板，使斜拉索钢丝绳上下对应，方便安装。

7 层受主体斜柱的影响，搭设的悬挑钢梁无法与 8 层的悬挑钢梁相对应。因此需在悬挑梁上室内、外均增设一道 120mm×120mm×6mm 的钢方通，在钢方通上均匀定位 48 道点位后再焊接耳板。

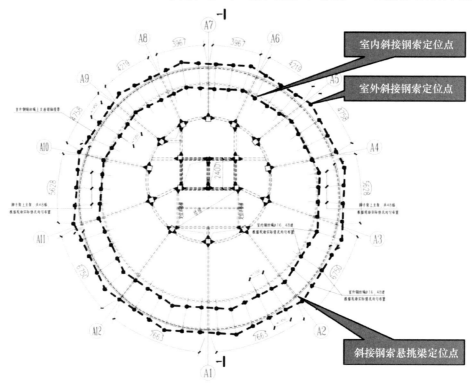

图 15　拉索定位点

5.4　斜拉钢丝绳的安装

1. 斜拉钢丝绳的安装

根据钢丝绳所需长度裁剪，钢丝绳的一端固定于斜拉钢丝绳固定座耳板上，用 M15 钢丝绳夹头固定好，钢丝绳夹头不能少于 3 个，钢丝绳夹头之间的距离按钢丝绳直径的 7 倍取值。把钢丝绳另一端与支撑横杆前端耳板处固定的花篮螺栓连接。

2. 斜拉钢丝绳的预拉力张紧

斜拉钢丝绳安装好后，主要通过花篮螺栓进行张紧。根据计算，室内、外的钢丝绳，其预拉力为 5kN。

3. 斜拉钢丝绳的安全观察、监测措施

斜拉钢丝绳采用 4 个钢丝绳夹头固定，在第 3、4 个绳头之间留一个观察孔，日常根据观察孔情况判定钢丝绳夹头是否松动（图 16）。当观察孔被拉直时，证明钢丝绳卡松动，应及时调整、拧紧；同时在鸡心环与花篮螺栓连接交接处使用红漆做好卡度线标记，由专职安全员在作业前、作业中及作业后观察、监测卡度线是否在安全使用范围；否则，应及时修复锁紧钢丝绳，防止滑脱。

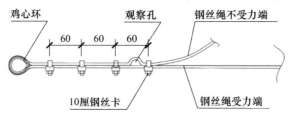

图 16　斜拉钢丝绳的固定

5.5 操作平台的安装

1. 安装环向水平杆

斜拉索安装完毕后，从 7 楼标高＋0.270m（扫地杆）以步距 904mm 标高为递增量，标定在斜拉索上，为环向横杆的位置，采用夹板与拉索连接。

2. 安装径向水平杆

径向水平杆在主体斜柱的左右两边均设置一根，室内、外两端固定在环向水平杆上，中部与主体斜柱在相近点用抱箍固定。

3. 连接环向、径向杆件

环向、径向杆件均为标准的脚手架圆管，通过常规脚手架扣件固定（图 17～图 19）。

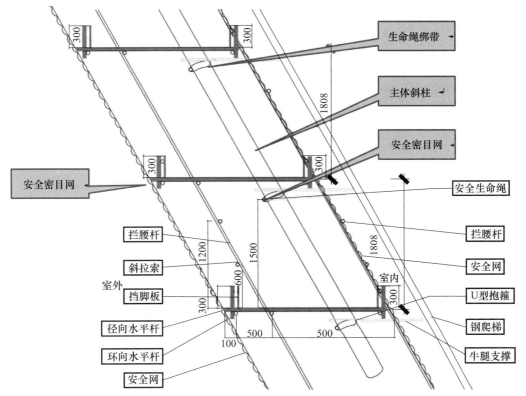

图 17 操作平台剖面

图 18 搭设现场照片

图 19　完工现场照片

参考文献

［1］中华人民共和国住房和城乡建设部．钢结构设计标准：GB 50017—2017［S］．北京：中国建筑工业出版社，2017.

［2］中华人民共和国住房和城乡建设部．钢丝绳通用技术条件：GB/T 20118—2017［S］．北京：中国建筑工业出版社，2017.

［3］中华人民共和国住房和城乡建设部．建筑施工脚手架安全技术统一标准：GB 51210—2016［S］．北京：中国建筑工业出版社，2016.

［4］中华人民共和国住房和城乡建设部．建筑结构荷载规范：GB 50009—2012［S］．北京：中国建筑工业出版社，2012.

超大格栅结构计算及设计研究

◎ 黄庆祥　张　航　陈　丽　何林武

中建深圳装饰有限公司　广东深圳　518003

摘　要　随着全国各地各类建筑的拔地而起，建筑师为了使建筑外观能够呈现出与众不同的风格会设计出各种形式的造型格栅；在超大格栅设计中，施工过程的便利性和结构受力分析都显得至关重要，它将影响到格栅的外观、安全、安装、材料用量等环节。针对不同类型的格栅和各自的工程特点，通过应用实例分析，提出相应的优化方案思路，以期为幕墙深化设计师及结构设计师提供参考。

关键词　幕墙设计；结构设计；超大格栅；深化设计

1　前言

针对超大格栅设计的影响因素较多，主要包括：①建筑的外观要求；②风荷载、地震荷载、活荷载、雪荷载以及投影面积较大时钢结构温度作用下钢架的强度挠度稳定性的控制；③连接，支座的设置；④主体结构的基础条件；⑤施工安装的便利性、材料用量等。因此，如何设置合理的方案来满足以上的影响因素显得尤为重要。

现在应用最为广泛的超大格栅形式主要为线、面格和空间形式：①线形式是单根格栅连接到主体结构的形式，类似于百叶窗中的百叶片，和竖向或者横向的装饰条，荷载的表现形式为线荷载作用，可以连接到幕墙的受力构件或者直接连接于主体结构；②面格形式超大格栅是在一个平面内或者近似平面的由多根格栅或者主副龙骨形成一个整体连接到主体结构的形式，受力形式上考虑面荷载的作用，整体共同受力；③空间形式超大格栅是多根格栅纵横交错的空间格栅形式，这种类型的格栅类似于使用钢结构作为格栅的龙骨支撑格栅的同时将荷载传递给主体结构，承受多个方向的荷载。

结合三个对应类型项目（深圳技术大学、福州樟岚、深圳国际会展项目）中的超大格栅的实际工程案例，对其方案的形式进行探讨，通过不同的结构受力形式和施工方案等的对比分析，得出最优方案，可为类似项目的设计师提供参考。

2　线形式格栅

2.1　实例背景

深圳技术大学项目位于广东省深圳市坪山新区，项目是广东省和深圳市高起点、高水平、高标准建设的本科层次公办普通高等学校。基本风压：$W_0 = 0.75\text{kN/m}^2$，地区粗糙度为 B 类。技术大学装饰格栅系统，立面标高 31m，平面尺寸为 800mm×200mm，其中单根格栅最大跨度为 5.5m（图 1）。

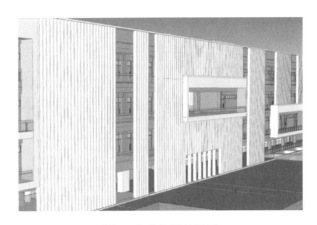

图 1   装饰格栅效果图

2.2   线格栅设计

初始设计方案为普通框架式铝板系统，横竖向通长钢通龙骨，铝板分缝位置加通长角钢，钢材用量大，整体性不强，现场高空焊接作业量大，所需措施费用高，严重影响项目进度（图 2）。

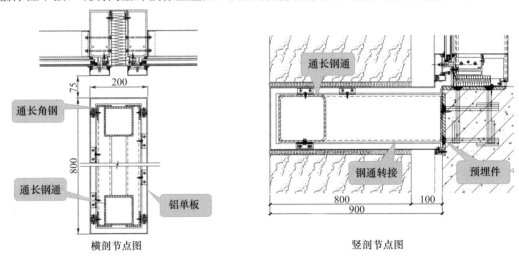

图 2   初始方案节点图

对竖向装饰格栅进行优化设计，做成铝板盒子，内部在连接位置加铝通加强，其余部分槽铝加筋肋代替钢龙骨（图 3）；现场提前将钢支座与预埋件焊接好，铝板格栅提前在工厂将挂件进行预制安装（图 4），现场装好挂件即可直接吊装（图 5），安装效率大大提高，减少了现场材料堆放及安装措施。

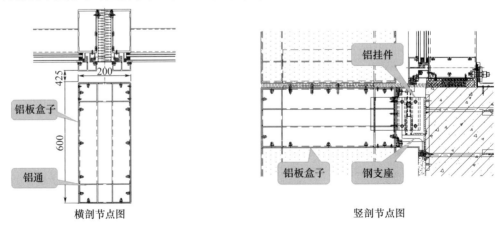

图 3   装配式方案图

图 4　预制格栅图　　　　　　　　　　　图 5　现场吊装图

　　结构设计上传统计算原理是按照传力途径——面板将荷载传递到次主龙骨、转接件到主体结构的思路依次进行面板、龙骨转接件支座等。而实际上面板自身的刚度对整体的受力有贡献，优化方案利用了面板参与受力的实际情况，采用整体建模分析的方式充分考虑铝板自身的刚度来保证装饰格栅的受力性能（图 6），提高了装饰格栅的整体性，安装上在加工厂将装饰格栅整体完成，可以充分保证安装质量，对受力性能也是正向作用。

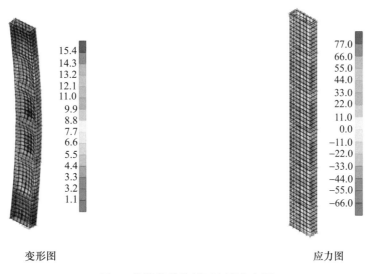

变形图　　　　　　　　　　　　　　　　应力图

图 6　格栅荷载作用下变形应力图

3　面形式格栅

3.1　实例背景

　　深圳国际会展中心位于广东省深圳市宝安区宝安机场以北，是集会议、活动（赛事、演艺等）、餐饮、购物、办公、服务等于一体的大型会展综合体。基本风压：$W_0 = 0.75 \text{kN/m}^2$，地区粗糙度为 A

类。国际会展中心屋面大跨吊顶度格栅系统（图7），板块平面尺寸横向最大尺寸为9m，纵向最大宽度为8m，分为19个小单元格栅。

图 7　国际会展中心格栅效果图

3.2　面格栅设计

初始方案设计思路是通过在主龙骨中间增加一道 H 型钢 $350×150×10×16$ 的钢梁来减小格栅的跨度（图8和图9），格栅通过转接件和角钢的方式连接到主体结构，安装方式为单根安装（图10）。

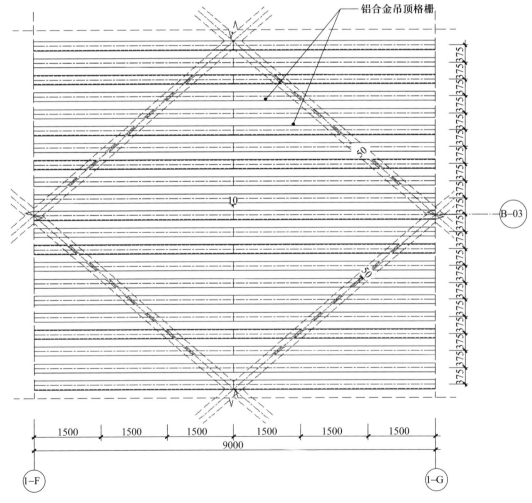

图 8　国际会展中心格栅平面图

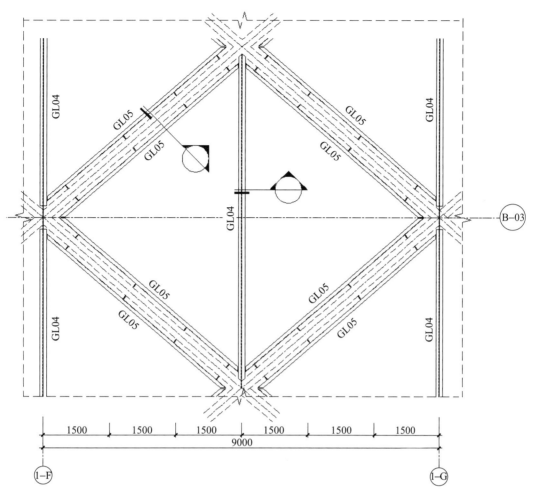

图 9　国际会展中心格栅钢架龙骨布置图

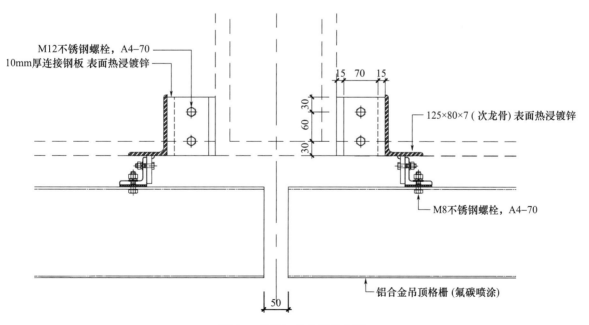

图 10　格栅初始方案节点图

初始方案这样做的目的是可以减小格栅跨度，减小对格栅的截面要求，但是会出现以下问题：

（1）因为整个项目的屋面格栅系统有多种尺寸和弯弧角度（图11和图12），为适应不同的角度需求，格栅分缝位置的钢通需要有多种尺寸的拉弯，难以保证精度，H型钢、角钢和分缝都会影响到外观效果；

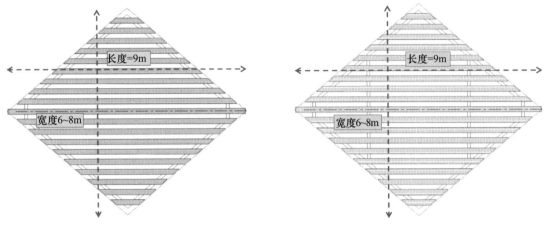

图11　格栅优化方案一平面图　　　　　　图12　格栅优化方案二平面图

（2）三角形角部的格栅因尺寸太小仅100mm，因此只能与其他板块的格栅相连；

（3）安装方式为单根安装，安装效率不高；

（4）此系统无法适应钢、铝不同材质之间因温度变化产生的位移偏差。

对格栅布置提出两种设计优化方案，方案一：取消初始方案设计的中间分缝及钢件，在格栅周边增加圆管将格栅形成一个整体板块来吊装安装，可以极大提高施工效率，采用铰支座的形式来释放温度作用产生的轴向力（图13和图14），由于取消分缝后格栅跨度增加至9m，根据计算，格栅圆管壁厚较原方案增加，型材用量提升50％；方案二：在方案一的基础上在格栅背部增加两根圆管龙骨，减小格栅跨度，降低对格栅截面的要求来增强整体格栅龙骨刚度，也为后期施工中整体吊装提供保障（图15）。

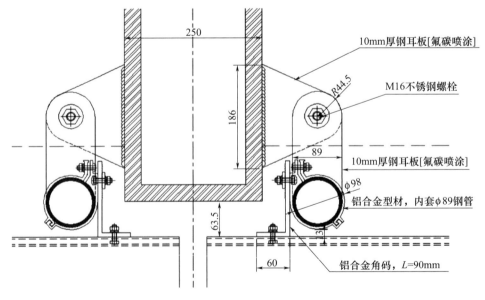

图13　格栅优化节点图

图 14　格栅优化方案安装图　　　　　　　　　图 15　格栅整榀安装图

优化方案二在方案一的基础上仅增加了两根圆管，就在型材用量相差 50％的情况下刚度达到了近似（图 16 和图 17），外观效果上也没有很大差别，镂空效果、整体质感均优于初始方案（图 18 和图 19）。

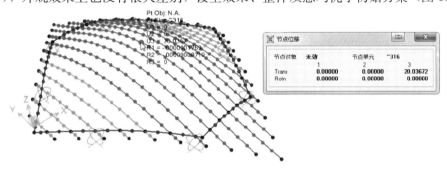

图 16　优化方案一荷载作用下格栅变形图

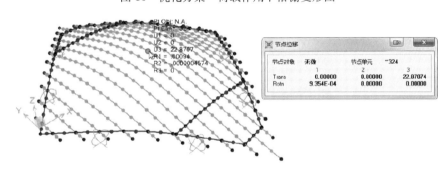

图 17　优化方案二荷载作用下格栅变形图

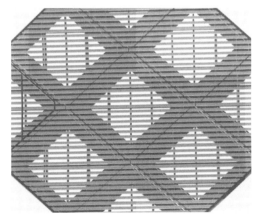

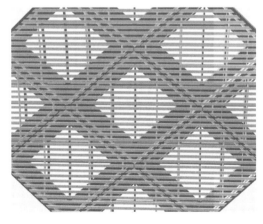

图 18　优化方案一效果图　　　　　　　　　图 19　优化方案二效果图

4 空间形式格栅

4.1 实例背景

福州嘉里樟岚项目位于福建省福州市仓山区三江口片区,是集办公、商业及住宅于一体的大型综合项目。基本风压:$W_0 = 0.70 \mathrm{kN/m^2}$,地区粗糙度为 B 类。首层弧线铝板造型超大格栅位于 1 号和 2 号楼塔楼的北面,整个格栅高度最高为 5m,最大跨度为 45.8m,中间有 5 个支撑点(图 20),格栅截面尺寸为 200mm×700mm。

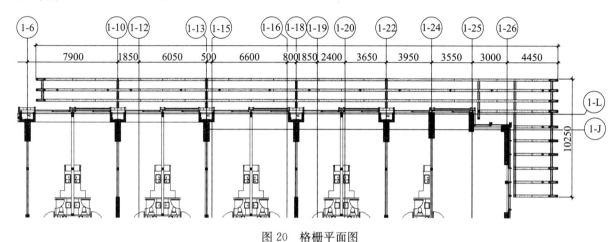

图 20　格栅平面图

4.2 空间格栅设计

初始方案采用 250mm×150mm×12mm 钢方通作为主龙骨、100mm×50mm×6mm 钢方通作为次龙骨(图 21)。这种方案存在以下问题:

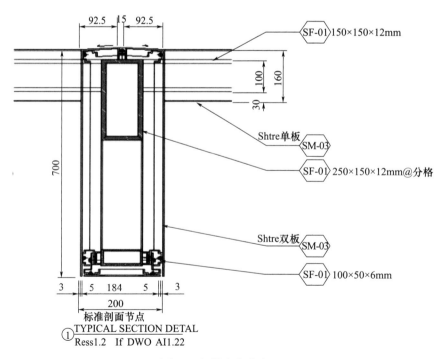

图 21　初始方案节点图

（1）结构形式单一，因为跨度较大，主、次钢龙骨截面尺寸大，单根龙骨质量大，施工难度高；

（2）连墙位置支座为悬挑结构会产生较大弯矩，对后补埋件非常不利（图22）；

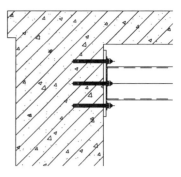

图22　连墙位置支座图

（3）单根龙骨在温度作用下产生较大的轴向力会对格栅立柱产生较大的侧向力，从而导致立柱支座位置承担较大的弯矩荷载。

针对初始方案的问题提出两种设计优化方案，方案一：将初始方案的单根龙骨调整为桁架（图23和图24），在上墙支座位置采用增加斜撑的方式将较大的弯矩反力转换为拉压力，与立柱的龙骨设置套芯来释放轴向力；方案二：与方案一相似，不同之处为增加立柱将上墙支座的弯矩释放（图25～图27）。

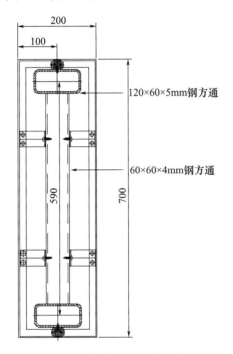

图23　优化方案一节点图

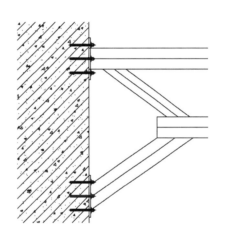

图24　优化方案一上墙支座示意图

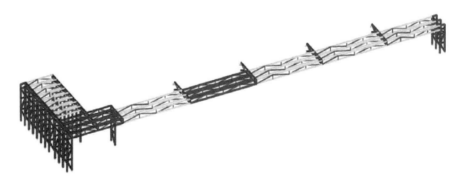

图25　优化方案一龙骨模型图

图 26　优化方案二龙骨模型图

图 27　桁架方案安装图

经计算发现，在同时满足受力要求的情况下，方案二的龙骨用量较方案一节省 10% 左右，施工措施由原先的汽车吊变为尾随吊或者电动葫芦可以降低措施费用；支座方面，方案一虽然将弯矩转化为拉压力，但是依然因为其数值较大，只能通过做包柱对穿的后补埋件才能满足要求，而方案二仅需普通的化学锚栓后补埋件即可满足要求。

5　结语

由以上工程实例分析可知，在超大格栅的设计中，在跨度较大时，结构设计师应通过合适的方式将温度荷载释放。对于大线格栅，可以采取做成铝板盒子考虑整体受力的方式来改善格栅的受力性能；对于大面格栅，可以通过增加副龙骨改为装配式的安装方式，既能方便安装也可以大幅提高格栅的刚度和整体性；对于大空间格栅，可以采用桁架的龙骨形式，通过增加龙骨或者支座来释放不利位置的弯矩。

参考文献

［1］王曙芬 . 建筑幕墙结构设计及优化措施探讨［J］. 河南建材，2019（6）：249-250.

［2］幸坤太 . 基于可靠度理论的幕墙结构设计［J］. 科学咨询 . 2018（32）：2.

腾讯数码大厦塔楼单元幕墙设计及施工剖析

◎ 胡光洲

广东深圳　深圳市方大建科集团有限公司　518057

摘　要　本文对深圳腾讯数码大厦塔楼幕墙样式进行了介绍，并结合本项目的重难点，对外带遮阳玻璃超大板块和 M 形渐变装饰条单元幕墙的设计思路和工艺做法、吊装进行了解析，以供广大幕墙行业内的工程技术人员探讨或借鉴。

关键词　悬挑玻璃遮阳单元幕墙；渐变装饰条单元幕墙

1　概况

本工程位于深圳市前海片区深港商务中心的核心地段，由 2 栋塔楼（北塔楼 230m、南塔 155m）、一座连桥和 5 栋商墅组成，幕墙面积约 11 万 m² （图 1）。

图 1　项目实景图

建筑外立面雕刻般的造型灵感来自水晶，神秘、科幻让建筑形体独树一帜，两栋塔楼的外立面处理强化了对角折线和切面的设计理念，裙楼延续了该建筑语言，连桥为塔楼各切面的延伸，整个建筑由数十个大大小小的斜切面构建而成，同时围绕裙房和下沉式广场设置 5 座附属商墅，分别由各具特色的斜面组成不同形态的水晶造型，让建筑整体富有科技感。建筑形体在既定网格和轴线的基础上，对建筑体量进行了扭转的设计处理，在城市空间上，创造了更为适宜的公共及办公空间，更好地顺应了城市轴线的走向。

本项目塔楼为单元式幕墙，幕墙设计在尊重建筑师原有的设计思想及风格的前提下，保证结构的安全性、保持立面效果的完整性，通过完善的节点设计及科学的计算来确保结构及各项建筑性能。下面对本工程中塔楼外带遮阳玻璃单元系统、M 形渐变装饰条单元系统进行技术重难点剖析。

2　外带遮阳玻璃单元系统设计

本工程塔楼为单元式幕墙（图 2 和图 3），外悬挑遮阳玻璃造型从底部一直倾斜到顶，给人一种积极向上的既视感，外悬挑玻璃采用彩釉夹胶，有效提高了遮阳效果和安全性；悬挑玻璃与内侧单元玻璃距离 450mm，保证了后续内侧玻璃更换的空间，同时也满足了室内的采光需求和对外的视野，整体提高了室内的舒适度；单元板采用超大板块设计（宽 3000mm、高 4500mm），外悬挑玻璃构件宽 900mm，垂直高度 4500mm。

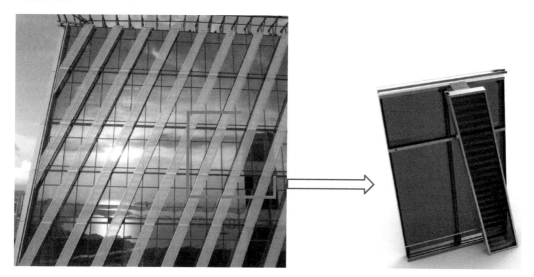

图 2　局部实景图　　　　　　　　图 3　单元板三维图

2.1　超大板块的设计

超大板块中间设置中立柱，中立柱通过月牙与上、下横料连接，提升板块的整体性，同时在中立柱部位增加板块挂点，让单元体受力性能更合理可靠，也减小幕墙对主体的单个支座反力，避免各主受力构件出现超大的集中力；设置中立柱也为了有效控制玻璃厚度，减轻板块重量，整体构造更合理，性价比更高（图 4 和图 5）。

将悬挑玻璃构件与内侧玻璃板组合成一个单元体，工厂整体组装，现场进行整榀吊装，减少现场的安装步骤和室外操作的措施，一步安装到位，能更好地满足建筑外观效果和细节部位的品质，提高施工的安全性（本项目最大单元板宽 4m、高 5.5m）。

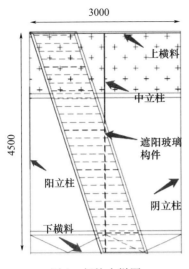

图 4　板块大样图

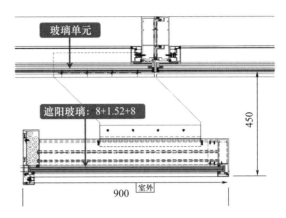

图 5　水平节点图

2.2　悬挑连接的设计难点及注意点

难点一：由于外悬挑玻璃组件宽 900mm、高 4500mm，重量 100kg，如何保证悬挑构件可靠地连接，是设计的重中之重。

连接构造的设计：由于外悬挑玻璃组件为斜向布置，连接点设置在上、下横料部位，考虑到上横料自身受力较大，将外悬挑玻璃组件设计成坐落式的受力体系，整个构件自重落在下横料部位，避免受力都集中在上横料。

下部连接件采用双钩与下横料连接，双钩之间拉长距离，形成更有效的力臂支撑自重，钩接后进行打钉固定和塞限位块，满足正、负风压要求；连接件前端与悬挑构件下横料采用钩拖连接方式，让坐落式更加稳固；上部连接件采用分离式，用于调节前后误差，同时满足上、下伸缩要求（图 6）。

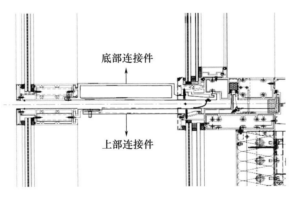

图 6　竖剖节点图

难点二：由于悬挑长度为 450mm，外悬挑连接件容易发生下垂，需认真研究分析，避免外观效果不平整。

1. 通过受力计算控制连接件自重挠度

在满足外观效果的前提下，外悬挑连接件采用闭腔铝合金型材设计，闭腔铝合金型材有更优的截面属性，不仅能满足结构受力要求，可较好地控制板块下垂变形，通过挠度控制，连接件在自重及风荷载组合工况下端部下垂 $d_f = 0.36$mm，如图 7 所示。

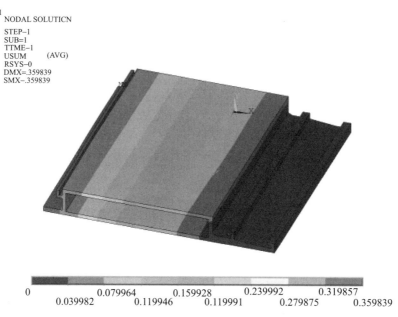

图 7　外悬挑连接件型材截面下垂变形分析

2. 铝型材开模时进行预起拱

虽外悬挑连接件在自重及风荷载组合工况下自身挠度较小，但外悬挑连接件固定在单元下横梁上且两者距离较远；当下横梁在受到外挑玻璃自重偏心作用下产生的扭转时会产生扭转角，同时铝型材开模存在误差，配合会出现缝隙，两者叠加后依然会导致下端连接件水平度出现不平整的情况，为了更有效地防止下垂，外悬挑连接件在开模时进行预起拱（图8）。

图 8　外悬挑连接件型材截面图

闭口薄壁截面杆单位长度扭转角公式如下：

横梁扭转角：
$$\varphi = \frac{Ts}{4GA_0^2\delta}L = 0.0174\text{rad}$$

横梁扭转位移量：
$$d_s = 420\text{mm} \cdot \varphi = 7.3\text{mm}$$

外悬挑连接件预起扭转位移量：$d_y = 420\text{mm} \cdot \dfrac{0.8° \times \pi}{180} = 5.86\text{mm}$

外悬挑连接件总变形量：
$$D_s = d_s + d_f - d_y = 1.8\text{mm}$$

经过计算分析，同时考虑型材开模的正负公差产生的配合缝隙，结合两者的数据，作为铝型材预起拱的依据。

3　M形渐变装饰条单元系统

M形渐变装饰条为铝合金材质，采用仿陶高光表面喷涂，不仅让装饰线条有陶板的质感，避免了采用陶板破碎坠落的安全风险，同时高光白具有自洁功能，让建筑投入使用阶段运维更简单。装饰条通过每层楼不断地切换角度，呈现了律动的线条，让大楼充满层次感（图9和图10）。

图 9　实景图　　　　　　　　　　　　　　　图 10　局部实景图

3.1　单元板模块化的设计，提升组装效率和品质

　　M 形渐变装饰条由 3 个铝型材组合而成，里侧为铝龙骨和铝背板。在幕墙设计前期，装饰条考虑单元化，将 3 个装饰条通过上、下两端连接件连成一体，形成一个单元模块，为单元板块构件 1；铝龙骨＋铝背板采用传统单元连接组合，形成另一个单元模块，为单元板块构件 2（图 11～图 13）。

　　工厂在组装时，可以采用不同产线分别组装 2 个模块构件，最后将 2 个模块构件组合成一个单元板块。这种方式有利于工厂工人分工和产线材料的组织，将复杂的板块分解成两大模块，让工人专人做专事，板块组装会高效，质量品质控制能更稳定。

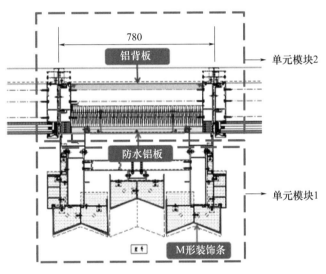

图 11　水平节点图

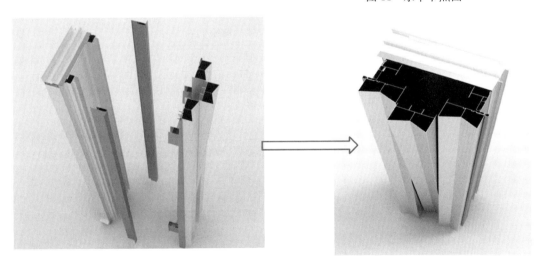

图 12　三维拆分图　　　　　　　　　　　　　图 13　三维图

3.2　渐变装饰条的连接构造

装饰条连接件采用分段的设计，设置在装饰条上、下两端，靠近支座部位，让受力更直接，也避免侧风对立柱产生影响。通过两种不同长度的连接件，实现倾斜造型，让构造更加合理，性价比更高。连接件与装饰条采用穿接卡扣的做法，更好地保证装饰条平整度和牢靠性。

装饰条竖向封边板是梯形，为了提高型材的使用率，在开模阶段，将上、下楼层的封边板合并成一个矩形进行开模，加工对切后不会产生材料浪费，都可利用上（图 14 和图 15）。

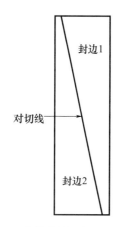

图 14　装饰条封边加工示意图

图 15　局部实景图

3.3　大装饰条防侧风的设计

在很多项目里，设计往往只考虑装饰条与立柱的连接，却忽视了侧风通过装饰条传导后对单元板块位移的影响。

本项目装饰条悬挑深度 500mm，装饰条整体宽度为 780mm，侧向受力面较大，如果按传统的支座挂接做法，只靠摩擦力，稳定性是远远不够的，在强风、台风的冲击下，插接缝部位容易被拉开，造成漏水，同时影响单元板的整体性。为了更好满足侧风的受力要求，保证单元板块的稳定性，对装饰条板块进行了防侧风的设计。首先上部在单元板块支座与阳立柱挂件部位增设螺栓穿接，挂件设计齿垫，便于左右方向调节；其次下部在上横料铝滑块部位设置一个 T 型马件，用于卡住阳立柱下端，铝滑块与上横料进行螺钉固定，板块上、下都进行了侧风方向的限位，满足了侧风受力，保证了单元板的整体稳定性（图 16 和图 17）。

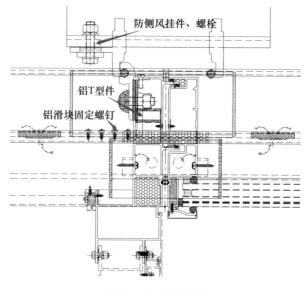

图 16　支座节点图

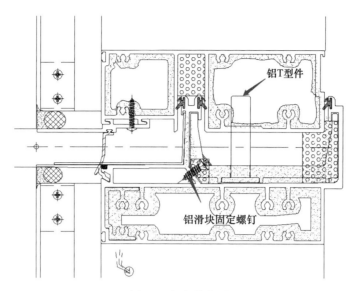

图 17　竖向节点图

4　单元板块吊装方式

由于项目为超高层建筑，现场地面空间有限，单元板需进楼层进行存放，所有单元板都带有悬挑装饰构件，如果按照传统吊装方式，吊装板块出楼层时，板块会有翻转的步骤，单元板装饰条构件非常容易撞到主体结构而损伤。为了避免板块出楼层吊装过程中，翻转板块时撞到主体结构，本项目专项研究了一种单元板块吊装起抛器，板块在起抛器上直接吊装摆正，减少了板块翻转的环节，有效保护了单元板（图 18）。

图 18　吊装实景图一

超大单元板结合平衡杆吊装，使吊装过程只有竖向力，有效避免了吊绳斜拉力对板块的影响；单元板块吊装点设置在上横料部位，板块吊装过程中垂直度更高，板块插接更容易操作，同时单元挂件也对应开吊装孔，吊装过程同步连接到位，形成有效的二次保护，让单元板块吊装过程更加安全（图 19）。

图 19　吊装实景图二

5　结合 BIM 技术设计施工运用

由于项目造型独特复杂，不规则的切面交接，板块类型繁多；采用 BIM 配合设计，可有效提升设计效率和准确率。本项目 BIM 应用贯穿整个流程（图 20）：

（1）前期阶段，各专业有效的碰撞检查、配合转角收口方案的节点设计；

（2）通过项目特点，找出交接板块的规律，进行参数化建模，提升板块放线效率；

（3）下料阶段，通过三维模型直接提料订购铝型材加工模型与 CNC 直接对接生产，降低人为出错率；

（4）后期现场施工阶段，通过 BIM 三维模型对倾斜面的支座进行精准定位，同时预先对施工方案进行模拟，确保后续施工顺畅。

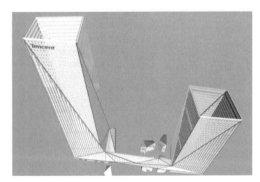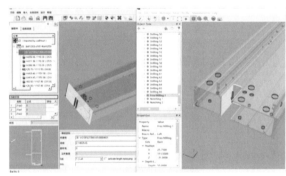

图 20　BIM 应用截图

6　结语

如今人们越来越重视节能环保，如何将节能更多、更好地运用到玻璃幕墙上，也是近些年一直探讨的问题；外带遮阳玻璃单元式系统，不仅起到装饰作用，使幕墙外观造型独特、美观，而且保持着大楼室内的采光性能，通过精巧的设计确保单元板块的精度，同时重点分享了外挑构件的防下垂的设计原理。

　　M 形渐变装饰条单元系统，通过采用巧妙的模块化设计，大大提升了工厂组装效率；同时根据造型特点，通过合并型材开模，提高了材料的使用率。本文对两种单元体系重难点进行了剖析，以期对广大行业内技术人员有所裨益。

参考文献

［1］中华人民共和国建设部 . 玻璃幕墙工程技术规范：JGJ 102—2003 ［S］. 北京：中国建筑工业出版社，2003.

［2］中华人民共和国住房和城乡建设部 . 建筑玻璃应用技术规程：JGJ 113—2015 ［S］. 北京：中国建筑工业出版社，2015.

［3］中华人民共和国国家质量监督检验检疫总局，中国国家标准化管理委员会 . 建筑幕墙：GB/T 21086—2007 ［S］. 北京：中国标准出版社，2008.

超大单元板块幕墙施工案例分享

◎ 李伟硕　覃毅彪　张乘瑜

深圳广晟幕墙科技有限公司　广东深圳　518029

摘　要　本文对深圳工商银行大厦幕墙工程的施工进行分析，探讨超高层超大单元板块幕墙项目的施工过程管理控制重点及施工工艺。

关键词　超高层；超大单元板块；造型铝板装饰套

1　引言

　　随着我国社会经济建设的快速发展，建筑幕墙行业的发展也进入了快车道，并且对建筑外观效果提出了更高的要求，在满足功能使用要求的情况下，往更高、更个性化的方向发展，因此催生了较多的超高层、超常规的幕墙工程项目。超常规项目在施工过程中因可参照的以往工程案例较少，项目策划的局部内容可能无相关项目经验可供借鉴，因此在对项目的施工策划过程中必须进行更加充分的考虑和论证，以确保详细的施工方案能够切实指导工程施工。

2　工程特点

　　深圳工商银行大厦幕墙工程（图1）位于深圳市南山区后海超级总部片区，项目建筑总高度为
188.7m，建筑总层数为地上37层，屋面架空2层，9层、17层、27层为避难层，幕墙面积约6.22万 m²。

　　深圳工商银行大厦项目的设计理念为："方正鼎立、稳若磐石、三重节奏、步步高升、独特创新、超越同业"。项目定位须荣获"鲁班奖""中国建筑工程装饰奖""国家AAA安全文明示范工地"等奖项，项目整体品质要求非常高。本项目3层以上的幕墙以单元式玻璃幕墙为主，其中5层和8层为中间架空层，1～2F幕墙以构件式幕墙为主。主要幕墙系统包括单元式玻璃幕墙、框架式玻璃幕墙、采光天窗、石材幕墙、吊顶铝板幕墙、全玻幕墙等。

　　本工程幕墙系统较多，其中单元式幕墙占绝对比例，是整个项目关键路线中最主要的部分，其他幕墙形式大多可穿插施工，因此本文主要阐述单元式幕墙过程管理的控制重点，其他相对常规的组织措施、安全保证措施、质量控制措施等方面不展开讨论。

　　单元式幕墙：位于裙楼3～4层、塔楼6～7层、9层～屋

图1　外立面效果图

面，共 1942 块单元板块，单元板块尺寸大，质量重，标准板块 3.3m×4.5m（位于塔楼 10～37 层标准层），重约 1002kg，最大板块达 3.325m×7.235m（位于 4 层和 7 层），重约 1.8t；单元板块采用双中立柱，四周采用密拼截面尺寸为 350mm×425mm×4mm 造型铝板装饰套，顶部设置双开启扇，玻璃采用 P10＋1.52PVB＋10（Low-E）＋12A＋12 钢化夹胶中空超白玻璃，遮阳系数为 0.39，传热系数为 1.6，反射率为 15％，可见光透过比为 55％，玻璃节能效果良好，反射率低，通透性强，安全性高。板块立面效果见图 2，造型铝板装饰套拼角方案见图 3。

图 2　板块立面效果

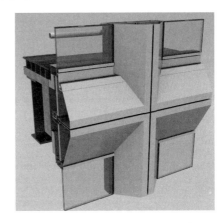

图 3　造型铝板装饰套拼角方案

本项目单元式幕墙的主要特点：

1. 幕墙单元规格尺寸大

常见单元式玻璃幕墙板块宽度通常在 2m 以内，本项目幕墙标准板块宽度 3.3m，标准板块尺寸 3.3m×4.5m，标准大玻璃的尺寸 2.4m×2.5m，几乎无视线遮挡，是后海片区中视野最好的项目之一。

2. 加工、组装要求精度高

特别是幕墙板块外侧造型铝板装饰套，采用密拼缝工艺。超大尺寸的造型铝板在生产、加工、组装、运输及安装的各过程中本来就容易变形，还得保证安装上墙的产品做到平整美观且密拼无缝，这就要求每条造型铝板从下料到成型加工全部为全电脑自动控制加工，精度要求是行业内最高，同时各工序工艺流程尽可能地控制变形，从而在细节中体现出产品品质。

3. 展现细节及品质

建筑灯光内藏在幕墙铝板里，楼层内受不到灯光直射，灯光拓展铝板面的面光，表现工行建筑的立面肌理，体现出项目大气磊落、柔和质感之美。由于本项目的灯光效果是通过铝板的反射来呈现的，如果不同板块铝板倾斜角度出现不同或者单个板块的铝板不平整，则灯光反射的效果将会明显不同，因此灯具的安装定位和角度精准与铝板线条的平整和角度精准须完美结合方能展现出灯光的均匀质感，同时还须保证泛光线管密切融入到幕墙单元防水系统中。

3　单元式幕墙过程控制要点

3.1　单元式幕墙的深化设计

中标后，我司组织加工厂、技术管理中心、工程管理中心、施工班组等各相关部门的主要负责人对招标图做综合性的讨论和系统方案探讨，结合我公司成熟的幕墙系统，仔细研究本项目施工图初步系统，经过对单元式幕墙系统的多轮论证讨论，针对幕墙的受力体系和防水设计进行设计深化，同时系统性地兼顾幕墙的其他性能。

（1）提高型材的合金状态，加强受力强度，整体提高系统受力性能。

由国家标准《铝合金建筑型材 第 1 部分：基材》（GB/T 5237.1—2017）中表 12 的力学性能可见（图 4），铝材的合金状态对力学性能影响非常大：6063-T5≪6063-T6≪6061-T6，而不同合金状态的铝合金价格差异较小，在微增材料成本的情况下可通过调整主要受力型材的合金状态，大大提高幕墙单元系统的受力强度，从而提高项目整体的品质。

表 12 力学性能

牌号	状态		壁厚 mm	室温纵向拉伸试验结果 抗拉强度 R_m N/mm²	规定非比例延伸强度 $R_{p0.2}$ N/mm²	断后伸长率 % A	A_{50mm}	硬度 试样厚度 mm	维氏硬度 HV	韦氏硬度 HW
				不小于						
6005	T5		≤6.30	260	240		8			
	T6	实心基材	≤5.00	270	225	—	6	—	—	—
			>5.00～10.00	260	215		6			
			>10.00～25.00	250	200	8	6	—	—	—
		空心基材	≤5.00	255	215		6			
			>5.00～15.00	250	200	8	6			
6060	T5		≤5.00	160	120		6			
			>5.00～25.00	140	100	8	6			
	T6		≤3.00	190	150		6			
			>3.00～25.00	170	140	8	6			
	T66		≤3.00	215	160		6			
			>3.00～25.00	195	150	8	6	—	—	—
6061	T4		所有	180	110	16	16	—	—	—
	T6		所有	265	245	8	8			
6063	T5		所有	160	110	8	8	0.8	58	8
	T6		所有	205	180	8	8			
	T66		≤10.00	245	200		6			
			>10.00～25.00	225	180	8	6	—	—	—

图 4 力学性能表

（2）考虑铝板易变形的因素，针对性地增加定制铝板衬板及对转角进行连接加强（图 5）。通过这些措施大大减少了造型铝板装饰套在完工前可能出现的变形，保证了成品的平整美观。

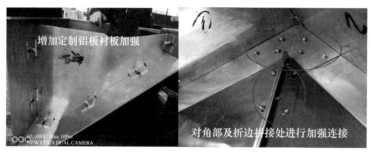

图 5 铝板加强措施

（3）将单元系统的排水由外排改为内排（图 6），将可能进入水槽内腔的水由下一层排出，提高了排水效率，增强了单元系统的密封性能。

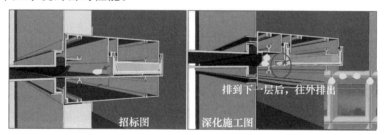

图 6 单元系统排水方式

3.2 单元式幕墙加工控制

考虑到本项目幕墙单元板块尺寸超大，外挑的造型铝板装饰套型独特且组装后尺寸较大（同板块尺寸，标准为 3.3m×4.5m），针对现场独立对造型铝板装饰套进行安装难度大的特点，我们选择将造型铝板装饰套与幕墙玻璃单元在工厂加工组装到一起，运至现场后可整体安装（图 7），利于板块的整体性，确保精度及外观效果。

单元铝合金框架　　　　造型铝板装饰套　　　　板块单元组合过程

图 7　板块框架与造型铝板套的组合

组装时，为防止变形和确保加工拼接的精度控制，单元板块拼接组装，借助胎架及靠模，同时架设全站仪进行监控，确保精度（图 8）。加工组装全过程严格按加工质量控制流程进行。

为保证泛光效果，泛光安装必须跟板块加工组装同步进行。针对铝板角位交接的交界口为特殊造型，平整度及角度要求高，各工序均须借助平整靠尺和角尺进行检查校准，以保证最终板块成品的精度。

单元板块装框固定　　　　　　　　　组框自检互检

打密封胶封堵　　　　　　　　　单元板块成品

图 8　单元板块组装过程

3.3　单元式板块的运输

1. 水平运输

由于板块单元超宽，长途运输为超限运输（图 9），对运输路线和时间均需提前向相关部门申请。

图 9　单元板块运输方式

2. 垂直运输

因项目板块单元尺寸较大，且外侧带有较大的造型铝板装饰套，为更好地保护成品板块单元，不考虑将板块进出楼层间转运，直接利用单臂吊在设置的垂直通道中垂直吊运板块至相应安装楼层，然后换钩至轨道吊进行板块安装（图10）。在楼下起吊时考虑好板块朝向（外装饰面朝外），坚决避免板块高空进行180°翻转的动作，减少板块损坏的风险，同时提高安全性。垂直运输过程还需注意起吊、换钩等环节的成品保护，特别是可能与结构发生接触的位置，应柔性隔离作为防撞击保护。

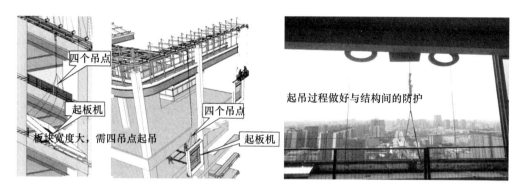

图10 单元板块垂直运输

3.4 单元式板块的安装

单元板块安装的方案策划需要重点注意以下内容：

（1）首先应根据项目条件选择与项目相适应的吊装方式，如塔式起重机吊装、单轨（双轨）式起重机吊装、单臂式起重机吊装、汽车式起重机吊装或不同阶段、不同位置采用不同组合的方式等，根据审批通过的方案设置相应吊装设备。本项目3～4层和6～7层单元板块安装以塔式起重机吊装为主、汽车式起重机吊装为辅；塔楼9层以上标准层采用双轨吊安装为主，个别位置塔式起重机或单臂式起重机辅助安装；屋顶板块因规格较小，考虑在塔式起重机可供使用时利用塔式起重机吊装，其余采用擦窗机（最大起吊荷载1.3t）进行吊装（图11）。

图11 单元板块吊装措施

（2）如需要分段进行作业，如何分段（考虑作业条件、垂直运输距离、功能层的影响、板块周转或者安装的效率及成本等因素）对项目的安全、质量、成本更加有利；本项目根据业主的进度要求，结合主体结构的实际施工情况，将塔楼标准层单元划分三段进行施工作业（图12）。

（3）与其他单位的作业交叉，如何减少相互间的影响，如支座安装等工序在条件允许时应随主体爬架穿插施工（图13），安全性高，也便于支座安装的质量检查和校正，从而利于板块安装的精度。

图 12　单元板块施工段划分

图 13　交叉施工防护措施

（4）板块的安装顺序、收口部位的预留除考虑塔吊、施工电梯的影响外，还须注意预留部位作业条件的影响，尽量避免把收口留在转角、死墙位等安装难度较大的位置，而应该把板块收口留在中间易操作的位置。

由于本项目施工电梯设置在北侧，塔式起重机在西侧，而西侧还有核心筒主体结构，因此本项目将西侧塔式起重机位和施工电梯位同步施工，将塔楼标准层最后的收口位置留在北侧施工电梯位（图 14），便于单元板块安装，同时也利于板块间竖向的防水处理。

图 14　收口预留

（5）顶部收尾板块的安装顺序：由于本项目屋顶架空层的单元板块较小，高度仅 1.8m，重量不足 500kg，板块提前转运至屋面层，可直接利用屋顶擦窗机进行单元板块安装，不受起吊高度影响。屋顶最后的单元板块收口在施工电梯位按 V 形进行收口安装。

3.5　单元式板块的室内侧封堵

本项目单元式幕墙室内封堵主要是层间防火封堵，均跟随单元板块安装进度同步进行封堵。层间防火封堵的及时封闭还能有效阻断雨天施工期间雨水从室内侧进入，利于检验幕墙系统的防渗性能。

4　结语

深圳工商银行大厦幕墙工程中的单元幕墙系统特点鲜明（图 15），相对较容易针对其特点对项目进行加工和施工策划，但关键细节把控对项目的品质保证具有极其重要的意义。项目现取得的完成效果已得到项目各相关单位的高度认可；但本项目管理过程中仍存在诸多过程控制要点实施不到位的问题，后续工作中仍需进一步完善。目前的建筑幕墙市场中，越来越多的建筑师和业主趋于追求超大尺寸的单元板块，希望本文对类似项目的施工管理能起到一定的借鉴作用。

图 15　项目实景图

参考文献

[1] 中华人民共和国国家质量监督检验检疫总局，中国国家标准化管理委员会．铝合金建筑型材 第 1 部分：基材：GB/T 5237.1—2017 [S]．北京：中国标准出版社，2017.

深圳大学西丽校区幕墙方案亮点分析
——浅谈装配式建筑设计实例运用

◎ 郑宗祥

深圳市方大建科集团有限公司　广东深圳　518057

摘　要　深圳大学西丽校区位于深圳南山区，校园环境护林理水、山水相映，生态与人文并重，建筑采用紧凑式布局，实现学科交融和资源共享，建筑空间设计科学合理，满足新型教学模式的设计理念，打造一个绿色校园。本文针对深圳大学西丽校区幕墙深化设计方案的亮点进行剖析，尤其对图书馆装配式折线幕墙进行分析，介绍新型节能组合式立柱在本项目中的运用以及系统设计管控的重点和难点。

关键词　装配式；折线幕墙；新型节能；组合式立柱

1　引言

随着社会和经济建设的迅猛发展，能源消耗和环境污染问题已经成为当前社会的重要问题，在建筑物中，幕墙起到了一定的保护作用，是建筑物的外部围护结构，给建筑物带来整体的美观。幕墙设计作为建筑设计的重要环节，不仅对建筑物的整体美观有重要影响，对建筑节能也有着重要的作用。在幕墙设计过程中，通过幕墙结构的巧妙设计可以减少建筑材料的浪费，进而达到环保节能的目的。

2　工程概况

深圳大学丽湖校区位于深圳市南山区，北依羊台山、西侧高尔夫球场、南临大沙河。项目由深圳大学设计院设计，建筑设计秉承西丽校区总体设计理念，以土地集约利用为基本原则，打造一个绿色校园。大学西丽校区二期建筑面积为 14.04 万 m^2，幕墙面积约为 6.9 万 m^2，主体为框架-剪力墙结构，法商学部分为法学院 8 层、管理学院 5 层、经济学院 13 层。行政办公楼为裙楼 3 层、塔楼 9 层，中央图书馆为 4 层（图 1）。幕墙体系主要为竖明横隐幕墙系统、竖隐横明幕墙系统、折线幕墙系统、铝板幕墙、铝合金装饰条等。

图 1　建筑效果图

3　主要幕墙系统设计介绍

本工程采用成熟的幕墙系统工艺，幕墙的系统深化设计、结构安全、材料选用、节能方面均满足国标及当地的相关规范要求。

3.1　横竖向铝板线条系统

本项目铝板线条分 2 种，宽度分为 400mm 以及 200mm，线条对应悬挑距离为 600mm 和 1000mm，对设计及施工难度较大，竖向铝板线条宽度展开约 1.4m U 形铝板，左右设置分缝；横向铝板线条宽度展开约 1.6m U 形铝板。

原方案做法存在以下几个问题：

（1）立面分缝设计模块太零碎，影响整个外立面的效果；

（2）竖向铝板线条及横向铝板线条胶缝设计较多，会增加骨架的焊接带来的铝板不平整现象，同时也增加了漏水隐患；

（3）铝板与结构接触，四周采用打胶防水，存在漏水隐患以及未考虑结构误差对幕墙的影响；

（4）采用框架式施工，施工周期长，品质难以得到保证。

对以上问题，在深化设计时，设计尊重原设计意图，积极与建筑师沟通并对上述问题进行解决。具体深化方案如下：

（1）针对立面分缝设计零碎，设计采用在铝板常规板尺寸能满足的情况下，将面板分格最大化，充分体现立面简洁、大气的设计意图，详见立面对比（图 2）；

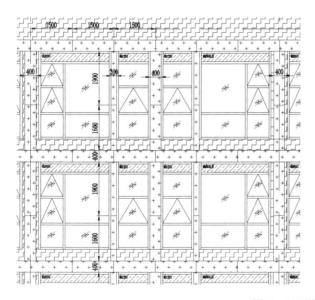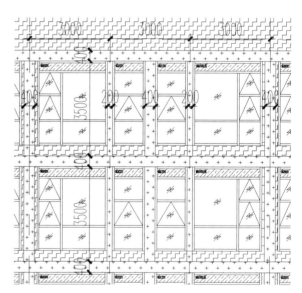

图 2　立面设计对比图

（2）取消竖向胶缝以及底部胶缝设计，减少骨架焊接变形影响铝板平整度，节点前后对比详见图 3；

（3）竖向装饰条铝板由原来与结构接触，调整为结构内退 30mm，使铝板线条不与结构发生直接关系，结构外侧增加 2.5mm 铝板，竖向铝板装饰条与新增铝板进行打胶防水，节点详见图 4；

（4）竖向铝板装饰条由骨架及面板均现场散装，调整为骨架及面板均由工厂预先装好，运往现场进行吊装，节点详见图 4。

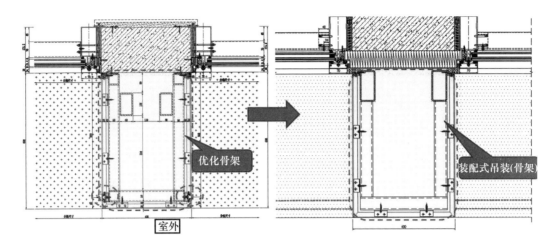

图 3　节点前后对比图

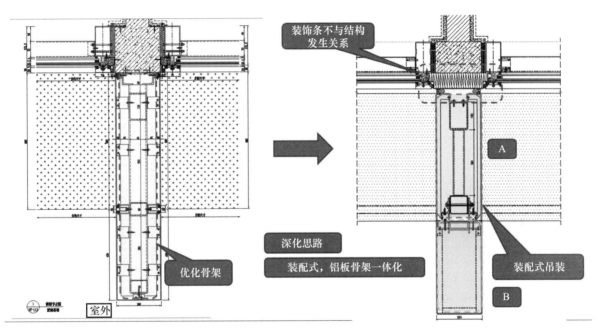

图 4　竖向装饰条铝板结构设计对比图

项目安装过程及完成后照片，详见图 5 和图 6。

图 5　施工过程

图 6 完工后效果

3.2 铝合金装饰条系统

铝合金装饰条，原方案设计采用框架式进行现场安装，在深化设计时，充分考虑装配式安装设计理念，将原有方案装饰条深化为竖向装配式吊装，横向采用螺栓连接方式进行安装，大大提高了项目施工进度以及安装质量、成品保护，详见图7~图9。

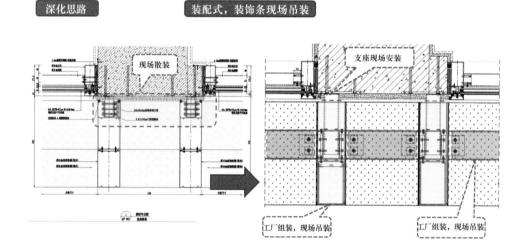

图 7 铝合金装饰条安装对比图（一）

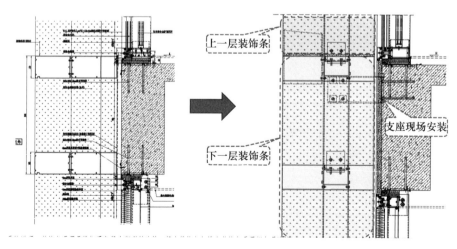

图 8 铝合金装饰条安装对比图（二）

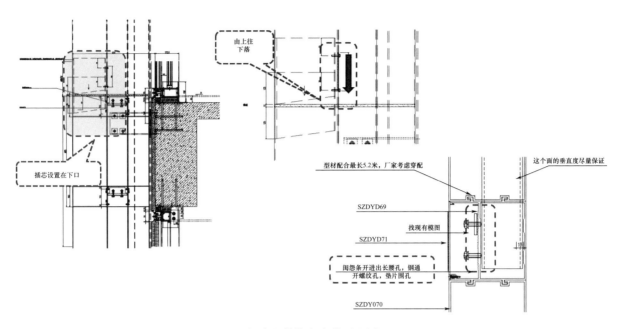

图 9　铝合金装饰条安装对比图（三）

4　项目重难点

本项目体量最大的系统为图书馆折线幕墙系统，系统中对外观及制作工艺、安装精度要求极高，因此折线幕墙的整体设计既是本项目的重点也是本项目的亮点。

4.1　原方案设计

原方案折线幕墙采用室内外铝板作为装饰面、折线为双层幕墙进行设计，龙骨采用钢通外包铝型材，铝板分格较为稀碎，分格尺寸为 650mm×2200mm，铝板直接采用打胶拼缝进行防水处理（图 10）。

因为折线幕墙为整个项目的亮点也是难点，对原方案设计评估后，发现主要问题如下：

（1）室内采用 2mm 厚度铝板太薄，平整度不能保证；

（2）室内拼缝大小无法保证，会出现影响外观效果；

（3）立柱采用铝包钢，安装工序烦琐，钢通焊接后变形大，安装进度难以保证；

（4）室外采用 3mm 厚度铝板太薄，平整度不能保证；

（5）室外铝板分格尺寸太小，影响外观效果。

图 10　折线幕墙原设计方案

4.2　深化设计方案

为了能达到建筑师对品质的严格要求，我司提出了提升品质来提高整个折线幕墙的观感，在提升品质的前提下，采用装配式建筑、工业化生产标准思路进行深化。具体深化思路如下：

（1）原建筑设计的外观尺寸均不变，将每一层 5 个铝板分格设置为每层一个分格（图 11）。

（2）为了提高板面平整度以及色差带来的影响，将室内 2mm 铝板改为铝合金型材，室外 3mm 铝板改为 25mm 蜂窝铝板（图 12）。

（3）将铝包钢改为全铝合金，前后立柱采用连接件进行组合固定，形成组合式立柱（图13）。

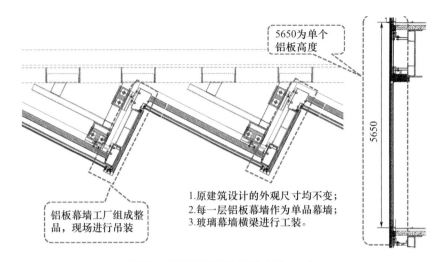

图11　折线幕墙深化设计方案（一）

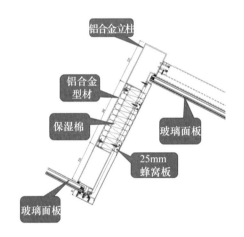

图12　折线幕墙深化设计方案（二）

（4）定制特制支座，将所有钢支座、挂件在工厂预加工好（图14）。

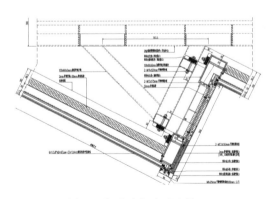

图13　铝合金组合式立柱

图14　定制特制支座

（5）将折线幕墙设计为整品单元进行吊装（图15）。

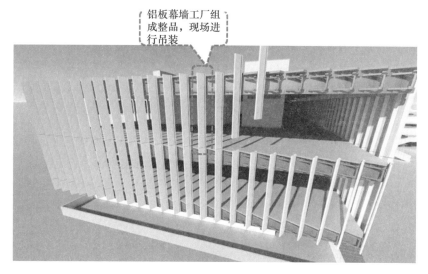

图15 吊装示意图

4.3 新方案的优点

（1）铝面板与铝板骨架在工厂组成整品幕墙，现场进行吊装，有利于进行材料的提前组织和生产，在工厂采用装配式的工业化生产流程，使幕墙板块质量更可控和稳定；

（2）铝面板组成整品，现场安装更方便快捷，只需现场进行吊装，减少了框架式在现场安装过程中容易出现的影响外观效果的质量问题；

（3）铝面板安装完后，玻璃幕墙横梁采用工装或套装安装方法，确保玻璃幕墙横梁缝隙大小均匀及保证安装质量。现场施工见图16和图17。

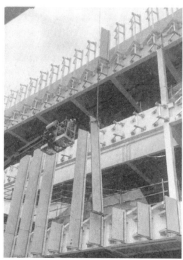

图16 板块现场吊装

4.4 立柱受力分析对比

经过调整以后的结构体系，通过建模进行受力分析，可知，其结构体系无论在抗风压、变形性能和整体稳定性上，均相较之前系统更强。计算模型和大概分析如图18～图20所示。

图 17　板块吊装效果

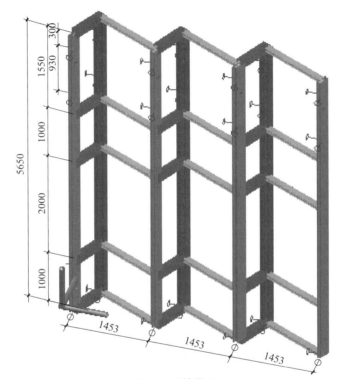

图 18　计算模型

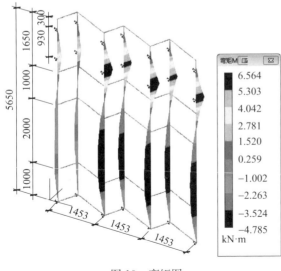

图 19　弯矩图

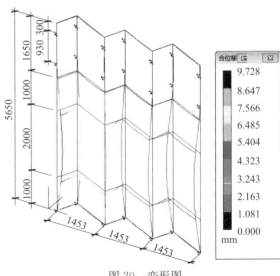

图 20　变形图

5　结语

　　深圳大学西丽校区二期除了体量大、工程定位及标准高外，更典型的特点为折线幕墙的做法新颖及难度大，针对每一个幕墙系统都进行细部研究方案，对框架式做法设计在运用已有成熟的技术基础上，不断寻找创新及改造，结合装配式建筑理念，不断提高幕墙品质及施工措施，来满足结构功能、现场施工、工厂加工精度要求，从而整体提升幕墙的外观质量。

参考文献

［1］龙驭球，包世华 . 结构力学［M］. 北京：高等教育出版社，2011.

［2］广东省住房和城乡建设厅 . 广东省建筑结构荷载规范：DBJ15-101—2014［S］. 北京：中国建筑工业出版社，2014.

［3］中华人民共和国建设部 . 玻璃幕墙工程技术规范：JGJ 102—2003［S］. 北京：中国建筑工业出版社，2003.

国家会议中心椭球形采光顶设计与施工

◎ 杜 云

深圳市三鑫科技发展有限公司 广东深圳 518054

摘 要 本文对国家会议中心配套二标段椭球形采光顶的设计及施工过程进行了详细的描述,对设计及施工进行总结。

关键词 三角形截面钢梁;椭球形采光顶

1 引言

国家会议中心配套幕墙工程,集商务办公、商业、酒店于一体,作为北京市政府列为国际交往中心的重点项目和冬奥工程,已然成为国际友人的重要会晤之地,是一张独具中国魅力的城市级文化名片。

2 工程概况

工程位于北京市朝阳区奥林匹克公园中心区内、国家会议中心北侧,本文介绍西面3层椭球形玻璃采光顶的设计与施工。这两个采光顶外观是两个不规则的椭球,对称分布在3层屋面上(图1)。

图1 项目和采光顶效果图

3 设计过程

采光顶的结构是钢结构,龙骨为三角形,玻璃与钢龙骨理论距离只有大约10cm(图2)。

考虑到钢结构施工的误差较大,玻璃接缝位置观感不易保证,所以当时首先考虑采用铝结构,铝结构施工精度易保证,且我司有大兴机场的成功经验,找厂家配合做了铝结构的PPT和效果图,在向甲方推铝结构时,设计院提出两个采光顶需要考虑防火,铝结构不满足防火要求,需要更改龙骨材质。

回到钢结构这条路其实心里没底，钢结构施工我司没有施工经验，且这个三角形钢结构大部分位置都是六根杆交于一点，交点位置需要考虑采用铸件，由于外表不规则，两个采光顶仅铸件就有上百种。考虑到施工的便利性，决定先把椭球形采光顶的外表皮优化到简单一点，尽量让铸件种类少一点，使用GH对模型连接点角度进行分析、统计（图3和图4）。

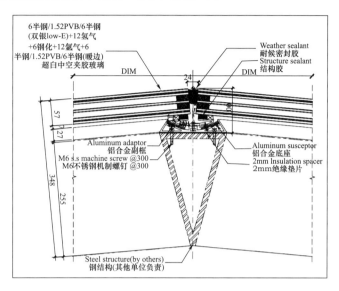

图2　采光顶结构示意图

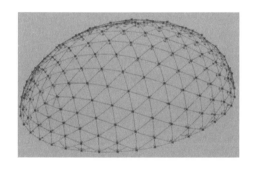

图3　采光顶交点位置角度分布

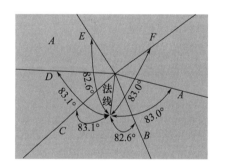

图4　采光顶交点位置角度标记详图

最终与建筑师及甲方确认的模型如图5所示。外表皮确认之后就通过玻璃面往室内方向返钢结构模型。

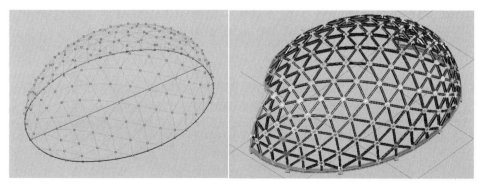

图5　采光顶钢结构模型

钢结构模型出来之后，经咨询铸件厂家确定了铸件六边的最小尺寸，以确认最终成本最低的铸件加工图（图6和图7）。

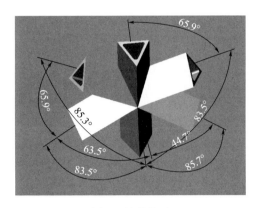

图 6　铸件模型

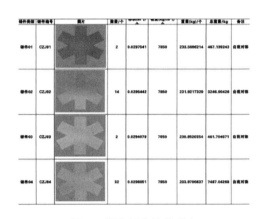

图 7　截取部分铸件列表

　　钢结构确认完毕之后，接下来考虑采光顶施工节点，因建筑师不允许修改钢结构与面板间距，所以施工图纸（图 8 和图 9）主要考虑减小钢结构误差对玻璃安装的影响，保证玻璃能顺利安装。

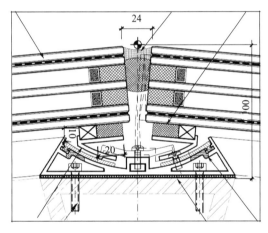

图 8　招标图纸

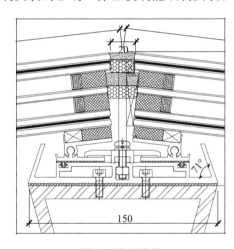

图 9　施工节点

　　考虑到玻璃角度不同以及玻璃的误差也会导致玻璃的缝大小不一，为了加大调节量，所以把附框调整为左右均可调节 5mm，分体式的附框可以满足椭球形采光顶玻璃最小到最大角度的旋转调节。

　　因砂模做出来的铸件观感质量不佳（图 10），后改为 3D 打印模具浇筑加工，观感质量有明显提升（图 11）。

图 10　铸件的工艺样板

图 11　3D 打印模具浇筑铸件

4　施工过程

后面钢结构开始施工，采光顶底部采用滑动支座，滑动支座上方有一圈环梁，钢结构施工步骤如图 12 所示。

（a）架体支设

（b）小块单元地面拼接

（c）塔吊配合空中焊接小块单元

（d）铸钢节点细部

（e）地圈梁位置小片单元安装　　　　　　　　（f）原节点立杆支撑

（g）首榀合拢　　　　　　　　　　　　　（h）中间范围合拢

（i）整体合拢

图 12　钢结构施工步骤

　　钢结构施工完毕喷防火漆，移交作业面之后复测钢结构误差发现结构偏差较大，后采用激光扫描将整个钢结构实体扫描为线，然后用犀牛软件将扫描线绘制为模型，用模型再重新返玻璃完成面。用现有模型返铝合金底座长度，保证交接位置留固定的缝，加工完成之后运至现场开始安装底座（图 13 和图 14）。

图 13　批量安装底座

图 14　玻璃吊装、调缝

5　结语

国家会议中心配套异型钢结构采光顶设计施工过程比较曲折，底座紧贴钢结构的做法对施工质量的保证造成很大困扰，日后自行设计钢结构异型采光顶还是应该采用多维可调节设计，做多维可调节支座有利于面板安装。

参考文献

［1］中华人民共和国住房和城乡建设部．采光顶与金属屋面技术规程：JGJ 255—2012［S］．北京：中国建筑工业出版社，2012.
［2］中华人民共和国住房和城乡建设部．钢结构设计标准：GB 50017—2017［S］．北京：中国建筑工业出版社，2017.

乐信总部大厦幕墙工程方案设计浅析

◎ 韩点点　盖长生

深圳市方大建科集团有限公司　广东深圳　518057

摘　要　乐信总部大厦塔楼幕墙造型新颖独特，外立面被连续的内凹面分割，相邻立面交接的内凹面形成"X"造型区域。内凹面与标准立面的幕墙形式均采用单元式幕墙系统，单元幕墙交接处采用不锈钢幕墙系统过渡，交接处的特殊板块较多，且交接防水的区域较多。同时，外挑装饰线条为该工程塔楼的另一个特色，装饰线条由东北角向两侧的斜上方布置，最终交汇于西南角。由于每个立面的装饰线条倾斜角度均不同，且每个立面的装饰线条型材也不同，设计和施工难度均较大。本文选择部分重难点进行分析，旨在为类似工程的设计和施工提供一些思路和参考。

关键词　"X"造型区域；单元式幕墙；外挑装饰线条；异形幕墙；系统防水

1　工程概况

乐信总部大厦（图1）位于深圳市南山区后海片区海德二道与中心路交汇处，是一栋以办公为主的大型高层建筑。地上32层、地下4层，幕墙高度151.5m，其中商业裙楼3层，幕墙高度17.81m。本工程的典型平立面如图2所示。

图1　乐信总部大厦效果图

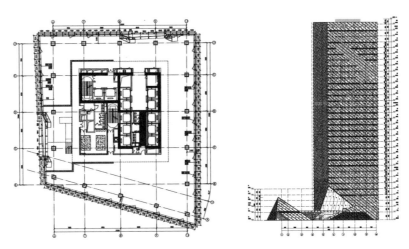

图 2　乐信总部大厦幕墙工程平立面

2　主要幕墙系统和重难点

本工程主要包括单元式玻璃幕墙、框架式玻璃幕墙、框架式铝板幕墙、框架式不锈钢板幕墙、框架式蜂窝石材幕墙、全玻璃幕墙、拉索幕墙、铝合金百叶、玻璃栏杆、遮阳构件等。主要重难点包含以下几个部分：

（1）"X"造型区域的防水设计；

（2）塔楼外挑装饰线条的设计；

（3）特殊单元板块的设计；

（4）大堂拉索幕墙的设计。

3　"X"造型区域的防水设计

3.1　"X"造型区域上端单元幕墙的防水设计

单元式幕墙系统的防水理念主要为构造防水、以排为主，进入到单元系统内部的水最终通过顶横梁向室外排出。本工程"X"造型区域上端的单元幕墙由于起底横梁为倾斜布置（图3），部分进入到单元系统的水会沿着起底横梁（图4）一直往下流，最终在交点处聚集。当聚集的水无法快速排出室外时，底部区域就会有漏水隐患。

图 3　"X"上端单元幕墙防水线

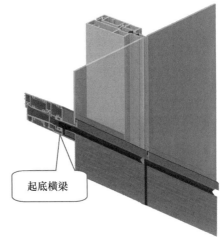

图 4　起底横梁节点三维示意

综上所述，为避免因水汇集而引发渗透，需将水分段（图 5）排出室外。在幕墙板块底部的起底横梁上设置挡水板（图 6），挡水板四周打胶密封，将水分段排出。

图 5　挡水板布置点位

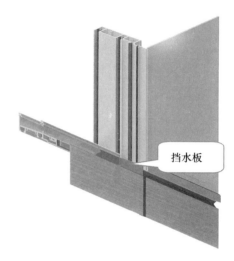

图 6　挡水板

3.2　"X"造型区域下端单元幕墙的防水设计

"X"造型区域下端的单元幕墙两侧与不锈钢幕墙交接，交接处为防水要点。经分析，"X"造型区域下端的单元幕墙防水线（图 7）在水平方向，部分水会沿着顶横梁（图 8）的顶板进入到不锈钢幕墙内部，从而引发漏水。

图 7　"X"下端单元幕墙防水线

图 8　与不锈钢交接处三维示意

综上所述，为防止水流向两侧不锈钢，需在水平防水线两侧的终点处设置防水板（图 9），防水板周围打胶密封（图 10）。

图 9　防水板布置点位

图 10　防水板

4　塔楼外挑装饰线条的设计

4.1　外挑装饰线条的重难点分析

本工程的装饰线条造型较为特殊，装饰线条由东北角（图 11）向两侧的斜上方布置，最终交汇于西南角。由于装饰线条的数量较多，且为倾斜布置，对挂件的定位要求较高，增加了施工难度。装饰线条的前端和后端均为垂直面，与玻璃面板间距分别为 375mm 和 100mm。但由于每个立面的装饰线条倾斜角度均不同，因此每个立面的装饰线条型材也不同，从而导致装饰线条在转角处的拼接处存在一定阶差，设计和施工难度均较大。

图 11　装饰线条的布置效果图

4.2　外挑装饰线条的确定

首先，根据建筑师提供的坐标系，提取出建筑的外轮廓线和装饰线条的定位控制点 1、2、3、4（图 12），相邻控制点相连便得到了装饰线条的倾斜角度。经分析，每个立面的装饰线条的倾斜角度均不同。

其次，根据建筑师对装饰线条尺寸的控制要求［图 13（a）］，得出装饰线条的截面［图 13（b）］，每个面的装饰线条截面也均不相同。

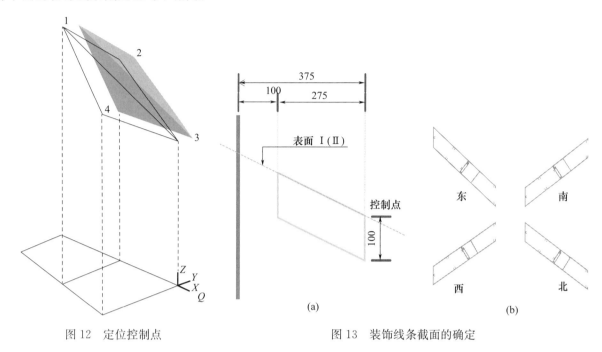

图 12 定位控制点

图 13 装饰线条截面的确定

最后，根据装饰线条的截面以及倾斜角度，通过上下偏移，从而可以得到本工程所有装饰线条的模型，以便于进一步对装饰线条进行分析。

通过对装饰线条模型的分析可知，四个转角拼接处均存在一定的阶差（图 14），最大的阶差为 11.36mm。装饰线条若采用密拼做法，会影响外立面效果。为了保证装饰线条拼接整齐，主要采取以下三个措施：①装饰线条之间设置 12mm 缝隙，弱化拼缝效果；②将西南转角装饰线条的错位（11.36mm）分摊到两侧立面的 48 个分格，装饰条的错位可减小到：11.36/48＝0.24mm；③转角装饰线条的套芯采用铸件，整体成型，便于安装。

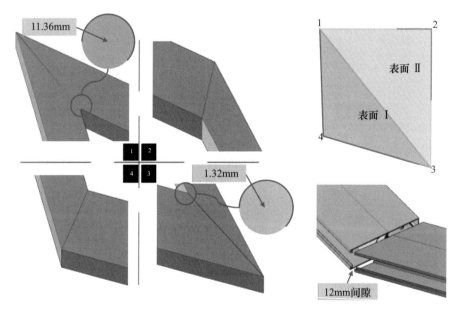

图 14 装饰线条转角拼接分析

4.3　外挑装饰线条的安装

本工程装饰线条若采用后装的形式，不仅会增加大量工期，同时对安装精度要求较高，现场施工较难保证外观效果。为了尽可能保证装饰线条的整体效果，减少现场施工难度，主要从以下两个方面进行控制：①标准立面位置的装饰线条，除跨层的装饰线条以外，其他线条均随单元板块整体吊装［图15（a）］；②将转角单元板块合并为"L"形单元板块［图15（b）］，以便于转角装饰线条与转角单元板块的预组装。

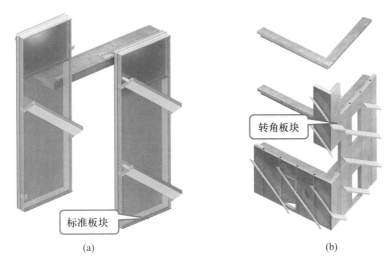

(a)　　　　　　　　　　　　　　　(b)

图15　装饰线条随板块安装

5　特殊板块的设计

5.1　不锈钢幕墙板块的设计

"X"造型区域的单元幕墙系统与标准立面之间采用不锈钢幕墙过渡［图16（a）］，若采用散装的方式，不利于精度控制，施工效率也较低。考虑到整个塔楼幕墙施工的便捷性，将不锈钢幕墙单元化［图16（b）］，板块在工厂组装，提高加工精度和幕墙品质，同时大大提高了施工效率。

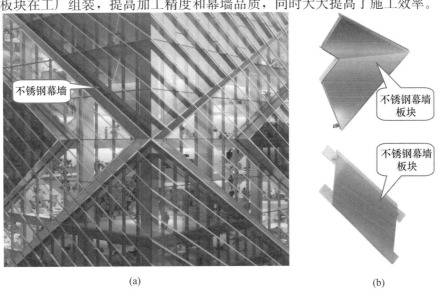

(a)　　　　　　　　　　　　　　　(b)

图16　不锈钢幕墙

由于不锈钢幕墙为倾斜面，对板块吸收误差的能力要求较高，因此将板块支座（图17）设计成三维可调，每个方向可调节±25mm的误差，以便于安装时进行调差，提供安装精度，减少施工难度。

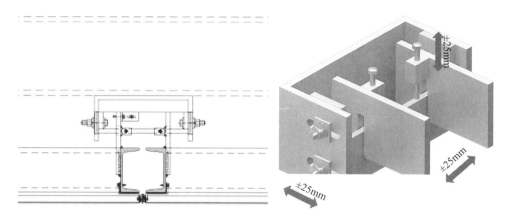

图17　不锈钢幕墙支座设计

另外，为了保证不锈钢幕墙的平整度，不锈钢应设置加强筋，间隔300mm进行布置。加强筋与不锈钢采用结构胶粘连的方式连接，避免因焊接温度过高导致不锈钢面板变形，不利于平整度的控制。

前文已讲述"X"造型区域单元系统的防水措施，本工程因"X"区域单元幕墙为内凹面，装饰线条的连接依托不锈钢拉杆，拉杆在不锈钢幕墙内部龙骨生根，需穿透不锈钢面板，此处为主要渗漏点。为了提高防水性能，在不锈钢内侧增加一道防水板，从而确保了整个"X"造型区域的防水性能。

5.2　异型单元板块的设计

由于整个塔楼立面被"X"造型进行了分割，导致靠近"X"区域的位置存在很多小三角形、不规则四边形、梯形单元幕墙板块（图18）。

图18　异型单元板块

对于三角形板块，由于三角形板块的尺寸规格较小，不方便加工和安装，因此建议将三角形板块与四边形板块进行合并，合并为大的三角形板块［图19（a）］，三角形板块与四边形板块交接立柱采用中立柱，便于板块组阵。

对于梯形板块［图19（b）］，存在两种情况：拼接顶横梁、拼接底横梁。拼接横梁通过铝铸件进行连接，横梁的钉孔和密拼缝均需打胶，以防止发生渗漏。

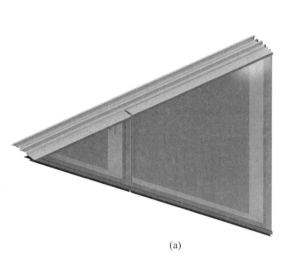

(a)

(b)

图 19 三角形、梯形单元幕墙板块

6 大堂拉索幕墙的设计

塔楼大堂拉索幕墙位于塔楼底部，高度约 25m，整体呈外倾三角形的形状（图 20），造型新颖。横向采用 ϕ70 不锈钢拉索、竖向 ϕ65 不锈钢拉索，玻璃面板采用四片半钢化夹胶玻璃。

图 20 大堂拉索幕墙

6.1 拉索的张拉和安装分析

通过对拉索幕墙的建模分析，由于拉索幕墙为外倾斜面，拉索的变形较大。为了避免拉索受力不均、局部变形过大等问题，拉索在张拉时，应遵循分段、分级、对称、缓慢匀速和同步加载的原则，采用四级张拉工艺。对横锁和斜向进行编号（图 21），每根锁每一轮张拉采用不同的预张力进行张拉，本工程预计需进行 8 轮张拉。

通过分析，第 8 次预应力张拉后，产生位移最大值为 25.587mm，位于横索 2 的右侧。外侧钢架在拉索的带动下产生同样的变形。为了保证幕墙安装后的直线度，将钢结构做预起拱处理。

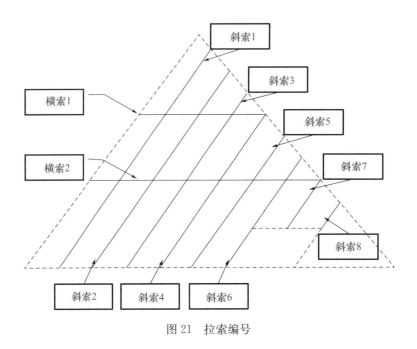

图 21 拉索编号

在实际安装过程中，拉索按照先横后竖、由上而下、由两侧向中间对称的原则进行安装。

6.2 拉索幕墙玻璃面板的分析

通过模拟分析，玻璃面板按区域、按顺序安装完成后，由于幕墙外倾的原因，中部区域的面板变形较大（图 22），变形量约为 123mm。由于拉索幕墙玻璃面板主要靠夹具连接固定，那么通过对夹具的控制，便可有效控制幕墙面板的变形。因此，玻璃夹具按照玻璃变形量定制成不同的长度，在多个夹具共同作用下，可以将幕墙的整体变形控制在 55mm 以内，避免因变形过大造成安全隐患。

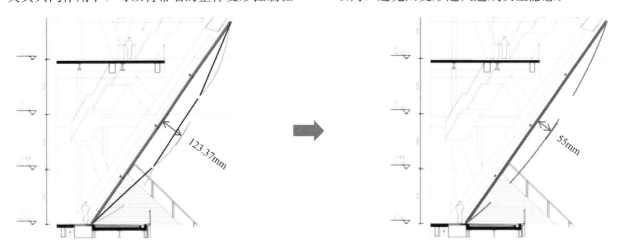

图 22 拉索变形分析

另外，由于拉索幕墙采用预加配重的方式安装玻璃面板，在自重作用下索网将产生变形，即玻璃面板局部有翘曲现象。最外侧钢槽应考虑玻璃翘曲值，以便玻璃面板能够顺利安装。

7 结语

本文对乐信总部大厦项目的幕墙进行了简要的分析，尤其针对幕墙交接位置的防水设计、外挑装饰线条的设计、特殊板块的设计以及大堂拉索幕墙的设计进行了分析和研究，提供了一些设计思路。

近年来，建筑高度不断刷新的同时，建筑造型的多样性、新颖性也在不断刷新。幕墙作为建筑的外衣，如何在实现建筑幕墙合理性的基础上，又能保证建筑造型的美观性和品质，需要幕墙设计有更多的创新和探索。

参考文献

［1］中华人民共和国住房和城乡建设部．建筑玻璃应用技术规程：JGJ 113—2015［S］．中国建筑工业出版社，2016.
［2］中华人民共和国建设部．玻璃幕墙工程技术规范：JGJ 102—2003［S］．北京：中国建筑工业出版社，2003.
［3］中华人民共和国建设部．金属与石材幕墙工程技术规范：JGJ 133—2001［S］．北京：中国建筑工业出版社，2001.
［4］中华人民共和国住房和城乡建设部．索结构技术规程：JGJ 257—2012［S］．中国建筑工业出版社，2012.
［5］中华人民共和国国家质量监督检验检疫总局，中国国家标准化管理委员会．建筑幕墙：GB/T 21086—2007［S］．北京：中国标准出版社，2007.

第六部分

制造工艺与施工技术研究

星河雅宝双子塔六面扭转体装饰条铝板的设计与加工技术研究

◎ 刘 海 陈桂锦 杨登平 范抚临

深圳广晟幕墙科技有限公司 广东深圳 518029

摘 要 雅宝双子塔装饰条由于其造型的独特性决定了其加工的高难度性。雅宝双子塔下大上小逐步收分，每层半径不同，扭转装饰条呈现六面扭转螺旋上升，如何在效果上求同存异的同时又能精准便捷地加工生产是本项目扭转装饰条的一大难点。

关键词 超高层；装饰条；六面扭转体；模具

1 引言

星河雅宝双子塔是深圳星河 WORLD 总部大厦（图1和图2）——星河 WORLD 的最后一期，园区收官之作。项目位于星河 WORLD 核心 3、4A 地块，依山傍水，是深圳最大的城市更新项目之一，是融合了都市和自然的巨型综合体。10 年来，以双子塔为标志的星河 WORLD，伴随着深圳基础设施的全面升级，以及一系列城市更新，是深圳改革创新与先行先试的缩影。

图1 立面效果图一

图2 立面效果图二

2 项目概况

2.1 地址位置

项目位于深圳中轴线中心区北，坂田街道五和大道与雅宝路交汇处，扼守特区交通要道，坐拥银湖山郊野公园、雅宝水库和民治水库等山水自然景观。双子塔分别位于 3 号、4A 号地块，处于星河 WORLD 园区核心位置。项目建成后，将成为全国第一、全球第二高的超高层双子塔建筑。

2.2 塔身特点

双塔 5～11 层空间异型结构飘带，造型轻盈、灵动，交相辉映，悬挑跨度达 31m 之多。为了让双子塔静态的造型有如被风吹过的动感，塔身立面采用横向金属扭转线条，整体视觉效果呈双螺旋形。层间扭转线条层层交错（图 3），每层装饰线条均由 90°扭转为 180°（图 4），再由 180°扭转为 90°，循环往复，生生不息。双子塔从平面及竖向来看，方形、圆角、收分，兼顾建筑空间与结构体系的实用高效，同时又塑造出一个生动、优美的塔身形体。平面四角的倒角半径从塔楼中部位置开始往上逐渐增大，低区接近方、高区接近圆，天圆地方；同时，随着核心筒的竖向缩进，塔身体形亦有一个略微的竖向收分。因此整个塔楼每层分格不同、弧形半径不同。每栋 8000 多块单元板，合计 14 万 m² 幕墙，均无相同尺寸单元板块可寻。铝板装饰条面积共计 10 万 m²，每层 4 个扭转段，每栋合计 272 件扭转装饰条，因弧形半径不同，扭转铝板加工模具达上百套之多。

图 3　装饰条局部效果图一

图 4　装饰条局部效果图二

3 装饰条简介

塔楼装饰条共计四款：上 600 水平装饰条（图 5）、下 600 水平向装饰条、上 1500 竖直向装饰条（图 6）、扭转装饰条（图 7 和图 8）。每款装饰条均存在水平段和圆弧段。装饰条连接方式为单元板伸出 8mm 厚铝型材挑臂固定侧封板的悬臂梁受力形式。塔楼造型内收决定了扭转装饰条半径的多样性，装饰条螺旋上升决定了扭转样式的复杂性，线条流畅顺滑决定了扭转加工的精准性，单元板的吊装方式决定了扭转装饰条安装的特殊性。诸多因素造成了本项目扭转装饰条生产加工在成本、时间上已然是不可能完成的任务。

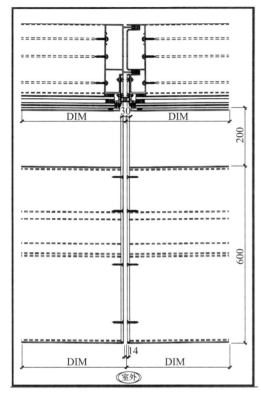

图 5 600 水平向装饰条节点

图 6 1500 竖直向装饰条节点

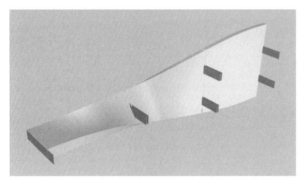

图 7 扭转装饰条内侧模型

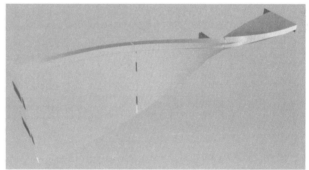

图 8 扭转装饰条外侧模型

4 模型优化

4.1 BIM 建模数据分析

鉴于装饰条规格及种类繁多，那么在满足建筑效果的前提下分析并优化模型是所有工作进行下去的必要条件（图 9 和图 10）。经建模归纳数据分析发现：5～70 层，大面半径分布范围 $R=100\text{m}\sim R=95.4\text{m}$（图 11）；圆弧半径分布范围 $R=11.7\text{m}\sim R=15.4\text{m}$。墙面区圆弧半径在 100m 左右，均分到一个玻璃分格中（1600mm 左右），拱高≤3mm（图 12），因此墙面区扭转板可统一按一款直段扭转模具加工生产，大面扭转存在 $90°\sim180°$ 和 $180°\sim90°$ 两种方向扭转，因此一正一反合计 2 套模具。

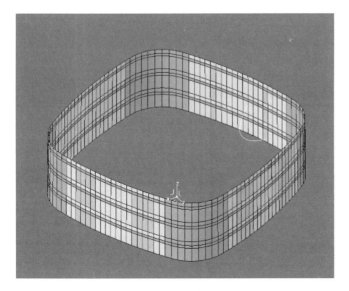

图 9　模型半径建模分析

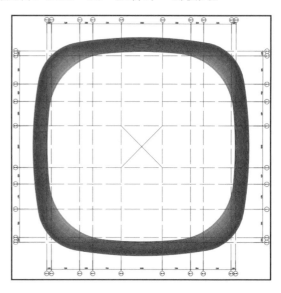

图 10　5～70 层平面放样

墙角区半径经数据分析 $R=11.7m\sim R=11.9m$，归整为 11m；$R=12m\sim R=13.9m$，归整为 13m；$R=14.1m\sim R=15.4m$，归整为 14.5m，共计三个阶段，统一半径后与原半径拱高相差小于 3mm。同样，墙角区扭转板存在 $90°\sim180°$ 和 $180°\sim90°$ 两种方向扭转，因此一正一反合计 6 套模具。经 BIM 建模数据分析，扭转线条模具由原设计上百款优化落地为每栋楼共 8 款，已然达到了可实施的第一步目的。

楼层	折面R（米）	圆弧R（米）	合并R（米）	楼层	折面R（米）	圆弧R（米）	合并R（米）
5	100	11.7		54	98.1	12	
6	100	11.7		55	98	12.1	
7	100	11.7		56	97.9	12.2	
8	100	11.7		57	97.8	12.4	
9	100	11.7		58	97.8	12.6	
10	100	11.7		59	97.7	12.7	13
11	100	11.7		60	97.6	12.9	
12	100	11.7		61	97.5	13.1	
13	100	11.7		62	97.3	13.5	
14	99.9	11.6		63	97.2	13.7	
15	99.9	11.6		64	97.1	13.9	
16	99.9	11.6		65	97	14.1	
17	99.9	11.6		66	96.9	14.3	
18	99.9	11.6		67	96.9	14.5	14.5
19	99.9	11.6		68	96.8	14.7	
20	99.8	11.5		69	96.7	14.9	
21	99.8	11.5		70	96.5	15.2	
22	99.8	11.5		71	96.4	15.4	
23	99.8	11.4					
24	99.7	11.4					
25	99.6	11.4					
26	99.6	11.3					
27	99.6	11.2					
28	99.6	11.2					
29	99.5	11.2	11				
30	99.5	11.2					
31	99.4	11.1					
32	99.4	11.1					
33	99.4	11.1					
34	99.3	11					
35	99.3	11					
36	99.2	10.9					
37	99.2	10.9					
38	99.1	10.8					
39	99.1	10.8					
40	99	10.7					
41	98.9	10.7					
42	98.9	10.8					
43	98.8	10.8					
44	98.8	10.9					
45	98.7	11					
46	98.6	11.1					
47	98.6	11.1					
48	98.5	11.2					
49	98.4	11.3					
50	98.4	11.4					
51	98.3	11.6					
52	98.2	11.7					
53	98.2	11.8					

图 11　BIM 导出数据分析

图 12　拟合线与实际线对比

4.2　分缝优化

为了控制不同分缝情况压模回弹量，需要减少扭转板的起扭点与单元板缝的组合关系，而原建筑师方案从建筑底到屋顶螺旋上升为 90°，每层步进约 0.43 个分格，分缝与扭转区域的关系极多。经与建筑师商讨，扭转板起扭点相邻楼层按"板缝""板中"进行错位移动（图 13），其中"板中"并不是绝对的分格中，而是接近板中取整处理。关于扭转长度问题，原模型接近 4.5m，但并不完全为 4.5m，为方便施工下单，统一调整扭转长度为 4.5m（图 14），跨域 3~4 个分格，此方式得到建筑师认可。

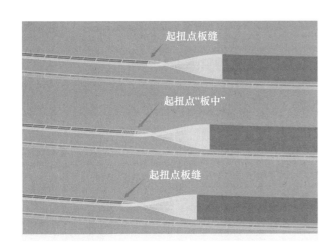

图 13　分缝优化 3D 示意

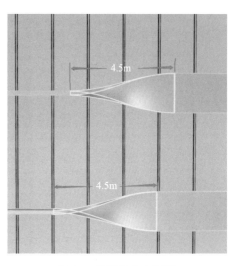

图 14　分缝优化立面图

4.3　圆心调整

由于玻璃半径每层收缩半径一直在变化，但装饰条半径做了归纳统一，那么玻璃面到铝板完成面每层间距不同，造成装饰条连接件每层连接件长度规格不统一，给加工和安装带来极大的麻烦。根据以上问题，为保证玻璃完成面到装饰条完成面为定距状态从而减少连接件尺寸，对每个分格同半径装饰条做不同圆心均匀调整（图 15），调整后的装饰条保证了弧形外观的同时也满足了等距的要求，大大减少了连接件的加工规格，极大提高了加工效率。

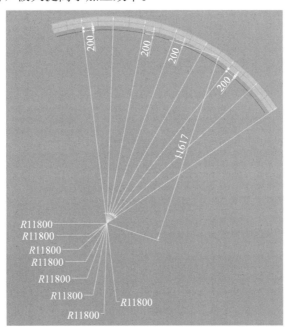

图 15　同半径不同圆心等距调整

4.4 确认模型

综上所述，整体模型优化以后基本达到提高加工效率，减少加工成本并且满足建筑效果的目的（图 16、图 17）。

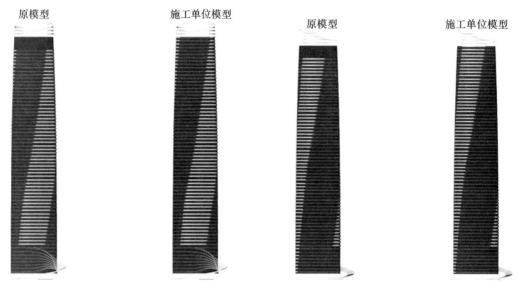

图 16　模型对比图一　　　　　　　　　　　　　图 17　模型对比图二

5 受力体系

5.1 龙骨系统

完成模型优化以后，要把模型转化为能够上墙的实体，首先要解决的问题是如何建立切实可行的受力体系。扭转板从 90°扭转为 180°，截面由 1500×150 扭转为 600×150。过程中截面时刻变化，如何有效传力并能高效安装是设计龙骨系统的关键所在。进过反复论证及摸索，我们探索出了一套"鱼骨—鱼刺"体系（图 18 和图 19）。即采用一条贯穿扭转板左右的一条铝管作为主龙骨受力构件（鱼骨），采用分段旋转的 Z 型铝折件作为次龙骨传递面板荷载（鱼刺），面板荷载传递到鱼刺，鱼刺传递荷载到鱼骨，鱼骨最终把荷载传递到端部连接件上（图 20）。这样的受力形式传力明确且构件加工方便，安装便捷，有效解决了扭转板龙骨安装问题。龙骨及面板采用了有限元软件 ANSYS 整体建模计算（图 18）。

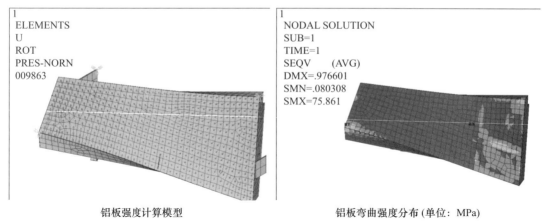

铝板强度计算模型　　　　　　　　　　　　铝板弯曲强度分布（单位：MPa）

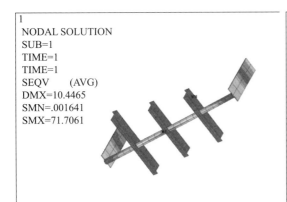

加强肋强度分布 (单位: MPa)　　　　铝板挠度分布 (单位: mm)

图 18　受力分析图示

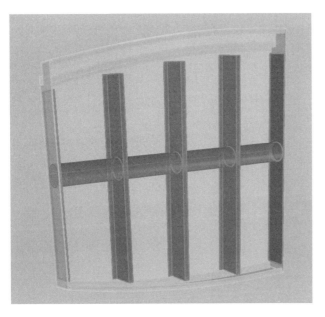

图 19　"鱼骨-鱼刺"龙骨受力体系

图 20　"鱼骨-鱼刺"加工样板

6 模具制作

6.1 选模

以上理论问题解决后，如何加工装饰条，摆在眼前的问题便是扭转模具制作。选择模具除了要考虑经济适用性原则外，其次要考虑模具成材率。常用模具材料为木模和铝模两种。经对比，铝模铸模周期长、价格高、压板成品表面光滑；木模周期短、价格便宜但压板成品表面粗糙。由于此装饰条组装完成后喷涂为最后一道流程，因此可考虑打磨处理表面问题，从经济和工期角度选择木模。

6.2 制模

考虑模具的大小及难易程度，把一个扭转装饰条分三段模具拼装。测试基本能解决以上模具问题，满足加工生产要求（图21和图22）。

图 21　木模试验及现场问题分析

图 22　木模雕刻

7　加工组装

7.1　加工

模具雕刻完成后，下一步即进行压模操作。此过程的难点为控制铝板压模后回弹问题，能否精准控制回弹量是装饰条拼装后扭线条是否顺畅的关键。若无法有效掌握回弹问题，则无法控制成型后扭转形态。为能精准掌握压铸回弹问题，工厂提出两个解决办法：①工厂一次性雕刻深浅不同三组同一位置模具，反复试验，定点测试回弹数据；②由于扭转角度大，选用300t位液压机循序加载（图23），加载到最大变形后，持续30～60min，逐渐释放荷载。完成1次加载后测量铝板变形情况，反复2～3次直至单板扭转角度及弧度稳定。

图23　300吨位液压机

7.2　组装

组装的难度在于连接件与封口板的定位精度，因为单元板上连接件已随单元板固定完成，若扭转板连接件定位误差较大，那么即使扭转板线条加工完美上墙后一样无法顺滑展现。为解决连接件定位问题，经与厂家共同探讨根据三维模型1:1还原侧封板与连接件尺寸关系（图24），采用激光切割侧截面比样，严格比对定位尺寸。

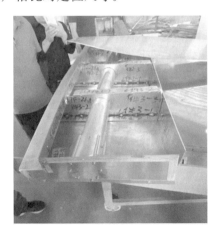

图24　样板组装

由于扭转板是 3～4 件单元板上的装饰条拼接而成，在上墙前有效检测扭转装饰条是否顺滑、扭转角度是否正确，是避免反复返工的关键。因此在扭转装饰条加工完成后，在工厂制作模拟单元板支撑件定位工装架子（图 25 和图 26），每组扭转板加工完成后均在工装架进行试装检测，从而保证上墙后扭转板万无一失（图 27 和图 28）。

图 25　工厂预安装

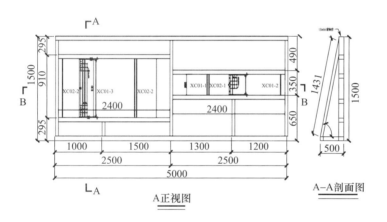

图 26　工厂预安装架子

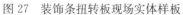

图 27　装饰条扭转板现场实体样板　　　　　　　　图 28　现场上墙效果

8 结语

星河雅宝双子塔项目作为双塔超高项目新的标杆，扭转装饰条设计大气不失细腻，对材料场景的应用更是拓宽了新的维度。六面扭转装饰条的形态在超高层中的成功运用，更是如同一盏明灯点亮了星河雅宝双子塔。希望本项目氟碳喷涂铝板六面扭转体的加工生产能为各位同人带来启发。

转角 Z 形单元板块建造技术在超高层建筑幕墙中的应用

◎ 李满祥

深圳市三鑫科技发展有限公司　广东深圳　518054

摘　要　东莞国贸中心项目塔楼的幕墙顶标高 439.8m，是东莞第一高楼，同时也是东莞最大型、业态最全的商业巨城。本文重点阐述东莞国贸中心 T2 塔楼转角 Z 形单元板块的设计和施工过程，尤其是单元式玻璃幕墙系统和铝板幕墙系统组合式一体实施的幕墙新体系。

关键词　超高层；转角 Z 形单元板块；玻璃铝板铝框钢架组合幕墙；定位工装；施工技术

1　引言

　　东莞第一高楼国贸中心项目地处东莞市核心 CBD 地段，位于东莞鸿福路地铁站，项目集甲级写字楼、商业、观光等功能于一体，幕墙顶标高 439.8m，是目前东莞最高的地标建筑，幕墙面积近10 万 m² （图 1）。国贸中心外形由基座的正四方体向上呈流线伸展成为八角形，外立面造型采用东莞市市花白兰花花苞为形态设计，传递城市精神，顶层以"萤火虫汇聚"概念的灯光设计，与黄旗山灯笼相呼应，使东莞城市天际线达到巅峰。采用高性能幕墙等节能环保举措，筑就绿色建筑典范，获国际绿建最高级别荣誉——"美国 LEED 铂金级绿色建筑认证"。由于建筑内外倾造型，加上转角区域是由单元式玻璃幕墙系统和铝板幕墙系统组合一体施工，从设计、加工、安装等方面，给项目实施带来了较大的考验和挑战。

图 1　东莞国贸中心效果图

2 工程概况

2.1 建筑形体分析

　　东莞国贸中心塔楼平面是由正方形在四个角部被弧形截面相切而成的八边形，大面区从 70F 以上渐变内倾，最大内倾 1.25m；转角区 4～32F 渐变外倾，最大外倾 2.44m，32F 以上渐变内倾，最大内倾尺寸 11.05m。塔楼转角设置了 439.8m 通高的铝板装饰线条，铝板线条立面呈弧形曲线，进一步体现塔楼伸展上升的形态（图2）。

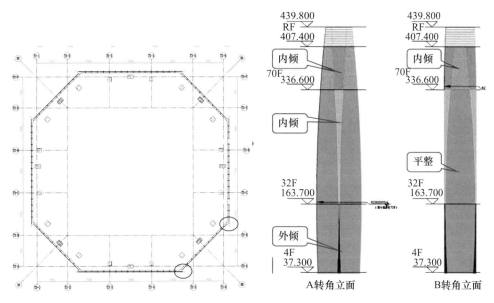

图2　东莞国贸中心塔楼平立面

2.2 转角位置幕墙特点

　　幕墙顶标高 439.8m，按框架式幕墙施工从措施、质量、安全、工期和经济方面分析都不适合。幕墙设计时首先明确单元式施工方案，重点考虑如何将单元式玻璃幕墙系统和铝板幕墙系统进行组合一体式系统设计。按单元板块设计，还需要解决转角单元式玻璃幕墙及铝板幕墙系统组合一体后板块落架运输及吊装问题，这就对转角幕墙系统的设计提出了更高的要求（图3）。

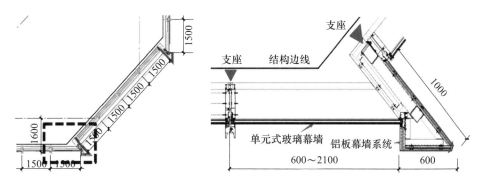

图3　转角位置幕墙设计条件图

3 转角Z形单元板块

3.1 转角玻璃和铝板幕墙组合Z形单元板块设计组框要点

1. 铝骨架分析

铝骨架的优点是组框精度高，外观质量容易控制，防水性能优良。但转角立柱型材的外接圆直径达550mm，属于超大模具，超大模具铝材开模周期长、费用高、成品率低等问题，直接导致铝骨架的生产供货周期长以及成本相对较高。另外，铝板线条风荷载方向组合工况多，受力复杂，采用铝骨架需设置多道斜撑，斜撑采用大量铝角码打钉固定大大增加组框时间，且螺钉既抗拉又抗剪受力复杂，对铝骨架的连接不利。另外，转角板块的铝板有较大的侧向风荷载，铝骨架的侧向刚度较低，抗侧向风能力较差（图4）。

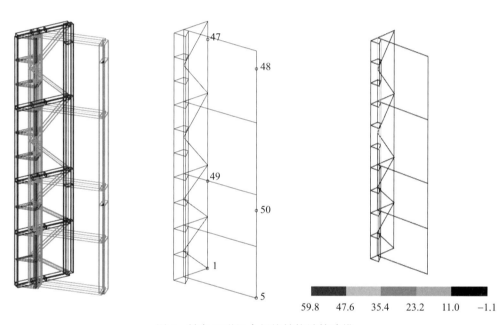

图4 转角Z形组合板块结构计算建模

2. 钢架分析

钢通采购快捷、价格适中，可以有效降低材料的供货周期和成本。钢骨架侧向刚度大，有利于铝板幕墙系统抵抗侧向风荷载，钢架在加工厂成品焊接，质量可以得到保证。

3. 最终方案确定

玻璃幕墙单元板块组合铝板装饰条最终方案，单元式玻璃幕墙采用铝框，保证Z形板块上下、左右插接和水槽贯通排水等性能。铝板幕墙的钢架内嵌到Z形单元式玻璃幕墙板块内组合一体Z形单元板块，是不同幕墙系统创新组合方式，幕墙结构计算过程采用SAP建模计算。

4. 转角Z形单元板块防水设计

转角板块的防排水设计，是本项目中防水最重要的位置，原招标方案单元式水槽在铝板幕墙位置中断，铝板幕墙系统两侧的单元板块水槽未相通，此位置防水性能薄弱，存在较大的漏水隐患。结合本项目的实际情况，实施阶段转角优化为单元式水槽设计，实现单元板块水槽贯通。铝板幕墙系统自身打胶封闭且在铝板幕墙上下口都有铝封口板，防水性能可以得到保证（图5～图7）。

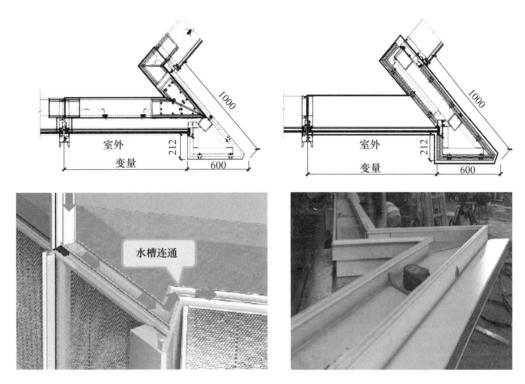

图 5　转角 Z 形单元板块水槽贯通

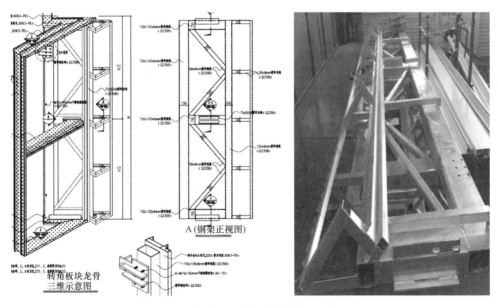

图 6　转角 Z 形单元板块钢架组框

3.2　转角 Z 形单元板块定位工装

铝板幕墙系统采用钢骨架,钢骨架的生产焊接过程产生焊接变形,影响钢骨架的平整度。转角复杂的 Z 字造型给单元板块的加工精度、施工精度带来了巨大的挑战。转角有 1440 个 Z 形单元板块,加工、安装精度控制存在较大困难。按铝板线条传统做法,工厂需对铝板角度及各边长度反复校核,加工完毕后还要做预拼装,工作量巨大。为保证本项目数量众多的转角板块精确生产,在原有技术基础上做了深入分析,通过精心设计,研发出一种转角板块角度控制定位工装,解决了转角组合板块加工及安装过程尺寸和角度控制问题(图 8)。

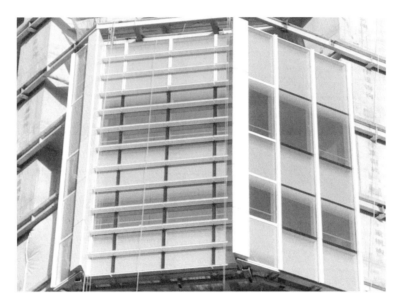

图 7　转角单元板块现场观察样板

图 8　转角 Z 形单元板块工装及组框

　　定位工装避免了每次转角板块组装时测量、复核的大量重复工作，大大减少了拼装工序，组装效率得到极大提高。另外，把工装直接套在单元板块上下横梁也可以提前检查单元板块组框精度，以免出现板块安装过程吊在空中才发现无法插接再返工。本工装相比传统做法，人工效率大大提升，加工及安装速度提高 3 倍，为本项目提供了一种高效、可靠的转角单元板块角度控制技术，确保了转角单元板块的加工、运输及现场安装质量，同时得到业主和各方的一致好评。

4　施工技术要点

4.1　转角 Z 形板块落架及吊装

　　转角板块水平分格渐变，板块最大展开尺寸是 3.9m 宽×6m 高，板块重量达 1.2t，由于板块形状为 Z 字形，板块的重心吊点不易找到，为此把吊装扁担做了相应改进。另外，落架和吊装时很容易对铝板线条造成摩擦、挤压、刮花等问题。样板实施阶段为了解决落架及吊装问题，板块落架运输时，考虑铝板幕墙特点，将室内侧铝板先不装，直接把吊点设在钢架上，落架和吊装时玻璃面朝上，等板块挂接调整后再在工地安装室内侧铝板，解决了落架运输和吊装问题，铝板的观感质量也得到改善（图 9）。

图 9　转角 Z 形单元板块室内铝板后装及落架运输

4.2　施工吊装机具选择

东莞国贸中心塔楼造型独特，大面和转角区域的内外倾尺寸较大，单一依靠单轨吊机无法满足现场安装需求，经过多次探讨及组织专家进行施工方案评审，选定 41 层（204m）以下使用环形单轨道＋悬臂吊＋索道进行单元板块垂直运输及安装，41 层以上使用环形单轨道＋卸料平台＋塔式起重机进行单元式幕墙运输、转运及安装（图 10 和图 11）。

图 10　水平运输：炮车＋环形轨道

图 11　垂直运输：卸料平台＋塔式起重机

4.3 单元板块安装顺序

由于本项目平面有八个转角，转角位置板块为梯形板块，对施工安装时的测量放线要求更高，转角位置又是整个建筑外观造型的关键部位，为方便快速地施工安装单元板块并提高安装精度，项目实施方案是先装一个转角，然后按顺序有序安装板块（图12）。

步骤1

步骤2

步骤3

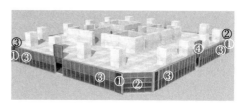
步骤4

图 12　板块安装示意图

转角位置立面呈内外倾变化，在施工安排上不同于普通单元板块的安装。整体上，根据由大化小、由小化精的原则，对本工程实施纵向分段、从底到顶、各个击破的整体施工策略。通过样板和试验阶段实施验证，采用有序安装方法，同时考虑安装效率，在施工安排上，安排两组人员进行同时施工，板块进场后，先行吊装施工一个转角位置的单元板块，随后两个班组从转角位置的单元板块依次吊装，逐层向上，按区进行安装。高楼层转角板块利用总包塔式起重机配合施工电梯运输，板块合理堆放至存放楼层；板块吊运时，采用平滑翻转型运输装置将板块运到楼层边，利用相关吊装设备将板块吊运至相关楼层进行安装。

4.4 幕墙施工控制

成立以项目经理为首的质量组织机构，定期开展质量统计分析，掌握工程质量动态，全面控制各分部分项工程质量。树立全员质量意识，贯彻"谁管生产，谁管理质量；谁施工，谁负责质量；谁操作，谁保证质量"的原则，实行工程质量岗位责任制。用全面质量管理的思想、观点和方法，使全体职工树立起"安全第一"和"为用户服务"的意识，建立行之有效的管理制度，以优良工作质量来保证工程的施工质量。

4.5 转角 Z 形单元板块现场安装影像资料（图 13～图 15）

图 13　转角板块运输和上墙实拍图

图 14　板块闭水试验实拍图

图 15　转角板块吊装过程实拍图

5　结语

最近几年，随着东莞经济实力的快速增长，越来越多的高楼大厦拔地而起，东莞国贸中心 T2 项目的幕墙顶标高 439.8m，作为东莞的第一高楼，为了适合建筑内外倾造型，转角区域由单元式玻璃幕墙系统和铝板幕墙系统组合一体施工。铝板钢架主受力、玻璃单元铝框插接防水设计、铝板幕墙打胶封闭、加工采用创新定位工装、落架吊装措施得当，最终实现了转角 Z 形单元板块防水性好、技术先进、工装优良、安装便捷、造价合理的优点。

具有复杂空间造型表皮的建筑日益增多，根据不同形式的幕墙特点，采取针对性的技术和管理措施，快捷有效地解决复杂问题，成就令客户满意的精品项目，为社会呈现美观、高品质的幕墙作品。

参考文献

[1] 中华人民共和国国家质量监督检验检疫总局，中国国家标准化管理委员会．建筑幕墙：GB/T 21086—2007［S］．北京：中国标准出版社，2008.
[2] 中华人民共和国建设部．玻璃幕墙工程技术规范：JGJ 102—2003［S］．北京：中国建筑工业出版社，2003.
[3] 中华人民共和国住房和城乡建设部．建筑结构荷载规范：GB 50009—2012［S］．北京：中国建筑工业出版社，2012.

单层索网玻璃幕墙施工技术浅析

◎ 文　林

深圳市方大建科集团有限公司　广东深圳　518057

摘　要　本文结合国际金融论坛（IFF）永久会址项目国际会议中心东立面主入口单层索网玻璃幕墙的施工案例情况，对其施工技术进行了简单介绍，重点针对施工过程仿真分析、展索、挂索、分级张拉等工艺进行总结，供广大幕墙工程技术人员参考。

关键词　单层索网；施工准备；仿真分析；施工目标状态；找形分析；展索；挂索；分级张拉；超张拉

1　引言

在当代建筑行业，单层索网玻璃幕墙因其无玻璃边框、无大型支撑结构而深受建筑师的青睐，它轻盈通透，不仅让人们视野开阔，而且增强了建筑内外交融的美感，因而被广泛运用到办公楼大堂、会议中心、机场、会展等公共建筑的外立面。然而单层索网玻璃幕墙的支撑结构由柔性钢索构成，其与传统幕墙结构相比具有受力复杂、现场张拉力大、施工难度高等特点。本文结合国际金融论坛（IFF）永久会址项目国际会议中心东立面主入口单层索网玻璃幕墙的施工案例情况，重点对柔性结构边界的索网施工仿真分析、展索、挂索、分级张拉等工艺进行分析和总结，供广大幕墙工程技术人员参考。

2　项目概况

国际金融论坛（IFF）永久会址项目选址于明珠湾起步区横沥岛尖东侧，是大湾区建设的标志性工程（图1）。该项目主要包含国际会议中心、国际会议服务酒店、政要公馆三个部分，总用地面积约 20 万 m²，总建筑面积约 25 万 m²。项目立足于南沙独特的自然要素与地域文脉，以木棉花开、鸿翔海丝为设计概念，体现花城之美；建筑线条飘逸飞扬，如鲲鹏展翼，有振翅欲飞之力，寓意国际金融论坛（IFF）永久会址助力南沙新区建设腾飞发展，在粤港澳大湾区发展中发挥示范性作用，面向世界、面向未来。其中国际会议中心建筑面积约 15.1 万 m²，具备一个 3000m² 的主会场、3000m² 的宴会厅、两个 1600m² 的多功能厅、数十个中小型会议室及约 1.3 万 m² 的专业展厅。主要幕墙包括 PTFE 膜及内侧玻璃幕墙、大跨度 Y 型柱框架玻璃幕墙、大跨度单层索网幕墙、UHPC 幕墙、采光顶等。

图1 南沙国际金融论坛永久会址项目整体效果图

3 索网概述

本项目国际会议中心东立面的主入口采用单层索网幕墙，幕墙安装在托桁架与A字柱形成的门框结构中。主入口单层索网幕墙从顶部往下向内部倾斜的同时宽度缩减，平面形状为一内倾的梯形，下部宽39m、上部宽40m，两侧高39m（图2）。

图2 国际会议中心东入口拉索幕墙效果图

单层索网玻璃幕墙的横向索和竖向索呈正交网状布置（图3），典型分格尺寸宽为2m、高为3m（图4）。其中竖向拉索为主受力索，上端锚固在托桁架下弦，下端锚固于地面预埋件；横向拉索为稳定索，两端锚固于A字柱（图5）。托桁架弦杆和腹杆截面分别为$\phi700\times40$和$\phi351\times25$，A字柱截面为□$1300\times1300\times40\times40$。入口门斗的梁截面为钢管混凝土梁□$800\times800\times40\times40$，柱截面为钢管混凝土柱□$800\times500\times40\times40$，以及箱型柱截面□$600\times200\times20\times20$。横向稳定索采用1300级316不锈钢$\phi45$拉索，竖向承重索采用1300级316不锈钢$\phi65$拉索。竖向拉索的索力为950kN，横向拉索的索力为320kN。

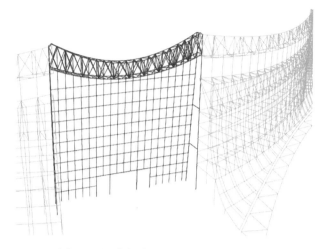

图 3   国际会议中心东入口幕墙轴侧视图

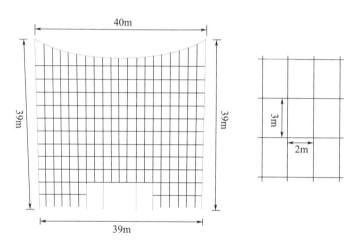

图 4   幕墙尺寸及分格示意图

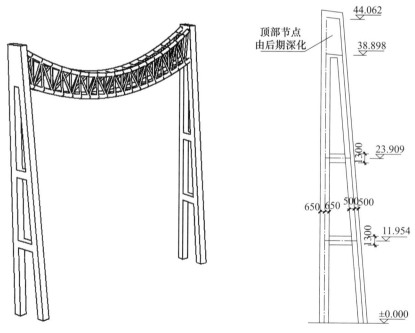

图 5   索网幕墙边界钢结构

4 施工准备

预应力钢索施工专业化程度很高，前期需要大量的准备工作，包括深化设计方案、施工过程仿真分析、施工工器具设计、施工方案编制、与其他单位技术配合等。因索产品是在工厂加工的成品运至现场，一旦前期准备工作出现偏差将严重影响工程施工质量、进度和安全，故前期技术准备工作是索结构施工的核心环节，尤其是施工过程仿真分析。以下仅针对施工过程分析进行介绍，其余不再赘述。

施工过程仿真分析是通过计算机有限元仿真技术，提前将整个施工过程进行"预演"，了解各个施工阶段结构的受力状态以及施工过程结构非线性响应对结构最后成型状态的影响，为制定满足设计意图、安全经济的施工方案提供指导。

4.1 施工目标状态

本项目的索网结构特点鲜明，索网幕墙上部的屋盖钢桁架结构跨度超过 40m，两侧为高大的 A 形柱，相较于锚固在混凝土主体结构之间的索网幕墙有较大差异，边界的刚度较柔，变形很大。且本项目幕墙面自然前倾 5°，改变了垂直面索网幕墙的形态，受力状态相对更复杂。为了保证索幕墙在完工状态的建筑立面效果，保证玻璃幕墙完工状态横平竖直，即要求横向玻璃胶缝和竖向玻璃胶缝均应与建筑立面设计要求保持一致，而不应该出现弯扭或者曲线下垂效果，以此作为施工终态的目标状态。要达到此状态，对结构设计和索结构施工提出了较高的要求。

根据设计初始态要求，索网幕墙的最终目标状态包含了索力和位形两个主要的目标。所有横索张拉完毕索力控制在 320kN，所有竖索张拉完毕索力控制在 950kN；对位形的要求，考虑到建筑立面的效果，所有的玻璃在安装完毕后保证横平竖直，由于整个索网前倾 5°，索网面外不可避免也会有一定变形（图 6）。

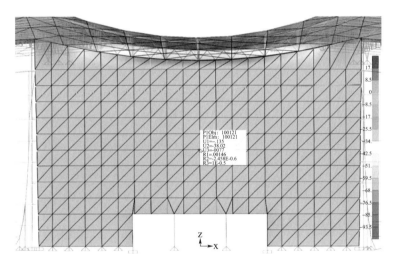

图 6 索网结构有限元找形示意图（玻璃安装完毕横平竖直）

4.2 主体结构屋盖影响分析

结合主体钢结构整体模型，充分考虑整体结构与索网的协同工作，以及主体结构屋盖的卸载对索网边界的变形影响，需要进行屋面施工过程不同阶段的位移分析，主要为吊装屋面钢结构、拆除屋面胎架、非采光顶区域屋面安装、采光顶区域屋面安装阶段位移分析（图 7）。索施工前，屋面恒载作用下顶部桁架跨中已经有 −18mm 的竖向变形。

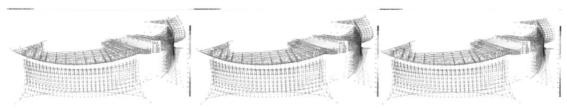

工况1 主体钢结构施工吊装屋面位移云图　　工况2 拆除第一类胎架屋面位移云图　　工况3 拆除第二类胎架屋面位移云图

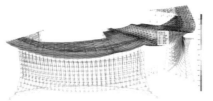

工况4 非采光顶区域屋面安装屋面位移云图　　　　工况5 采光顶区域屋面安装屋面位移云图

图7　主体结构屋盖影响分析

4.3　施工过程找形分析

根据索网施工过程，分析挂索预紧、一级张拉、二级张拉、三级张拉、安装完玻璃位移，并对索夹进行设计目标状态和找形后状态对比，张拉施工结束安装完玻璃，所有拉索需达到横平竖直的结果（图8）。

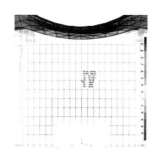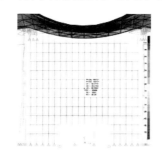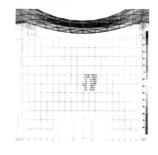

工况6 挂索预紧完索网位移云图　　工况27 一级张拉完索网位移云图　　工况48 二级张拉完索网位移云图

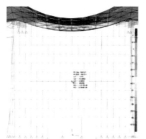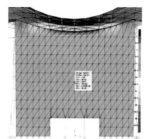

工况69 三级张拉完索网位移云图　　工况70 安装完玻璃索网位移云图

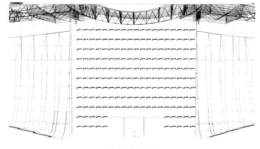

索夹编号图

索网幕墙索夹位形对比表					
	设计目标状态变形结果			找形后目标状态变形结果		
索夹节点	U_x (mm)	U_y (mm)	U_z (mm)	U_x (mm)	U_y (mm)	U_z (mm)
Min	−51.7	−36.4	−79.6	−0.3	−42	−0.5
Max	26	−4.8	−3	0	−4.2	0

图8　施工过程找形分析

4.4　关键工况索力分析

根据施工过程找形分析的结果，张拉施工安装完玻璃，所有的拉索索力满足设计要求，最终横索索力范围 316～328kN，竖索索力范围 934～1040kN。其中三级张拉完毕状态对应设计初始态，索力结果基本一致（图9）。

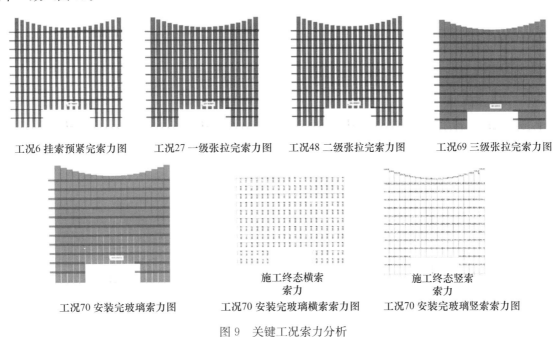

工况6 挂索预紧完索力图　　工况27 一级张拉完索力图　　工况48 二级张拉完索力图　　工况69 三级张拉完索力图

工况70 安装完玻璃索力图　　工况70 安装完玻璃横索索力图　　工况70 安装完玻璃竖索索力图

图9　关键工况索力分析

4.5　关键工况边界结构变形分析

根据施工过程找形分析的结果，顶部的悬链线形桁架在张拉过程中竖向变形从施工前－18mm逐步发展到－88mm，反映出边界较柔，这么大的变形对拉索下料有非常大的影响，必须要根据施工过程的结果结合现场复测来确定拉索索长（图10）。

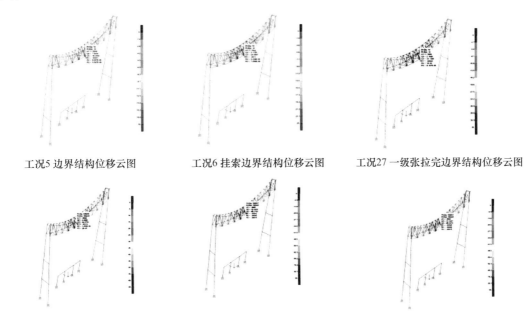

工况5 边界结构位移云图　　工况6 挂索边界结构位移云图　　工况27 一级张拉完边界结构位移云图

工况48 二级张拉完边界结构位移云图　　工况69 三级张拉完边界结构位移云图　　工况70 玻璃安装完边界结构位移云图

图10　关键工况边界结构变形分析

4.6 关键工况边界结构应力分析

根据施工过程找形分析的结果，边界结构的应力发展均匀缓慢，顶部桁架应力从 20MPa 逐级增长到 120MPa，未出现应力突变，采用了分级分批张拉的策略导入预应力，使得整个施工过程对主结构的影响可控（图 11）。

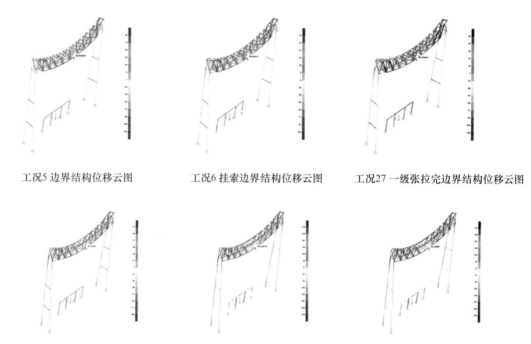

工况5边界结构位移云图　　　工况6挂索边界结构位移云图　　　工况27一级张拉完边界结构位移云图

工况48二级张拉完边界结构位移云图　　工况69三级张拉完边界结构位移云图　　工况70玻璃安装完边界结构位移云图

图 11　关键工况边界结构应力分析

5　施工工艺

索网施工工艺包括现场复测和放线、拉索下料、进场准备、搭设平台、展索、挂索、分级张拉、安装夹具、安装玻璃等，张拉过程中需进行张拉监测，自挂索开始至玻璃安装完成需由第三方监测单位对主体结构进行监测。上述除展索、挂索、分级张拉外，其他工艺与普通幕墙施工大同小异。以下仅针对展索、挂索、分级张拉进行介绍，其余不再赘述。

5.1　展索

展索的目的主要是释放索内残余应力，拉索运输到现场后，展开拉索的盘圈直径不小于拉索直径的 30 倍，即本工程最大索直径为 65mm，盘圈直径不小于 2.0m。根据现场场地布置要求，在入口大门正下方摆放拉索，保证拉索在安装过程中避开障碍物，同时保证拉索顺利放开并安装，最后将所有拉索放置于成型后对应位置竖向投影位置处。展索时将索盘吊至展索盘上并将索头解开，用卷扬机牵引索头，为防止索体在移动过程中与地面接触，索头用软性材料包住，再沿放索方向铺设展索小车，以保证索体不与地面接触，拉索每隔两米间距宜布置方木用来搁置拉索，尽量保护拉索，避免与地面摩擦。再将钢索在幕墙所在位置正下方附近的地面上慢慢展开。在放索过程中，因索盘绕产生的弹性和牵引产生的偏心力，索开盘时产生加速，导致弹开散盘，易危及工人安全，因此开盘时注意防止崩盘（图 12）。

图 12　展索施工及立式索盘放索示意图

5.2　挂索

本项目拉索幕墙自然前倾 5°，综合考虑拉索索夹的关系，横索在内，竖索在外，结合现场实际情况，拟从下往上逐根安装横向拉索，待横索安装完毕再从左往右逐根安装竖向拉索。

5.2.1　横索安装与就位

横索选用 φ45 的不锈钢拉索，单根长度约为 40m，单根重量最大约为 700kg，利用两台卷扬机通过 A 柱顶部悬挂的滑轮吊装，上人操作平台采用高空车，跨中采用 50t 吊车辅助吊装，待拉索到了指定位置，高空车上的工人通过吊带及葫芦将索头牵引到连接耳板附近，校准后完成销接。索头螺杆牵引就位时需要将锚杆顺着连接耳板插入，不得磕碰螺杆螺纹。拉索提升过程中需要采用木扁担保护拉索（图 13）。

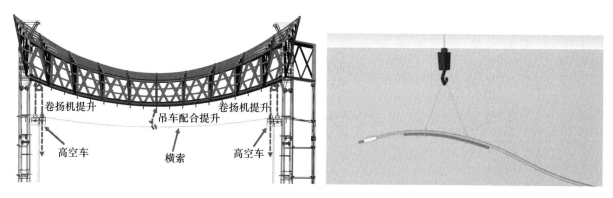

图 13　横索安装示意图及提升扁担示意图

5.2.2　竖向幕墙拉索安装

竖向幕墙拉索的安装：竖向拉索选用 φ65 的不锈钢拉索，单根长度约为 39m，单根重量最大约为 1.2t，利用卷扬机提升拉索至待安装位置，高空车上人安装拉索（图 14）。

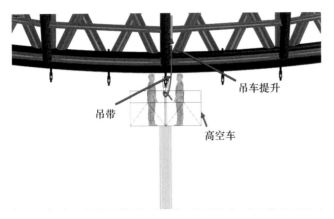

图 14　竖索安装示意图

5.3　分级张拉

本工程的特点是平面和立面均为不规则结构，为最大限度降低幕墙索预应力施加对结构的影响，且与整体计算模型相吻合，本方案拟定采用先张拉横索和竖索，然后进行玻璃夹具的安装。该方案的优点是张拉结果与设计要求的设计索力吻合度较高，可以较好地减少主体结构施工偏差带来的不利影响。另外，为降低索预应力施加对周边结构或构件造成较大突变，本方案拟定张拉施工从刚度较大的区域逐渐向刚度较小区域发展，且张拉过程尽量均匀。

5.3.1　张拉施工原则

张拉顺序：如图 15 和表 1 所示，竖向拉索从两边往中间张拉，横向拉索从上往下张拉；对称与同步张拉：竖索的空间位置分为 10 个张拉组，每一组内的索同步张拉；横索分为 11 个张拉组，每一组内的索同步张拉。相邻两个张拉组的时间间隔约 1.5～2h，两个张拉级间隔时间为一天，保证整体结构及连接节点受力变形到位，消除结构的间隙。张拉分级：横向拉索和竖向拉索分别分三级张拉，张拉级分别为 30%、70% 和 100%。张拉条件：主体结构幕墙框架主体构件 A 柱、桁架和拉索节点安装完成，主体结构屋面安装好，恒载到位后，节点连接焊缝探伤验收等满足要求后方可进行张拉施工。张拉过程中横索挠度控制：最后一级张拉完成前进行玻璃夹具的安装，将夹具螺栓放松，让横索可以在夹具内滑动，最后一级张拉完成后再拧紧夹具螺栓。

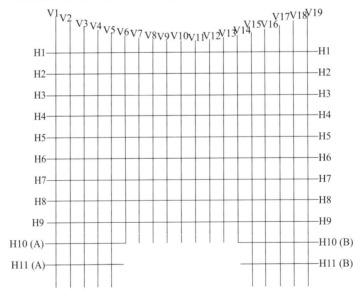

图 15　拉索编号及分组

表 1 预应力拉索施工分组

序号	张拉分组	拉索编号	分类
1	第 1 组	V1、V19	竖索
2	第 2 组	V2、V18	竖索
3	第 3 组	V3、V17	竖索
4	第 4 组	V4、V16	竖索
5	第 5 组	V5、V15	竖索
6	第 6 组	V6、V14	竖索
7	第 7 组	V7、V13	竖索
8	第 8 组	V8、V12	竖索
9	第 9 组	V9、V11	竖索
10	第 10 组	V10	竖索
11	第 11 组	H1	横索
12	第 12 组	H2	横索
13	第 13 组	H3	横索
14	第 14 组	H4	横索
15	第 15 组	H5	横索
16	第 16 组	H6	横索
17	第 17 组	H7	横索
18	第 18 组	H8	横索
19	第 19 组	H9	横索
20	第 20 组	H10	横索
21	第 21 组	H11	横索

5.3.2 预应力张拉施工

根据横索和竖索的边界情况及拉索两头调节端的情况，拟在地面一侧张拉竖索，左侧 A 柱设置张拉端，进行张拉施工（图 16）。其中横索的张拉施工由于条件较差，需要吊车及高空车的配合，同时结合顶部桁架挂工装索及吊带，用于辅助安装工装及千斤顶设备。

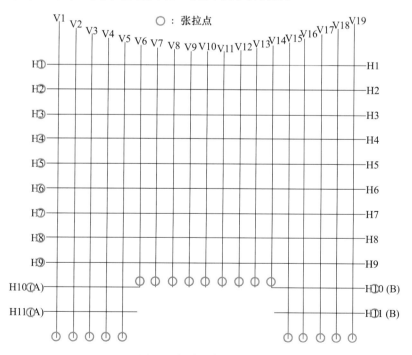

图 16 拉索张拉点示意图

工人通过高空车在张拉端就位，首先吊装安装反力架，位于拉索锚具外侧，重量较小，直接可以套在锚具的耳板上固定；高空吊车将千斤顶和配套精钢螺纹杆吊装到目标张拉端，安装过程中需注意千斤顶受力中心线和拉索轴线方向一致；再安装油泵，注意油泵的出油口和进油口需按照油泵说明书安装；工装设备安装完成后，开始张拉，张拉之前需要标记拉索大螺母的位置；开始加压，加压的过程必须保证两台千斤顶同步进行，避免受力不均匀，如何保证千斤顶同步进行，加压的速度需缓慢，通常是1MPa为一个步级。张拉过程中，通过拧紧大螺母来使拉索受力，考虑到小钢棒转动可能力矩不够，需要采用对应的扳手，大螺母始终保持和锚垫板在一起便可。张拉到设计要求力值后，测量结构等变形情况，张拉结束（图17）。

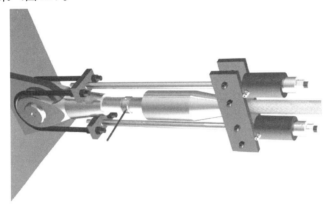

图 17　张拉工装设计组装及固定措施示意图

5.3.3　预应力损失及处理措施

张拉过程中预应力损失产生的主要原因如下：钢索索体松弛；钢索索体锚具回缩变形，主要是调节螺杆变形；油压损失；节点摩擦使预应力产生损失。为保证张拉力达到设计要求，根据大量工程经验，实际张拉过程中，采取在理论张拉力基础上超张拉5%进行控制。

6　结语

索网结构的形成过程即施工过程，索网在安装过程中同时建立了预应力并使结构形成，若施工没有控制好，其形成的索网结构可能面目全非，甚至导致玻璃面板无法安装。其施工过程中应注意以下几点：

（1）前期技术准备工作是索结构施工的核心环节，重点做好施工过程仿真分析；

（2）索的下料长度、索的下料状态应力在施工仿真分析中得到计算和控制，并结合现场复测尺寸进行修正；

（3）施工方案确定好挂索顺序、张拉顺序、张拉分级及相应索力控制，必须与设计的预应力施加过程相一致，并严格按方案执行；

（4）控制预应力施加过程的速率，保证整体结构及连接节点受力变形与设计一致；

（5）预应力施加过程的监控十分重要，施工中应规定监控的指标和参数，同时监控一些重要结构构件的"形"和"力"。

参考文献

［1］中华人民共和国住房和城乡建设部．建筑施工高处作业安全技术规范：JGJ 80—2016［S］．北京：中国建筑工业出版社，2016．

［2］中华人民共和国住房和城乡建设部．建筑结构荷载规范：GB 50009—2012［S］．北京：中国建筑工业出版社，2012．

［3］中华人民共和国住房和城乡建设部．索结构技术规程：JGJ 257—2012［S］．北京：中国建筑工业出版社，2012．

台风多发地区中悬窗的应用分析

◎ 何林武　翟国占　汪祖栋　唐光勤

中建深圳装饰有限公司　广东深圳　518003

摘　要　中悬窗在我国应用并不是很多，特别是南方台风多发地区，但是中悬窗的有效通风面积是其他窗型无法比拟的，它可以形成连续、顺畅而流动的自然通风，可以有效降低建筑物运营过程中的碳排放。本文探讨了台风多发地区中悬窗设计与加工的要点以达到相关性能指标要求，为发展具有高能效、低能耗的建筑提供技术支撑。

关键词　中悬窗；节能；设计；加工；三性试验

1　引言

为应对全球气候变暖，实现可持续发展，世界各国都在积极推动建筑向超低能耗建筑发展。同时，《建筑节能与可再生能源利用通用规范》（GB 55015—2021）规定：新建建筑群及建筑的总体规划应为可再生能源利用创造条件，并应有利于冬季增加日照和降低冷风对建筑的影响，夏季增强自然通风和减轻热岛效应。结合《公共建筑节能设计标准》（GB 50189—2015）、《民用建筑设计统计标准》（GB 50352—2019）、《建筑设计防火规范》（GB 50016—2014）等规范关于有效通风换气面积的规定，幕墙必须设置一定数量的开启扇。再者，建筑师往往希望设置更少的开启扇以满足整个建筑立面效果。所以在为达到各方诉求的情况下，中悬窗应是大力推广的窗型之一，奈何中悬窗在华南区域，特别是水密要求较高的地方适用性不强，本文以深圳市建科院未来大厦中悬窗三性试验为例，针对中悬窗的水密、气密性能重难点控制及解决方法进行分析研究，希望对行业相关人员有一定的参考意义。

2　项目概况

建科院未来大厦是深圳市建科院自主设计、投资建设的办公研发大楼，项目位于深圳国际低碳城核心启动区内。该项目是深圳近零碳实践案例的典型代表，也是全国首个走出实验室规模化应用全直流的建筑，实现了光储直柔技术的工程化应用，建成后预计项目能耗仅为同类办公建筑平均能耗的一半（图1）。未来大厦项目整体定位为绿色三星级建筑和夏热冬暖地区净零能耗建筑。通过采用"强调自然光、自然通风与遮阳、高效能源设备"及可再生能源与蓄能技术集成的"光储直柔"的技术路线，探索建筑领域碳达峰路径。

为了满足项目在近零碳建筑方面的实践，中悬窗成为了业主的首选。本项目中悬窗的各项性能指标如下：

抗风压性能 P_3＝4.06kPa，抗风压性能为7级；

水密性能 ΔP＝746Pa，水密性能为6级；

气密性能为7级。

图 1　项目实景图

3　中悬窗的分类

中悬窗，顾名思义，是指旋转轴在窗中部的开启扇，根据开启方向可分为水平翻转和垂直翻转（图 2）。

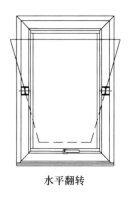

水平翻转

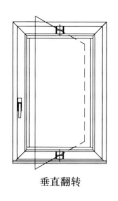

垂直翻转

图 2　中悬窗分类

4　中悬窗的特点

中悬窗自身可在开启状态下形成流畅和大量的空气循环，而被部分建筑师所青睐，认为是同等面积换气量较好的窗型而大力推荐使用。

相比上悬窗，其通风率较高；相比内开窗，其不占用室内活动空间；相比外平开窗更加安全；同时具有良好的外观效果（图 3）。

和其他窗型相比，中悬窗的最大优点就是进出通风面积相似，容易形成换风量大的通风循环，保证连续、顺畅而流动的自然通风。所以在某些新风量要求严格的场所，如商场、汽车站、地铁站之类的公共建筑，中悬窗比较受青睐（图 4）。

图3 中悬窗室外、室内效果

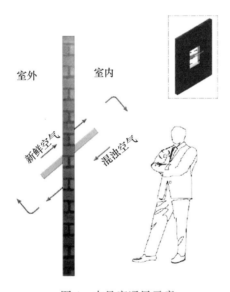

图4 中悬窗通风示意

因为中悬窗的特殊开启方式,能够做成圆形窗户,甚至是椭圆形,可以满足建筑师的某些立面要求,如天津远洋城小学。

但从另一方面来说,中悬是一种特殊的系统,中悬窗比一般开启形式增加了一款转换料、几款特殊的密封胶条。不仅增加了型材用量,还增加了加工组装难度,同时水密问题更是重中之重,也是制约在台风多发地区推广使用的重要因素(图5)。

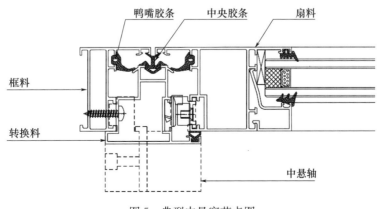

图5 典型中悬窗节点图

303

5　中悬窗重难点分析及解决措施

5.1　设计重难点及解决措施

5.1.1　设计重难点

本项目选用的是水平翻转中悬窗，正是缘于中悬窗的特点、中悬轴的存在，使得转换料断开，存在通缝（图6），导致该系统的水密性和气密性难以达到台风多发地区的设计要求。众所周知，要达到相应的水密性能，密封胶条的交圈是必不可少的，其次不能有缝隙（包括型材、胶条）。而中悬窗的转换料通缝及胶条不交圈成为设计需要解决的最重要问题。

图6　中悬窗组框示意图

本项目的水密性能达到门窗要求的最高等级，即使是在普通平开窗或悬窗上要想实现开启部位746Pa也不是件容易的事，所以摆在我们面前的困难可想而知。

5.1.2　解决措施

为解决中悬窗技术问题，团队也是几经参观深圳已有中悬窗案例——建科大楼幕墙，但是已无法再拿到相关三性指标数据。同时也是邀请行业内专做中悬窗的厂家送样过来参考研究，但效果都不尽如人如意，简单的浸水试验都无法保障，更别说实验室的水密测试了。厂家也跟我们表明，中悬窗一般在北方、内陆地区使用较多，台风多发区域应用很少，即使个别项目使用也无法提供试验报告，无法达到746Pa这么高的水密标准。

寻求外界支持无果后，团队也尝试说服业主方更改方案，为配合整个建筑近零耗应用实践，要求我们务必突破中悬窗的技术难题。为此，团队针对中悬窗的特性制定了两个措施。

1. 解决系统设计问题

本项目中悬窗根据五金厂家提供的中悬轴及五金系统之后定好型材，以配合其五金（图7和图8）。

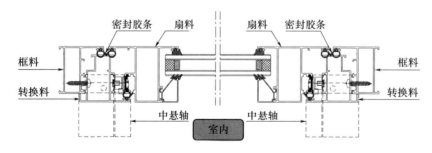

图7　中悬窗上部节点图

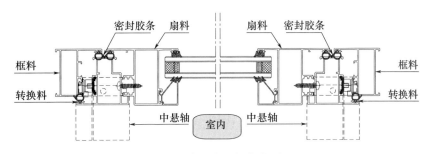

图 8　中悬窗下部节点图

2. 解决通缝问题

通缝主要存在两个位置：一是中悬窗和转换料交接位，属于"硬"接触；二是存在转换料断缝交接处。核心位置还是转换料，为此，团队在系统设计时在转换料断口处采用柔性的胶皮封堵，既避免了"硬"接触，同时也可以让转换料闭合时实现无缝（图 9）。

图 9　中悬窗组框示意图

3. 解决胶条胶圈问题

从图 7 节点中可看出来，室外侧胶条胶圈、室内侧胶条在交接处断开，其中在转换料断口处室外侧胶条需与第 2 条中封堵胶条闭合形成一道胶条密封。团队思考很长时间尝试了很多种办法也没能将室内侧胶条密闭，只能尝试一道密封做浸水试验，经过浸水试验尝试，达到 750Pa 基本是可以的，当然实际还得以试验场为准。事实证明也确实可以。

5.2　加工重难点及解决措施

中悬窗的加工重难点除了其他类型开启扇需要注意的点之外，还需注意中悬轴的转轴、开启执手处的漏水隐患等，主要包含以下几个方面（图10）：

（1）窗框窗扇45°拼接处需打断面胶。

（2）转换料与窗框窗扇接触部位需打胶密封。

（3）所有连接螺钉需用清洗剂去除灰尘污渍，需蘸胶打钉，铝合金腔内外露螺钉头均应抹防水密封胶密封，螺钉孔需全部打满密封胶并且压实涂抹均匀。

（4）窗执手、中悬轴等转轴处也是漏水的一个隐患，所以窗执手、中转轴涂抹黄油，既可以润滑，又可以起到密封作用。

（5）锁点锁座在安装过程中会出现没有咬合或者咬合不紧情况，可通过使用橡皮泥来检测：在锁座上抹适量橡皮泥，关闭、开启后根据橡皮泥变形的形态来检测锁点锁座是否对齐，如若没有配合上，则调整锁座沿传动杆方向位置（图11）。锁点锁座调整到位后，再用一张纸来检测窗的锁紧情况：将一张纸放置于窗框窗扇胶条处（靠近锁点锁座位置），闭合开启扇，拉拔纸张，若无法将A4纸轻易拉出，则表明开启扇闭合紧密，反之则需重新调整锁点锁座，在靠近每个锁点锁座位置都检测一下，均较难拉出，则窗框窗扇配合较为紧密。

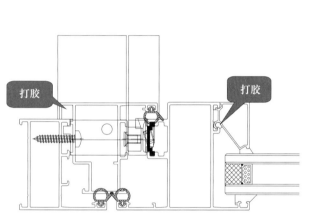 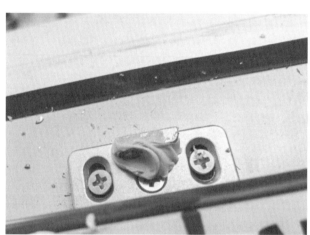

图10　型材拼接处打胶示意图　　　　　　　图11　橡皮泥检测锁块配合

（6）加工厂按照设计要求做好相关事项后，如何确保中悬窗到试验场、现场后能满足性能指标要求，通常采用的是浸水试验，根据本项目水密性能746Pa、工厂浸水深度75mm，看是否出现漏水，需满足15分钟无渗水方可出厂（图12）。

图12　工厂浸水试验

6 四性试验

6.1 试验流程

工程检测应按照气密、水密、抗风压变形（40％风荷载标准值）P_1'，抗风压反复加压（60％风荷载标准值）P_2'，风荷载标准值 P_3'，风荷载设计值 P_{max}' 的顺序进行。

6.2 试验结果

本项目试验地点为深圳市建科院下属单位深圳市建研检测有限公司，三樘中悬窗全部一次性通过试验，满足工程设计要求（图 13）。

图 13 试验照片及报告

7 结语

中悬窗四性试验的一次性通过，给了业主一个完美的答复，不仅验证了中悬窗系统的正确性，也验证了一道胶条密封能达到水密 6 级的要求，为台风多发地区推广使用中悬窗提供了基础，可以让门窗幕墙从业人员、建筑师、业主多了一种选择，为建筑在运营过程中减少碳排放保驾护航。

参考文献

[1] 黄庆祥，陈丽，黄健峰，等 . 幕墙开启扇锁点安全的理论分析与实现 [C] // 杜继予 . 现代建筑门窗幕墙技术与应用：2022 科源奖学术论文集 . 北京：中国建材工业出版社，2021.

[2] 中国国家标准化管理委员会 . 建筑外门窗气密、水密、抗风压性能检测方法：GB/T 7106—2019 [S] . 北京：中国标准出版社，2019.

单元式玻璃幕墙的施工方案及技术探讨

◎ 刘晓飞

深圳广晟幕墙科技有限公司 广东深圳 518029

摘 要 在建筑工程中，单元式幕墙施工技术的应用能够提高幕墙工程的质量与施工进度，对促进我国建筑工程发展有积极的作用。

关键词 单元式幕墙；关键施工方案；施工重难点

1 引言

单元式幕墙是将幕墙按单个层高或多个层高划分的工厂化制品，一个板块既为一个完整的受力单元。单元板块在加工厂加工完成后运至施工现场，与在主体施工时预留的挂件连接，并利用单元板块上的微调构件精确调整幕墙位置，幕墙板块之间采用插接式连接。

2 单元式板块的施工措施

单元式幕墙施工计划采用"统一管理、分区施工、分段控制、流水施工"的管理手段，针对高层单元板块的吊装安装，将塔楼划分为若干施工段，每个施工段架设环形吊轨进行单元式板块的吊装。根据项目施工需求，轨道可搭设单轨或双轨（图1和图2）。

现场计划按总包主体结构施工进度进行各施工段的施工，过程中根据主体结构的施工顺序采用施工区域平行施工及施工段内流水施工的顺序进行施工。

施工现场塔楼配有施工电梯及塔式起重机，平面安装以避开施工电梯及塔式起重机逆时针或顺时针进行安装。

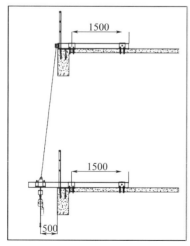

图1 环形单轨吊搭设方案

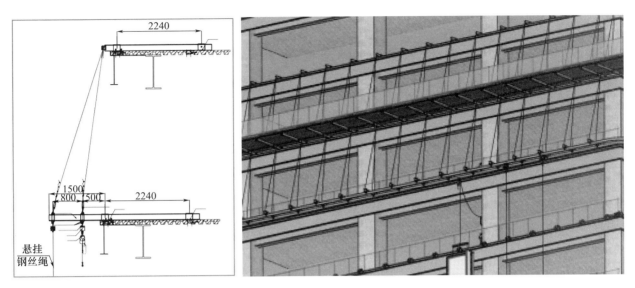

图 2　环形双轨吊搭设方案

轨道吊制作材料宜使用 Q235B 钢材，卸荷钢丝绳上下端的耳板厚不宜小于 6mm，卸荷钢丝绳的拉环直径不宜小于 20mm。设计计算双轨悬挑钢梁时，应按照双轨同时承受最大、最不利荷载工况控制（图 3）。

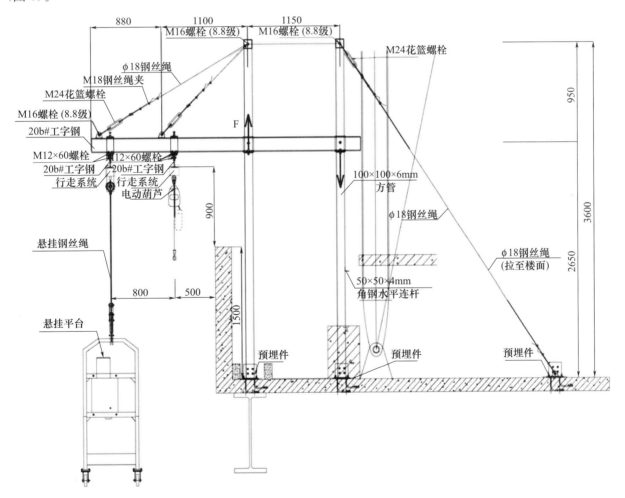

图 3　悬挑环形钢环轨搭设方案

3 单元式板块施工重难点分析及对策

3.1 单元式板块的加工组装及质量控制措施

3.1.1 实施信息化管理

设计阶段，采用三维软件模拟构件的实际情况，准确定位各种构件的加工尺寸（图 4 和图 5）。

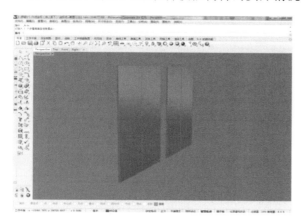

图 4　三维建模一　　　　　　　　　　　　　图 5　三维建模二

3.1.2 单元体组装

单元体板块采用特制胎模进行辅助定位组装（图 6）。

与此同时，我司将定制板块角部形态控制卡具，通过卡具控制板块形状精度（图 7）。同时通过在加工厂材料加工精度一次性到位，保证现场安装的质量。

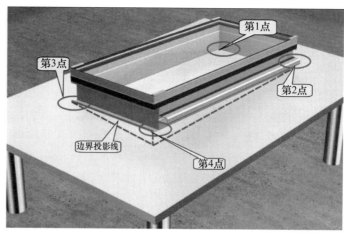

图 6　单元板块辅助定位组装　　　　　　　　图 7　单元板块检测平台

3.1.3 单元板块平整度控制措施

利用专业检测平台，检测已成型的单元板块的空间四边形尺寸，保证单元板块出厂合格率达到 100％。

3.1.4 弧形单元板块加工质量控制

弯弧玻璃检测：弧形玻璃的弯曲尺寸通过 BIM 模型提取设计参数进行加工，确保弧线相吻合，满足规范要求（图 8）。

弯弧铝型材拉弯控制：

（1）在型材两端同时施加拉力和弯矩，使型材边紧贴在胎具上，减少弯曲回弹量，提高轮廓精度（图9）。

（2）增加拉伸位移量。

（3）在腔体内部填充PVC板或者耐力板，防止上下表面不平。

弯板单元加工控制：采用可调节单元固化架辅助进行组装（图10）

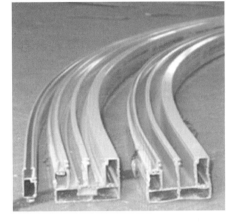

图8　弯弧玻璃检测　　　　　　　　　　图9　弯弧型材检测

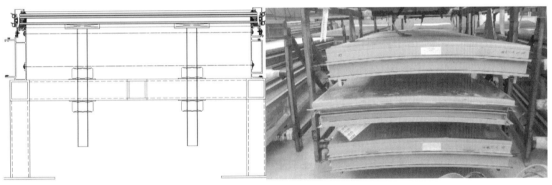

图10　弧形单元加工

3.2　测量放线的精准度控制是单元式幕墙施工质量的关键点

3.2.1　测量主体结构偏差

根据轴线控制线或利用经纬仪架设在内控网或外控网上对已施工的主体结构与幕墙安装有关的部位进行全面复测；由于主体结构施工偏差而妨碍幕墙施工安装时，应会同建设单位、设计单位和土建承建单位采取相应措施，并在幕墙安装前实施。

复测内容包括结构边、各层标高、垂直度、局部凹凸程度及埋件的左右、进出及标高等。

3.2.2　严格控制测量放线

严格按照测量放线的要求，定出每一个单元体板块的定位点，精确的测量放线是单元板块就位的依据，施工过程中应严格按照放线点来定位。

3.2.3　单元体安装的六向自由度调节

解决单元体安装精度控制的问题，除了要求在加工、制作、安装的每一环节必须严格把关，层层控制，严格按质量管理程序办事，力争将各类误差控制在最小范围外，还应要求单元体的设计能吸收及调节一定范围内的误差。

单元体与埋件的连接设计成六向自由度可调节形式（图11），根据单元体的加工、安装误差控制值设计调节范围，保证单元体的安装误差在可控范围内。

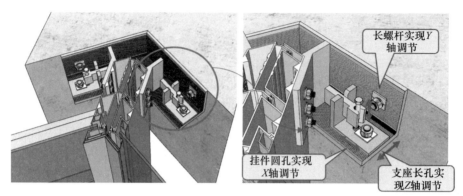

图 11　安装节点单元板块调节原理

3.3　单元板吊装方案及安全性控制是重难点

单元板块处于高空作业，对比常规的钢轨吊，我司将进行加强钢架和安全措施，确保吊装安全：起吊时为保证单元板块的吊装成品保护安全，可采用四个吊点进行起吊，其中最外两个为主要受力考虑点，内侧两个吊点为安全保障吊点（图 12）。

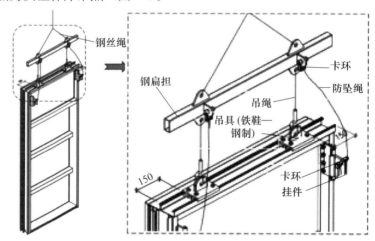

图 12　单元板块吊装

带大装饰条的板块在楼层内组装好后，通过起板机（图 13）辅助吊装完成，无须再在室外安装，提高施工效率，确保安全，保证工程质量（楼内安装精度更易控制）。

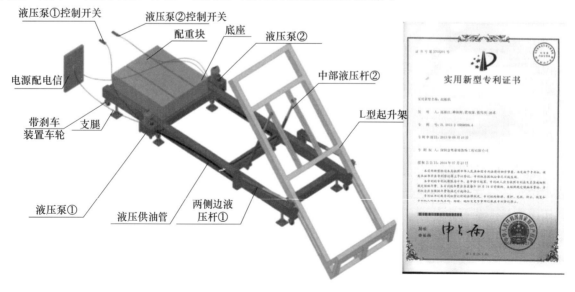

图 13　起板机示意图及专利

吊装时应用水平仪跟踪检查水平标高，全站仪观测单元板的水平和垂直度。若有误差即通过调节螺栓进行三位调节，至符合标准后，固定。

3.4 幕墙防渗漏控制是单元幕墙施工的重难点

3.4.1 单元式幕墙系统的防水设计

通过设置披水胶条、防水胶皮、弹力海绵等"堵""排"结合的措施，使单元板块的前、后腔形成多道连续不间断的防水屏障。而同时对于进入前、后腔的雨水，有组织地分层排到室外，整个排水路径清晰直接（图14）。

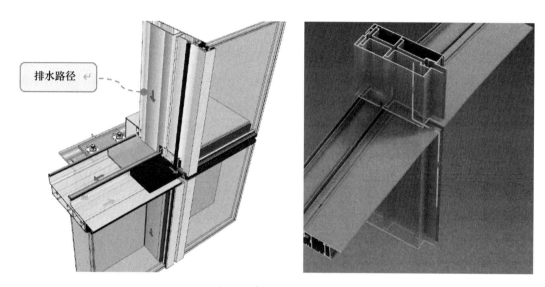

图14 单元板块排水通道

"十字缝"封堵设计：

（1）在两个单元板块水槽连接处施打密封胶，并在铝合金水槽料存水较多的前腔加设防水胶皮，用于正面封堵及分层排水。

（2）铝合金水槽料和立柱相接处采用双道弹力海绵，用于封堵铝合金公母料和水槽料产生的空隙。

双等压腔排水设计：

（1）通过披水胶条进入前腔的雨水因自重而下落，由下一单元板块水槽料前端的缺口排到铝合金公母料披水胶条的外侧。

（2）进入后腔的少量雨水，通过排水小腔流入下一单元板块铝合金公母料的前腔；同时室外的气流通过相同的路径到达单元板块的内腔，达到内外压差平衡，形成双等压腔。

3.4.2 单元板块出厂前的浸水试验

单元板块的生产加工在工厂内完成，板块加工完成后进行注水试验（图15），注水试验将在特制的水池当中进行。板块生产完成后，放入水池当中，慢慢往池中注水一直达到规定的深度，一定时间后若发现无渗漏则认为板块水密性良好。

3.4.3 起始横梁的闭水检测措施

外墙单元板块安装前，对横梁进行防漏水测试（图16），测试前封堵所有排水孔，并待硅酮密封胶固化，测试时水注满顶横梁排水槽并待续至少15分钟，不应有水渗漏进幕墙内侧，水槽注满水时间应持续最少24小时。

图 15　单元板块工厂注水试验

向水槽内注水

存水至少60min

图 16　单元板块现场横梁闭水检测

3.4.4　安装过程中的淋水试验

安装过程中，达到5％、10％、25％、50％、75％和100％时进行淋水试验，保证整个幕墙防水性能良好。

板块安装过程中，进行每层百分百淋水试验，以检验板块的水密性及排水情况，如有不足应及时改正，确保整栋大楼的水密性能优良、排水完善。

3.5　高层单元式幕墙施工安全管理控制措施

（1）根据国家有关建筑安全的法律、法规要求和OHSAS 18001职业安全管理体系，成立安全管理组织机构，结合幕墙临边、高空作业的特点，制定总体安全措施、建立安全责任制度，实行安全管理一票否决制。

（3）搭设钢制防护平台，保证交叉作业安全。

（4）结合不同部位施工或安装特点制定相应的安全、消防防护措施及应急措施，特别是做好屋顶区域的安全措施，投入必要资源，确保安全施工。

（5）全过程推行安全旁站制度，杜绝安全隐患。

（6）组织专家进行安全专项论证，确保施工方案安全可行，报相关部门批准。

（7）依据ISO 14001环境管理体系，做好现场周边环境、交通安全管理，按照总包规定安排运输路线及现场平面布置。制定大型构件的场外运输及场内运输吊运方案。

（8）严格执行《中华人民共和国建筑法》《建设工程安全生产管理条例》及政府有关安全生产的法规。全过程贯彻实施"安全第一、预防为主"的方针，实现本工程零火灾、零死亡目标。

（9）塔楼幕墙施工为插入式施工，当主体结构分段完成即开始下部幕墙的施工，需在已完成主体结构下方搭设水平硬质防护棚，以防止高空物品坠落伤人、损坏幕墙（图17）。

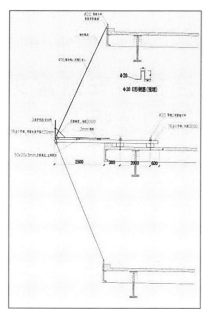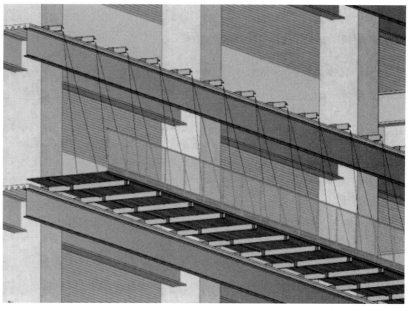

图 17 硬质防护棚

4 结语

单元式幕墙的技术正在被大量地运用在超高层建筑中，这不但提高了高层建筑的整体美观性，而且提高了高层建筑的施工效率，同时也需要重视单元式幕墙在施工过程中的质量控制，这样才能成为一个优质的工程。

参考文献

[1] 北京城建科技促进会. 建筑幕墙施工安全技术标准：T/UCST 002—2018 [S]. 北京：中国建筑工业出版社，2018.
[2] 杜继予. 现代建筑门窗幕墙技术与应用：2022 科源奖学术论文集 [M]. 北京：中国建材工业出版社，2022.

竖向大装饰线条的连接与安装常见问题的分析与探究

◎ 张立成 杨友富 张 航

中建深圳装饰有限公司 广东深圳 518003

摘 要 随着社会经济的飞速发展，越来越多的建筑幕墙用到了装饰线条来实现其装饰效果，而装饰线条的连接系统作为装饰线条与立柱连接的主要构件，其重要性不言而喻。其设计的合理性会影响现场的施工安装效率、后期维护以及最终的装饰效果。本文总结分析了不同连接形式的装饰线条的特点以及存在的问题，并对相关问题进行了分析探讨。

关键词 装饰线条；连接形式

1 引言

装饰线条作为现代建筑幕墙的主要装饰构件之一，其在装饰行业的应用非常广泛，许多有特色甚至地标建筑都是通过装饰线条来实现其装饰效果的，因此我们有必要了解清楚其是怎样连接的，有哪几种连接形式，每种形式有可能会出现什么问题。不同连接形式的装饰线条具有不同的特点，也会产生不同的问题，总体来说这些问题涵盖了线条的设计、连接、加工，以及现场安装等过程。由于主体结构误差、幕墙的安装误差，其要具备一定的三维可调能力；再者，其由于迎风面较大，并且属于悬挑结构，在风荷载的作用下，装饰线条可能会出现晃动的情况，这不仅会形成噪声，还会对幕墙的安全性产生影响；并且在运输以及现场存放时也会存在线条变形的情况，这就需要我们做好成品保护。本文针对不同的连接形式，并且根据不同宽度的装饰线条进行了具体的讨论分析，以供行业人士参考交流。

2 大装饰线条的连接形式分析

装饰线条的连接形式根据其安装方式一般可以分为挂接式和插接式。挂接式所采用的连接方式是先将装饰线条的挑件安装在立柱上，然后将其挂接在挑件上。此种连接方式的特点是上下装饰线条之间要留有足够的安装空间，在安装时需要先把装饰线条往上抬一定的高度，插接进去之后再将装饰线条往下放，利用型材的槽口卡在挑件上。此种做法的优点是安装简单、便捷，装饰线条的组装工作都可以在地面完成，然后进行整体吊挂。插接式所采用的连接方式是先将挑件固定好之后，再将装饰线条直接进行插接，然后直接打钉将线条与挑件固定。此种安装方式的特点是无须将装饰线条先抬后放，因此上下装饰线条之间也无须留比较大的安装空间。

2.1 挂接式装饰线条

1. 单臂单挂式（图1和图2）

此种做法适用于宽度≤50mm的装饰线条，由于宽度较小，故可以采用将装饰线条直接挂在挑件上的做法。此种做法在开模时要注意在型材内部开两个槽，第一个槽用于挂接以传递线条的自重，第二个槽用于在水平方向限位以传递风荷载。挂接深度一般在 15～25mm，并且上下装饰线条之间应留有不小于挂接深度的缝，便于现场安装以及后期的维护和更换。此线条在加工时要注意区分顶底，否则会出现线条挂接错位的现象。

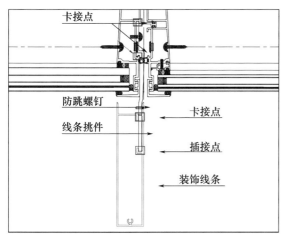

图1　单臂单挂式

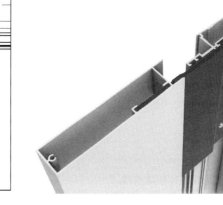

图2　单臂单挂式三维图

2. 单臂双挂式（图3和图4）

此种做法适用于 50mm＜宽度≤200mm 的装饰线条，由于宽度稍宽，故可以采用在装饰线条中增加挂接铝通，然后在铝通上设置两个槽，使得装饰线条可以形成两个挂点。此种做法在开模时要注意装饰线条的前腔需要留有足够大的空间以保证能容纳整个挂接铝通，并且挂接铝通与挂件之间也要设置两个连接点，第一个连接点用螺栓将铝通与挂件连接起来用于传递整个装饰线条的自重和水平风荷载，第二个连接点设置一个卡槽将挑件卡接到连接铝通上用于传递水平风荷载。这两套模在开模时要注意装饰线条与铝通之间每边要留有 1～2mm 的装配间隙，在安装时需在间隙处垫上胶皮以防止型材之间相互摩擦，产生噪声，甚至可能会引起线条晃动。

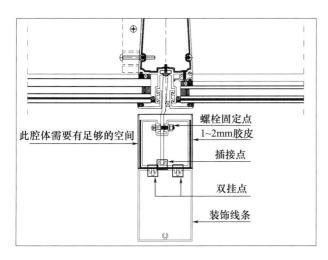

图3　单臂双挂式

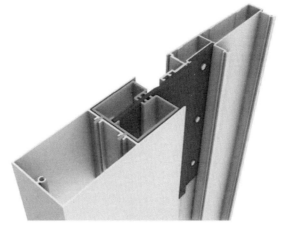

图4　单臂双挂式三维图

3. 双臂双挂式（图5和图6）

此种做法适用于宽度＞200mm 的装饰线条，由于宽度比较宽，如果做成一个模则这个模的截面积太大，开模可能会需要增加壁厚以及增加加强筋，并且由于截面外接圆的面积太大，会增加模具的费用，开模条件不好会增加很多不必要的费用。因此多数情况下会采取拆模的做法，将一个大模拆分成若干个小模，那么此装饰线条将由多个型材组合而成，其中要充分考虑好各种型材的连接顺序，在地面或者工厂组装完成后进行整体挂接。此装饰线条具有两个支撑挑件，整体具有两个挂点分别挂在两个支撑挑件上。

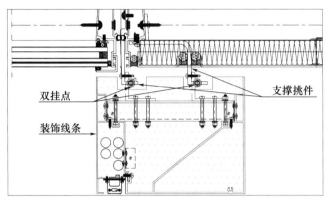

图 5 双臂双挂式

图 6 双臂双挂式三维图

2.2 插接式装饰线条

1. 单臂直插式（图 7 和图 8）

此种做法适用于宽度＜300mm 的装饰线条，由于考虑到安装施工时可能会产生误差，并且如果开成一个整模的话，需要在线条后端增加加强筋，在加工时也会需要在增加的加强筋处开槽，增加了加工的工作量以及型材的用量。因此采用了分体式插接设计，将装饰线条拆成两部分，分别插接打钉固定。此种设计装饰线条两部分均有两个卡点，由前端的打钉固定点来传递线条自重，并且两个点一起传递水平风荷载。此种连接方式无法一次性在地面将线条全部组装好进行整体挂接，因此安装效率较低，并且增加了高空作业的工作量，同时增加了不安全性，因此建议在高度较小的建筑物上采用此种连接方式。

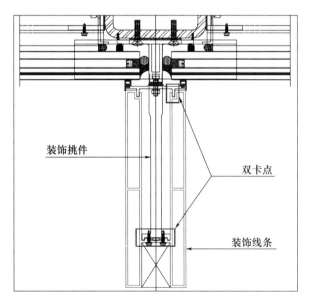

图 7 单臂直插式

图 8 单臂直插式三维图

2. 单臂直插组合式（图 9 和图 10）

此种做法适用于宽度≥300mm 的装饰线条，同样地，由于开模以及型材用量和安装误差等原因，此装饰线条一般会采用拆模设计，由一个大模拆成几个小模，此装饰线条由多个型材组合而成，所以在安装时要注意安装顺序，此装饰线条大体上可以分为三个部分：X、Y、Z。在安装时，可以先把 Z 部分在地面安装好，然后安装 X、Y 两个部分，最后安装 Z 部分。同样地，这种做法 X、Y 两部分均有两个卡点，由前端的打钉固定点来传递线条自重，并且两个点一起传递水平风荷载。此种连接方式相较单臂直插式装饰线条又多了一个部分，因此在安装时工作量又会增大，要分三部分来进行安装。因此此种连接方式也适用于高度较小的建筑物。

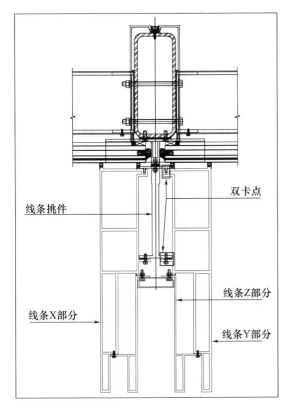

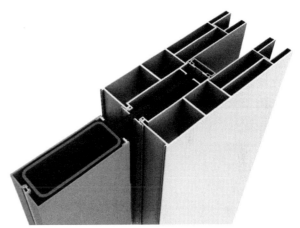

图 9　单臂直插组合式　　　　　　　　　图 10　单臂直插组合式三维图

3　大装饰线条连接与安装常见问题汇总

3.1　大装饰线条安装时可能无法进行三维调节

由于主体结构的误差以及幕墙的安装误差，大装饰线条若没有三维调节能力会导致线条难以安装，或者强制安装会导致线条产生装配应力，可能会让线条产生变形，从而影响最终的装饰效果。从连接设计的角度来讲可能是因为型材之间的配合以及构造不具备三维调节的能力，因此有部分装饰线条本身无法实现三维调节。若是单元板块则可以依靠板块本身的三维调节能力来进行调节，并增加弹簧销轴进行限位矫直；若非单元板块则很难进行三维调节，只能尽可能减小安装误差并增加弹簧销轴进行限位矫直来保证平直度。下面来对各种装饰线条的连接进行分析。

1. 单臂单挂式

此线条本身只能在 X 方向进行 1～2mm 微调。其本身只能进行一维调节（图 11）。

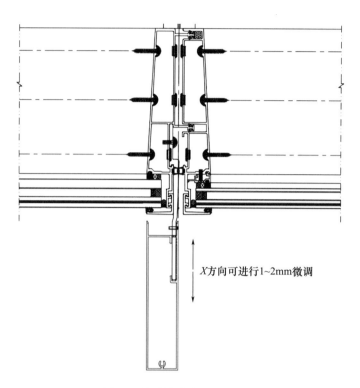

图 11 单臂单挂式调节示意图

2. 单臂双挂式

此线条本身能在 X 方向进行 2mm 左右微调，在 Y 方向进行 1～2mm 微调。其本身只能进行二维调节（图 12）。

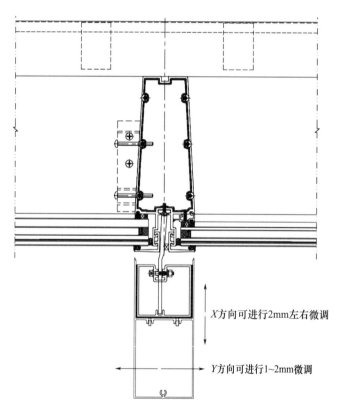

图 12 单臂双挂式调节示意图

3. 双臂双挂式

此线条本身可以在 X 方向微调 $1\sim2$mm，Y 方向微调 $1\sim2$mm，Z 方向调节 $10\sim15$mm。其本身可以进行三维调节（图 13）。

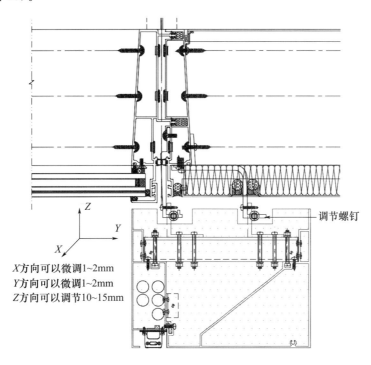

图 13　双臂双挂式调节示意图

4. 单臂直插式

此线条本身可以在 Z 方向进行较大的空间调节。其本身只可以进行一维调节（图 14）。

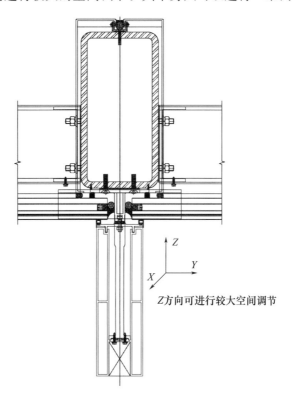

图 14　单臂直插式调节示意图

5. 单臂直插组合式

此种连接方式与单臂直插式类似，都只可以在 Z 方向进行较大的空间调节。其本身只可以进行一维调节。

3.2 大装饰线条安装时的平直度可能会存在问题

装饰线条的平直度对整体的装饰效果有较大影响。由于线条往往是根据分格来划分的，因此装饰线条安装时，就是一段段地进行安装，这就涉及线条的三维调节能力，若是三维调节能力不够也可能会存在线条安装的平直度的问题，再就是线条本身在运输以及安装过程中也会出现变形，从而影响线条的平直度。这就要求我们要对线条的成品做好保护，不管是在工厂加工完毕打包装车的过程中还是运输的过程中，亦或者是在施工现场进行材料堆放时，都需要注意成品保护。再就是现场要做好测量放线的工作，将立柱横梁的安装误差控制在规范范围内［构件式幕墙立柱的安装轴线偏差应控制在 2mm 以内，相邻两根立柱固定点的距离偏差应控制在 2mm 以内。连接件距安装轴线水平距离偏差应控制在 1mm 以内，两连接件连接点中心水平距离偏差应控制在 1mm 以内，相邻三连接件（上下、左右）偏差应控制在 1mm 以内[1]］，这样有利于线条安装时的平直度。再就是装饰线条之间要装上弹簧销钉，控制线条的平直度。

4 结语

综上所述，作为幕墙主要装饰构件的装饰线条根据连接形式的不同会存在各种不同的问题，其安装方式以及安装效率也有所不同，因此我们要根据具体情况来合理选择装饰线条的连接形式，并且对此种连接形式存在的问题要提前进行考虑，尽可能提前进行合理化处理，以保证装饰线条最终的装饰效果。

参考文献

[1] 中华人民共和国建设部 . 玻璃幕墙工程技术规范：JGJ 102—2003［S］. 北京：中国建筑工业出版社，2003.

第七部分

既有建筑幕墙维护技术

既有建筑幕墙维修改造施工实践

◎ 余益军

深圳市科源建设集团股份有限公司　广东深圳　518031

摘　要　我国既有建筑幕墙工程体量大，且很多幕墙已达到或超过其设计使用年限。这些既有建筑幕墙难以避免会出现诸如幕墙面板破损、支承构件和连接件锈蚀或损伤、开启窗启闭受阻、结构胶和耐候胶老化等质量问题，致使幕墙的安全性和功能性下降，已达到必须维修改造的阶段。本文通过对深圳某超高层既有建筑幕墙维修改造施工的实践，总结出有别于新建幕墙的施工管理方案和程序，为恢复和提高既有建筑幕墙安全性和功能性、规范化既有建筑幕墙维修改造施工提供借鉴。

关键词　既有建筑幕墙；安全性检查；维修改造

1　前言

随着建筑幕墙技术的发展，我国建筑幕墙行业在 40 多年间实现了从无到有、从模仿引进到全面自主创新、从小规模应用到成为世界建筑幕墙生产和使用第一大国。40 多年的发展，也造就了我国既有建筑幕墙巨大的存量，许多未达到设计使用年限的、已达到或超过其设计使用年限的幕墙，由于缺少正常的维护维修，难免会出现诸如幕墙面板破损、支承构件和连接件锈蚀或损伤、开启窗启闭受阻、结构胶和耐候胶老化等质量问题，致使幕墙的安全性和功能性下降。因此，急需对这类既有建筑幕墙的安全性和功能性进行检查与评价，并根据检查与评价结果进行相应维修改造，以恢复和提高既有建筑幕墙的安全性和功能性。

2　幕墙检查与维修改造方案

2.1　工程案例

受检大厦位于深圳市福田区，建筑高度 240m，总建筑面积 18 万 m²，幕墙最高处标高为207.76m，幕墙面积总共约 3.25 万 m²。外立面幕墙形式为构件式，包括隐框玻璃幕墙、带大小装饰条的半隐框玻璃幕墙、点支承玻璃幕墙、铝板幕墙、玻璃采光顶等。幕墙工程于 2000 年 7 月竣工验收并投入使用。

2.2　幕墙现状及检查鉴定

针对受检大厦幕墙出现漏水等问题，按照《深圳市既有建筑幕墙安全检查技术标准》（SJG 43—2017）的规定，大厦管理单位聘请了幕墙设计、施工方面的专家和检测单位，对幕墙进行了全面检查和安全鉴定。

1. 幕墙现状检查

1）硅酮密封胶老化

历经20多年强紫外线侵蚀以及四季热胀冷缩，硅酮密封胶本体出现了明显龟裂，与板材（玻璃、铝板和外墙砖）连接部位脱开，硅酮耐候密封胶的密封防水功能丧失（图1）。

图1 硅酮密封胶老化

2）密封胶条老化

受长时间强紫外线侵蚀，幕墙及外门窗开启框、扇的密封胶条老化变硬及收缩，幕墙的密封性能大大降低。

3）铝板幕墙变形或破坏

大楼近年来清洗外墙和更换破损玻璃使用吊绳作业，造成铝板幕墙压顶板块和密封胶受损变形或破坏。

4）幕墙开启窗五金件部分损坏或功能失效

幕墙开启窗执手、铰链、闭合器、锁具等已部分损坏、磨损或功能失效，需要全部检修、保养及更换。

5）防水构造不合理

由于幕墙局部位置与主体结构交界，且此处防水构造不合理，以致许多部位积水、排水不畅，幕墙整体防水功能降低。

6）玻璃镀膜面划痕和损坏

有不少玻璃镀膜面因为保洁作业不当、人为破坏，出现了损坏、划痕和污染等现象，影响幕墙节能性能和室内观感。

2. 幕墙安全性鉴定

2018年，经具有检测资质的单位对大厦幕墙进行安全性检查和评估，结论是玻璃幕墙的硅酮结构密封胶严重老化，嵌缝密封胶老化开裂，雨天渗水严重，存在较大安全隐患，可能会造成玻璃脱落的严重后果（图2）。

检验报告

（二）处理建议

（1）、综合考虑该大厦玻璃幕墙已使用20年，已超过结构胶质保年限且已出现老化现象，建议更换玻璃幕墙面板，并请专业资质的幕墙设计及施工单位重新进行设计和施工。

（2）、建议由幕墙设计单位对更换幕墙面板后的框架龙骨进行承载力复核，决定原有框架龙骨是否可再次利用。

（3）、建议玻璃幕墙建成后应加强后期维护和检查。

图2 安全性检查评估报告

2.3　维修改造方案

综合上述幕墙现状检查和安全性评估的结论，第一步，对严重影响幕墙安全的结构胶和开启扇五金件进行全面维修和局部改造；第二步，对影响幕墙性能的嵌缝密封胶老化、玻璃刮花和污染等情况进行更换处理，以恢复和确保幕墙的安全性和功能性。同时，结合工程报建以及相关规范、标准的要求，从工期、质量、环保、对办公及外观影响、造价等方面进行综合分析，制订在现场直接更换幕墙玻璃附框组件、耐候胶以及损坏的开启扇以及配件方案；原幕墙玻璃附框组件返厂加工、现场更换幕墙玻璃附框组件、耐候胶以及损坏的开启扇以及配件方案；重新加工幕墙玻璃附框组件、现场更换新的幕墙玻璃附框组件、耐候胶以及损坏的开启扇以及配件，同时在幕墙玻璃室内侧镀膜层上加贴节能防爆膜等三个不同方案，最终确定表1作为本项目维修实施的改造方案。

表1　维修改造方案综合分析表

方案	分析维度				
	工期分析	质量分析	对办公及外观影响分析	环保分析	造价分析
更换幕墙玻璃附框组件、耐候胶以及损坏的开启扇以及配件等；在幕墙玻璃室内侧镀膜层上加贴节能防爆膜	在工厂加工完成全新玻璃附框组件运至现场待装。现场则在拆除原有玻璃后直接安装新玻璃。每层维修时间约一周，相邻两层可以同时施工。主楼47层，需要47层×1周/2＝23.5周，大约需要23.5周/4＝5.5月，加上施工准备、加贴节能防爆膜和后期清理共需2周时间，总工期大约为6个月	1. 工厂可以与现场施工紧密配合，玻璃与附框组装好后运至现场，工人可以快速安装，不需要采取临时防雨封堵措施。2. 开启扇的配件也在工厂组装，连接更牢固，质量更有保障。3. 在幕墙玻璃室内侧镀膜层上加贴防爆膜，既能保护镀膜层免划伤，还能提高玻璃的安全性	1. 工期短，不需要过多的临时封闭防雨措施，对办公环境影响很小。2. 临时搭设的脚手架占用时间短，对大厦外观影响较小。3. 在幕墙玻璃室内侧镀膜层上加贴节能防爆膜，可使幕墙玻璃颜色更加均匀一致	1. 更换幕墙玻璃组件，产生的报废玻璃和铝型材等可回收利用。2. 工厂化加工全新玻璃附框组件，对环境影响小，符合绿色改造施工要求。3. 加贴节能防爆膜，可提高幕墙的遮阳性能	更换幕墙玻璃组件，玻璃品牌为南玻，概算总费用约1700万元；若玻璃采用进口英国皮尔金顿绿色原片，概算总费用约1900万元。加贴节能防爆膜，概算总费用再增加约190万元

3　维修改造施工方案及管理

为确保幕墙维修改造方案的顺利执行，针对大厦为超高层建筑、造型复杂、维修改造施工过程不能对办公和机房运行造成影响等实际情况，制订大厦幕墙维修改造施工方案，并以此进行维修改造工程的施工管理。

3.1　施工方案

由于既有幕墙维修改造工程不同于新建幕墙工程的施工，施工方案的制订除了需满足新建幕墙施工组织设计的要求外，还要确保施工期间大厦室内工作环境和相关重要机房设备的正常运行，因此，增加了保障大厦正常运行所需的措施和要求，包括对大厦工作人员的安全进出通道、作业工序的合理安排、作业面的封闭和相应的应急处理措施制订等更为细致的处理方案。

1. 人员安全通道

由于不停业维修，为了确保人员和车辆通行的安全，在北立面、东立面维修作业前，沿北立面、东立面外立面无缝搭设8m宽、3.5m高的脚手架安全防护棚（图3）。

图 3　安全通道

2. 外立面施工措施

由于大厦高度高，部分具有凹凸面，不便于脚手架的布置，外立面施工主要采用吊篮辅助维修作业，连续拐角等吊篮不能到达的局部部位采用高空升降车、吊板辅助作业，部分区域采用移动小吊车进行材料垂直运输。

3. 维修区段划分和空间组织

1）维修区段划分原则

① 保证大厦正常办公运营，完成幕墙维修工作；

② 分区分段分工序从上而下维修；

③ 每个立面作为独立的维修区，即东立面、南立面、西立面、北立面为相对独立的维修区；

④ 约每 4 层作为一个维修段。

2）维修时间和空间组织

深圳每年 4—9 月为雨季，夏季盛行偏东南风，参考 2020 年深圳气候趋势展望分析，2020 年约有 5—7 次台风进入深圳市 500km 范围。因此，维修作业时间和空间组织如下：

① 总体维修作业流向，由西立面开始，依次向南立面、北立面和东立面展开，即先从避风处西立面开始维修，验证维修改造施工方案的可行性，积累各种复杂工况下安全地进行幕墙维修施工经验，同时也是基于对大厦正常办公和运营影响最小而做出的维修施工作业流向安排；

② 各立面从上而下流水作业；

③ 若局部有脚手架辅助作业区或吊板作业区，与吊篮辅助作业区、高空升降车作业区同时作业时，应错位进行维修作业，严禁在同一立面同一时间垂直交叉作业。

4. 维修施工工序基本流程

维修施工工序基本流程为吊篮、脚手架搭设→外表面检查→拆除所有耐候密封胶→拆除装饰条→拆除所有玻璃、蜂窝板幕墙面板组件→幕墙埋件清理与检查→幕墙支座、转接件清理与检查→幕墙立柱、横梁清理与检查→室内背衬铝板幕墙局部加固及替换密封胶→幕墙防火、保温层清理、检查与更换→铝板幕墙耐候密封胶缝清理→隐蔽验收→新玻璃、旧蜂窝板幕墙面板组件安装→装饰条安装→女儿墙顶部二次防水密封处理→所有耐候密封胶缝重新打胶→现场淋水试验→清理。

各工序按照各维修项目的工艺流程要求流水作业。

5. 针对机房的施工安全防护措施

维修改造部位很大一部分为在线运行机房，机房运行环境对灰尘、温湿度等要求高。经过现场详细查看，采取了如下针对性防护措施：

1）室内没有隔墙（即幕墙与设备之间的隔离板墙）的机房

① 机房设备与幕墙之间有足够距离的，维修前，采用防火板硬防护和防火毯软防护结合的方式进行隔离防护。

② 机房设备与幕墙之间没有足够距离的，维修前，采用防火毯软防护的方式进行隔离。

2）室内有隔墙的机房

① 拟在封窗的铝板或埃特板上，对应两个固定铰链和开窗把手的位置开三个约 200mm×250mm 的孔，以便作业人员从室内协助开启窗拆除与安装（图4）。

② 开孔前，先采用防火毯进行软隔离防护，开孔作业在封窗板与防火毯之间进行，开孔设备自带吸尘功能。

3）其他措施

① 为了防止温度变化对机房设备运行的影响，尽量缩短玻璃拆装时间，减少室内外空气交换。

② 施工过程中，携带吸尘器，边拆边将幕墙立柱、横梁和窗框四周的积尘吸走，尽量减少灰尘对机房运行的影响。

6. 特殊天气的应急措施

若突遇大风、大雨等恶劣天气，提前做好应急准备。万一玻璃拆除后，来不及安装的，则采用夹板临时封闭已拆除洞口，并做好缝隙的封堵，防止雨水进入室内（图5）。

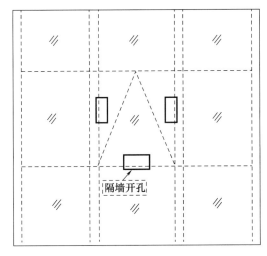

图4　封窗板隔墙开孔示意图

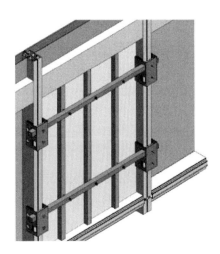

图5　应急封窗示意图

3.2　施工管理

根据既有幕墙维修改造项目的自身特点和本项目制定的施工方案，施工管理重点突出以下几个方面。

1. 工序样板先行

1）维修改造施工前，按照不同维修改造项目，在合适的区域按照拆除、清理、重新安装以及打胶等工序进行全流程操作完成工序样板。在样板操作过程中明确各工序作业方法、工艺要求、细节处理（包括收边收口、与主体结构的接口、整体美感等）、维修施工注意事项和质量要求。

2）工序样板制作过程中项目技术负责人、施工员、质检员、安全员、专业班组均全程参加。

3）工序样板完成后经现场淋水试验以及业主、监理、项目部验收合格后才可进行大面积维修施工作业。

2. 维修施工的连续性

1）每次维修施工均按照每个立面、每个部位，从上至下的作业顺序，对每个部位按照拆除、清理、重新安装以及打胶的各工序要求全流程连续维修施工，一次完成。

2）按照制定的临时封闭已拆除洞口方案，提前准备临时封堵材料，以应对突遇大风、大雨等恶劣天气对维修施工以及机房环境、办公环境的影响。

3. 工序质量的可追溯性

每个维修施工小组每天都通过项目部微信群或邮箱上传工作日报，工作日报内容至少包括各自完成维修部位的具体位置信息和施工内容信息，拆除、清理、重新安装以及打胶的各工序图片均不少于1张。项目质检员、资料员每天检查汇总工作日报，存入维修施工资料档案，实现工序质量的可追溯性。

4. 施工安全防护措施

施工安全管理除了新建幕墙通常的管理外，着重强化严防高空坠物的管理。一切高处作业用吸盘、工具刀、螺丝批、胶枪、尖嘴钳、榔头、对讲机等工具都用防坠绳可靠系挂在吊篮篮筐或作业人员身上；所有施工用材料和机具，包括每一颗螺钉，都存放在指定的安全位置，维修施工产生的废弃零部件，不论大小和轻重，严格执行落手即清的安全规定。

5. 绿色施工

维修改造施工中，落实绿色施工各项要求：

1）对仍在使用的机房等部位或区域，采取有效的降尘、减振、降噪等隔离、防护措施；

2）根据深圳气候特点、大厦作息时间和施工作业内容，弹性安排维修改造施工作业时间，既保护施工人员的健康安全，又与大厦作息时间不冲突；

3）本着能修不拆的原则，优化维修改造施工工艺技术，减少拆除工作量和固体废弃物的产生，如对幕墙防火层、保温层加强检查，未失效则不拆除；

4）采用装配式作业，玻璃附框组件和开启扇组装均在工厂完成，运到现场安装。

4 工程验收和效果评价

大厦既有幕墙在维修改造施工全过程中未发生施工质量、安全事故，维修改造项目通过了工程主管部门、接收部门和监理单位的验收，并得到大厦使用单位、监理单位、物业管理单位的高度评价（图6）。

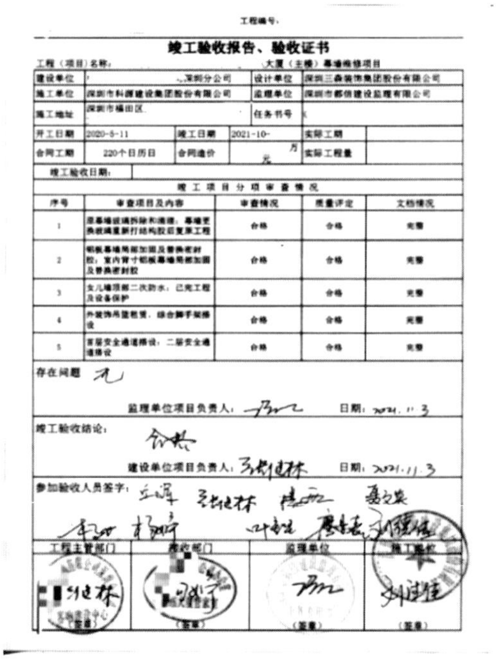

工程编号：

竣工验收报告、验收证书

工程（项目）名称：　　大厦（主楼）幕墙维修项目

建设单位	深圳分公司		设计单位	深圳三鑫装饰集团股份有限公司	
施工单位	深圳市科源建设集团股份有限公司		监理单位	深圳市都信建设监理有限公司	
施工地址	深圳市福田区		任务书号		
开工日期	2020-5-11	竣工日期	2021-10-	实际工期	
合同工期	220个日历日	合同造价	万元	实际工程量	
竣工验收日期：					

竣工项目分项审查情况

序号	审查项目及内容	审查情况	质量评定	文档情况
1	原幕墙玻璃拆除和清理，幕墙更换玻璃重新打结构胶后复原工程	合格	合格	完整
2	铝板幕墙局部加固及替换密封胶；室内背寸铝板幕墙局部加固及替换密封胶	合格	合格	完整
3	女儿墙顶部二次防水；已完工程及设备保护	合格	合格	完整
4	外装饰吊篮租赁，综合脚手架搭设	合格	合格	完整
5	首层安全通道搭设，二层安全通道搭设	合格	合格	完整

存在问题

监理单位项目负责人：　　日期：

竣工验收结论：

建设单位项目负责人：　　日期：

参加验收人员签字：

工程主管部门	接收部门	监理单位	施工单位
（签章）	（签章）	（签章）	（签章）

图6　竣工验收报告

1）幕墙维修改造施工过程中，未造成各类机房运行中断，未对正常办公环境造成不良影响。

2）维修改造后，玻璃幕墙整体色泽均匀一致，胶缝顺直、光滑，十字接头相贯自然，观感良好。

3）维修改造后使用一年多，经现场淋水试验以及多场台风大雨检验，维修后幕墙防渗漏效果良好。

4）通过在玻璃面板加贴绿银节能防爆膜，增强了幕墙玻璃的防爆安全性能，提高了幕墙玻璃的遮阳节能效果。

5　结语

为了加强既有建筑幕墙的安全管理，国家以及许多地区已出台既有建筑幕墙安全维护和管理办法，来预防和控制既有建筑幕墙"常见病""多发病"，以保护人民生命财产安全。深圳市人民政府于2019年3月24日发布政府令第319号，公布了《深圳市房屋安全管理办法》，深圳市住房和建设局于2020年6月15日发布了《深圳市既有建筑幕墙安全维护和管理办法》。《深圳市房屋安全管理办法》要求，房屋安全责任人应当按照规定对建筑幕墙进行安全检查，开展安全性鉴定，对存在安全隐患的建筑幕墙采取安全防护、维修等措施，对违反本办法规定的，责令限期改正并处以罚款；《深圳市既有建筑幕墙安全维护和管理办法》（深建规〔2020〕7号）对既有建筑幕墙安全维护和管理工作以及相关信息采集、录入、统计及更新工作做出了明确规定。本文通过对超高层既有建筑幕墙的维修改造实践，恢复和提高了大厦建筑幕墙的安全性和功能性，并且针对性地提炼了在既有建筑幕墙检查鉴定和维修改造过程中采取的方法和措施，总结了维修施工过程中取得的经验和成果，为施工企业在类似既有建筑幕墙维修改造时提供较为规范化的、可参考的实践经验。由于建筑幕墙形式多样，且所处的地区环境也不一样，因此，需要根据每个既有建筑幕墙的具体情况，进行具体分析和维修改造。

参考文献

[1] 深圳市建筑门窗幕墙学会．深圳市既有建筑幕墙安全检查技术标准：SJG 43—2017［S］．北京：中国建筑工业出版社，2017.

[2] 中国工程建设标准化协会．既有建筑绿色改造技术规程：T/CECS 465—2017［S］．北京：中国计划出版社，2017.

[3] 中华人民共和国建设部．玻璃幕墙工程技术规范：JGJ 102—2003［S］．北京：中国建筑工业出版社，2003.

[4] 中华人民共和国建设部．金属与石材幕墙工程技术规范：JGJ 133—2001［S］．北京：中国建筑工业出版社，2001.

[5] 中冶建筑研究总院有限公司．深圳信息枢纽大厦外立面幕墙安全性检测评估报告［R/OL］．TC-GJ1-Ⅰ-2018-026，2018.

深圳广晟幕墙科技有限公司
SHENZHEN RISING FACADE ENGINEERING CO.,LTD

　　深圳广晟幕墙科技有限公司系广东省属国有独资重点企业——广东省广晟控股集团有限公司下属子公司，注册资本11042万元。公司是广晟集团落实广东省国资委改革创新要求，在整合国内玻璃幕墙行业两大知名品牌——金粤（成立于1985年）、华加日（成立于1986年）的基础上，组建的大型专业化幕墙企业。

　　作为中国第一批幕墙设计、施工双甲企业，公司团队已在幕墙与门窗的设计、制造与施工领域深耕近四十年，可为产业园区、公共建筑、商住楼宇、高端装配式建筑等提供集研发、设计、加工、安装、咨询服务为一体的高性能节能环保幕墙、门窗及其他现代建筑围护构件的整体解决方案。

工程资质

建筑幕墙工程专业承包壹级
建筑幕墙工程设计专项甲级
网结构工程专业承包叁级

认证体系

质量认证体系SGSISO9001认证
环境管理认证体系SGSISO14001认证
职业健康安全认证体系SGSISO45001认证

行业地位

国家高新技术企业
可持续发展优秀企业
3A信用等级证书、企业社会责任4星企业
中国建筑幕墙行业三十年突出贡献企业
中国建筑装饰协会理事单位
广东省幕墙门窗分会副会长单位
深圳市装饰行业协会常务理事单位
深圳门窗幕墙行业协会交流先进单位
多次获得鲁班奖、中国建筑幕墙精品工程奖、
国优奖、省优奖等奖项

📞 0755-82414888
🌐 www.risingfacade.com
📍 深圳市福田区八卦岭工业区5杠1区533栋

>> 企业介绍
ENTERPRISE INTRODUCTION

深圳市三鑫科技发展有限公司，简称"三鑫科技"，曾用名"深圳市三鑫幕墙工程有限公司"，是海控南海发展股份有限公司(海南省国资委下属海南省发展控股有限公司旗下上市公司，股票代码：002163)的子公司，是集建筑装饰设计及施工、建筑产品研发制造为一体的大型建筑企业，成立近30年，深耕于建筑幕墙、装饰装修、EPC总承包等领域，是国内建筑装饰行业知名企业。

三鑫科技总部设在深圳市，下设北京、上海、深圳三个区域公司，业务范围遍及海内外。公司拥有"三鑫幕墙""三鑫晶品"等品牌，在北京、上海、珠海设立生产制造基地，服务全国。

三鑫科技以绿色节能为发展方向，完成数百项国内外大型建筑幕墙工程，承建了北京大兴机场、上海浦东机场、广州白云机场、深圳宝安机场、海口美兰机场、泰国曼谷机场等国内外50座机场幕墙工程，及天津117(598米)、东莞民盈国贸中心(440米)、迪拜公园塔酒店(377米)、深圳天元中心(375米)等一系列难度大、影响大的地标性建筑，多次获得鲁班奖、国家优质工程奖和詹天佑奖，以及多项各省、市优质建筑荣誉。

>> 机场、场馆重点工程
KEY PROJECTS OF AIRPORTS &STADIUMS

■ **50座机场业绩遍布国内外**

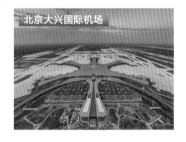
北京大兴国际机场

国家会议中心二期

成都天府国际机场

>> 高层重点工程
KEY PROJECTS OF HIGH-RISE BUILDING

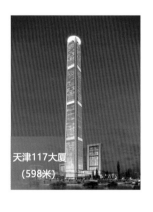
天津117大厦
(598米)

东莞国贸中心
(440米)

深圳招商银行总部大厦
(388米)

迪拜公园塔酒店
(377米)

■ **公司地址**：深圳市南山区滨海大道深圳市软件产业基地5栋E座10-11层
■ **联系电话**：0755-86284666

■ **联系人**：行政部经理 吴浩
■ **手　机**：15999572940

方大建科

——高端幕墙的精品供应商

方大建科深耕幕墙行业32载，注册资金6亿元。

是方大集团股份有限公司（股票代码：000055、200055）的全资下属公司。

总部位于深圳，下设北京、上海、成都、澳洲等区域公司和重庆、南京、厦门、西安、墨尔本等20多个国内和海外办事处，业务范围已覆盖中国大陆、澳大利亚、东南亚、非洲等国家和地区。

拥有东莞、上海、成都等大型幕墙研发制造基地，具备年产500万平米的幕墙加工制造能力。

荣获过中国建筑工程鲁班奖、中国土木工程詹天佑奖、全国建筑工程装饰奖等百余项优质工程奖。

深圳腾讯数码大厦

深圳华侨城大厦

孟加拉Forum the Tower

深圳高创新科技中心

深圳中洲滨海商业中心

上海恒基兆业中心

深圳市方大建科集团有限公司
SHENZHEN FANGDA BUILDING TECHNOLOGY GROUP CO., LTD.

深圳市南山区科技南十二路方大大厦
电话：0755-26788572
传真：0755-26788293
邮编：518057

深圳中航幕墙工程有限公司是获得国家"建筑幕墙工程专业承包壹级资质""钢结构工程专业承包叁级资质"的专业公司，是获得住房城乡建设部核准的"建筑幕墙专项甲级设计资质"的企业，也是同行业中较早通过"ISO9001、ISO14001以及OHSAS18001三合一体系认证"的企业之一。

在四十年的经营活动中，中航幕墙先后承建了 1000 多项工程，为幕墙行业的普及和发展作出了贡献。在深圳市评选的10大历史建筑中，就有3个项目是由中航幕墙承接施工的。中航幕墙所承接的华为科研中心、上海保利广场、麒麟公馆等15项大型工程项目获行业建筑荣誉奖"鲁班奖"，深圳湾体育中心、中央西谷大厦等12项工程获得"优质工程奖"，中航中心、飞亚达钟表大厦等项目获得建筑装饰类的优秀奖项"建筑装饰精品工程奖"，近百项项目获得市优、省优，并在2007年跻身于"深圳市知名品牌"的行列。

中航幕墙一向把企业的社会责任放在非常重要的位置，希望能为社会做出更大的贡献，致力于成为社会的好公民。中航幕墙一直把诚信经营、遵纪守法作为企业的道德规范，长期注重工程质量、信守合同约定，秉承"受人之托，忠人之事"的传统美德，与新老客户精诚合作，赢得了客户的赞誉。

自成立以来，公司不断致力于研究和掌握幕墙行业的先进技术，并以近四十年专业生产的光荣历史积淀了深厚的技术实力。在国内率先研制了明框、全隐、半隐、单元式、半单元式、点接驳等全系列幕墙产品，其技术性能指标出色，取得多项技术专利。

中航幕墙积极参与行业、国家标准的制订，先后主编或参编了《建筑幕墙》《采光顶与金属屋面工程技术规范》《塑钢门窗工程技术规范》《建筑玻璃应用技术规范》《深圳市幕墙设计标准》《幕墙验收技术规范》等十几项行业、国家标准，奠定了中航幕墙的行业地位。

星河雅宝

前海华润金融中心

前海中集国际商务中心

地址：深圳市龙华区东环二路48号华盛大厦四楼

电话：0755-83004011

科浩幕墙
KEHAO CURTAIN WALL

广东科浩幕墙工程有限公司成立于2001年，公司专业从事建筑幕墙的工程设计、加工、制作及安装，具有住房城乡建设部颁发的"建筑幕墙工程专业承包一级资质"和"建筑幕墙专项设计甲级资质"，并通过了质量、环境、职业健康安全企业认证，公司连续十年被市场监督管理局评为"重合同守信用企业"。

公司注册资金6000万元。公司总部办公地址为深圳市南山区粤海街道高新南七道1号粤美特大厦21楼，办公面积1500平米左右。公司加工基地位于惠州市大亚湾经济技术开发区，厂房面积约30000平米。公司年产值达到8—10亿元。

科浩幕墙崇尚"创新思维引领建筑幕墙技术潮流"的理念，推行专业化服务和定制式一对一服务，打造高品质建筑靓衣的设计服务理念；还参与《建筑幕墙耐撞击性能分级及检测方法》等建筑行业规范的编制。公司实行扁平化管理，大大缩短项目的审批流程，加快项目的计划实施。

公司凝聚了一大批经验丰富的建筑幕墙工程设计、施工管理、市场营销和加工制作管理人员队伍，以及近300人的专业安装人员队伍，其中企业中高层管理人员的建筑幕墙工程设计、施工管理从业时间均在15年以上。公司成立至今，与华润、中海、中洲、万科、星河、中国移动、上海新长宁、中交建、中建三局南方公司等均建立战略合作。

工程案例：

★华润置地总部大厦（T7）塔楼幕墙工程

★华润瑞府酒店项目幕墙工程

★烯创科技大厦幕墙工程

★国际低碳城项目

★深圳清华大学研究院新大楼 建设项目幕墙工程

★顺丰总部大厦项目幕墙工程

广东科浩幕墙工程有限公司　　地址：深圳市南山区高新南七道粤美特大厦2107　　**0755-33301399**

中装科技幕墙加工生产基地

深圳市中装科技幕墙工程有限公司

深圳市中装科技幕墙工程有限公司（以下简称"中装幕墙"）系深圳市中装建设集团股份有限公司（以下简称"集团"，股票代码：002822）全资子公司，是一家专注从事建筑幕墙生态发展、幕墙科技研发、深化设计、制造生产、安装施工、咨询服务于一体的科技化、专业化、标准化的幕墙企业，具有建筑幕墙工程设计专业甲级、施工专业承包壹级资质，通过 ISO9001、ISO14001、GB/T45001 体系认证。

中装幕墙总部设于深圳，注册资金 4000 万元。中装幕墙通过高科技与绿色建筑理念融为一体，为全国各地区的商务办公楼、城市商业综合体、星级酒店等城市商业空间以及公共建筑、民生住宅提供安全舒适的生活环境。

中装幕墙着力于构建多元化的服务体系与供应链管理系统，与上万家材料生产厂家及供应商实现战略合作。为践行集团"科技提升装饰，中装领先未来"的核心价值观，中装幕墙在惠州投资设立拥有数条智能自动化生产线的幕墙门窗部品部件加工生产基地，并通过云数据、CIM、BIM 等制造软件技术实现高端数控中心、智能手相结合的一体化智能生产模式。

中装幕墙致力于"绿色人居环境"与现代建筑幕墙相结合，推动新材料、新产品、新工艺、新技术的研发与应用。大力发展以节能材料、智能加工、绿色环保、科学管理为中心的发展方向，构建绿色发展的科技智能幕墙系统。

中装幕墙秉承科技建筑理念，依托客户、品质、创新、服务之竞争优势，致力于打造具有知名度和美誉度的中国幕墙科技品牌，提升人居生活推动幕墙行业发展，持续缔造城市建筑传奇。

湖州吾悦广场

建筑面积： 29200 平方米

结构类型： 框架结构

工程地点： 浙江省湖州市吴兴区太湖路与金田路交叉口

工程内容： 石材幕墙、玻璃幕墙、铝板幕墙

杭州亚运场馆水上运动中心

建筑面积： 59506 平方米

结构类型： 框架结构

工程地点： 杭州市富阳区东洲街道华墅沙村

工程内容： 玻璃幕墙、石材幕墙

深国际华南物流中心

建筑面积： 70000 平方米，幕墙面积：36000 平方米

结构类型： 框架结构

工程地点： 深圳市龙华区民康路 1 号华南物流园区内

工程内容： 单元（玻璃）幕墙系统、框架式幕墙系统

深圳市中装科技幕墙工程有限公司

深圳市罗湖区桂园街道人民桥社区和平路 3001 号鸿隆世纪广场 413

电话：0755-83599223
传真：0755-83567197

RFR

阿法建筑设计咨询（上海）有限公司

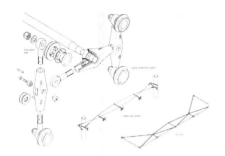

Tel.: + 86 21 5466 5316
Business: info@rfr-shanghai.com
Website: www.rfrasia.com

上海
上海市徐汇区汾阳路 138 号轻科大厦
深圳 / 佛山 / 沈阳 / 北京 / 巴黎

FACADES 立面幕墙
STRUCTURES 特殊结构
GEOMETRY 复杂几何
QUALITY CONTROL 工程品控

RFR SAS 是一家总部位于巴黎的屡获国际奖项的顾问工程师事务所，由结构大师彼得·莱斯在 1982 年与游艇设计师 Martin Francis 和建筑师 Ian Ritchie 共同创立。RFR SAS 自 2003 年在中国上海开展业务，于 2011 年在香港设立 RFR ASIA 负责在亚洲地区的业务，自 2015 年独立运营，并保持和欧洲团队的紧密合作。RFR ASIA 致力于工程艺术，综合几何、材料、技术三者以设计精巧的外立面和复杂结构，达到建筑与结构的巧妙融合。

RFR ASIA 目前正在负责一系列国际一线建筑师设计的地标项目，合作建筑师包括，让·努维尔 (2008 年普利兹克奖)、阿尔瓦罗西扎 (1992 年普利兹克奖)、包赞巴克 (1994 年普利兹克奖)、亚历杭德罗 (2016 年普利兹克奖)、扎哈哈迪德 (2004 年普利兹克奖)、SANAA (2010 年普利兹克奖)、隈研吾、BIG、 MAD、西沙佩里、Foster + Partners(1999 年普利兹克奖) 等。项目类型涵盖超高层塔楼，总部办公建筑，高端商业中心，会议中心，博物馆，美术馆，大剧院，体育场等。

Chaoyang Park Plaza, Beijing
朝阳公园广场，北京
MAD 建筑事务所
2014 - 2016 / 142M+128M
幕墙顾问 / 特殊结构 / 复杂几何 / 工程品控

Raffles City in the North Bund, Shanghai
北外滩来福士，上海
PCPA 佩里·克拉克·佩里建筑事务所
2013 - 2018 / 263M*2
幕墙顾问 / 特殊结构 / 工程品控

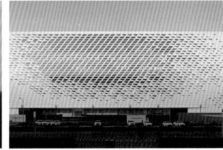

CNCC Phase II , Beijing
国家会议中心，北京
Portzamparc 包赞巴克建筑事务所
2018 - 2021
幕墙顾问 / 工程品控

Pudong Art Musuem, Shanghai
浦东美术馆，上海
Ateliers Jean Nouvel 让·努维尔建筑事务所
2016 - 2021
幕墙顾问 / 工程品控 / 特殊结构

CRL Suhewan, Shanghai
华润苏河湾中心，上海
Foster + Partners 福斯特建筑事务所
2016 - 2021 / 200M
幕墙顾问 / 特殊结构

Grand Canopy of Qianhai Center, Shenzhen
深圳前海中心天幕，深圳
Benoy 贝诺建筑事务所
2014 - 2019
幕墙顾问 / 特殊结构 / 几何优化

SILANDE®

"思蓝德" 密封胶：
门窗、幕墙、装配式建筑，专业密封粘接企业！

郑州中原思蓝德高科股份有限公司

郑州中原思蓝德高科股份有限公司（原郑州中原应用技术研究开发有限公司）始创于1983年，是中国早期专业从事密封胶研发、生产、销售的高新技术企业，原国家经贸委首批认定的硅酮结构密封胶生产企业。公司主编并参编了70多项密封胶国家标准和行业标准，拥有中国、欧洲、美国、日本、韩国等多国100多项发明和实用新型专利。公司是全国石油天然气用防腐密封材料技术中心、河南省密封胶工程技术研究中心、河南省企业技术中心、密封胶材料院士工作站、博士后科研工作站。公司体制先进、效益显著，通过了ISO9001、IATF16949、AS9100质量管理体系、ISO14001环境管理体系、ISO45001职业健康安全体系认证，公司质检中心通过CNAS认可。

公司产品涵盖聚硫、硅酮、丁基、聚氨酯、环氧、复合胶膜等几大系列，满足中国标准、欧洲标准等国际先进标准，通过科技成果鉴定，广泛应用于航空、军工、汽车、轨道交通、建筑、防腐、太阳能光伏、电子等领域。在国内外上万项工程中应用，如国家大剧院、北京国际机场、上海世博会中国馆、上海中心大厦、深圳证券交易所运营中心、迪拜劳力士大厦、日本COCOON大厦、港珠澳大桥、杭州湾跨海大桥等。多家企业如福耀玻璃工业集团股份有限公司、郑州宇通客车股份有限公司、台湾李长荣化学工业股份有限公司、中国石化扬子石油化工有限公司等均使用我公司产品。

公司目前在全国设有北京、沈阳、上海、苏州、深圳、成都、中南七大销售公司及四十多个联络处，销售网络覆盖全国。公司具有自营进出口权，产品远销美国、日本、意大利、韩国、英国、迪拜、俄罗斯、澳大利亚、哈萨克斯坦、印度等四十多个国家和地区。

MF881-25
硅酮结构密封胶

MF889A-25
硅酮石材耐候密封胶

MF899-25
硅酮结构密封胶

MF889-25
硅酮耐候密封胶

郑州中原思蓝德高科股份有限公司　　　电话：0371-67991808　　　网址：www.cnsealant.com

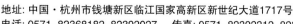

细微之处

Subtleties make
For a good life

成就品质生活

立足美好，聚力安全。始创于1985年的白云化工，秉承工匠之心，致力为全球建筑幕墙、中空玻璃、门窗系统、内装、装配式建筑和工业领域提供密封系统用胶解决方案，致力安全、健康、绿色的可持续发展，从细微点滴之处，与您共建美好未来。

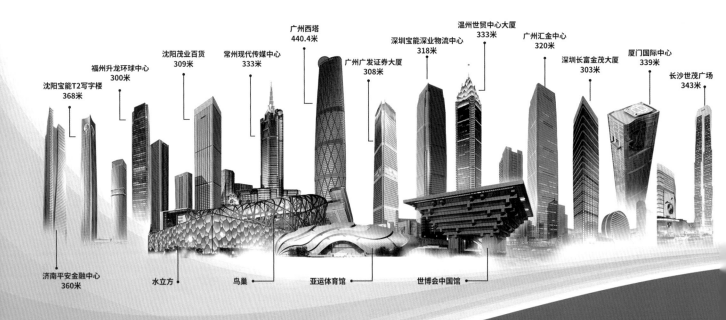

沈阳宝能T2写字楼 368米
福州升龙环球中心 300米
沈阳茂业百货 309米
常州现代传媒中心 333米
广州西塔 440.4米
广州广发证券大厦 308米
深圳宝能深业物流中心 318米
温州世贸中心大厦 333米
广州汇金中心 320米
深圳长富金茂大厦 303米
厦门国际中心 339米
长沙世茂广场 343米

济南平安金融中心 360米
水立方
鸟巢
亚运体育馆
世博会中国馆

广州市白云化工实业有限公司
GUANGZHOU BAIYUN CHEMICAL INDUSTRY CO.,LTD.

全球技术服务热线：**400-800-1582**

地址：广州市白云区太和广州民营科技园云安路1号
电话：020-37312999 传真：020-37312900
网址：http://www.china-baiyun.com

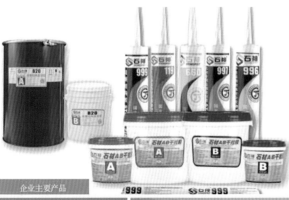

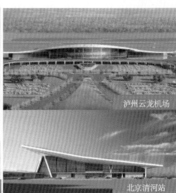

COMPANY PROFILE

企业简介

浙江时间新材料有限公司，创立于2005年11月，地处浙江临海，占地100亩，主要从事硅酮胶、MS（改性硅烷）胶等建筑材料的研发、生产、销售，公司拥有全自动化生产线、全程电脑控制设备，严谨的生产管理体系，是国家高新技术企业，国家硅酮结构胶生产认定企业，台州市级低碳绿色工厂，"时间"品牌被评为浙江省著名商标，公司目前有多项发明专利，与浙江大学化学工程和生物工程学院达成产、学、研合作，设立研究生实践基地。

公司主要品牌："时间"系列，产品包括：硅酮结构密封胶、硅酮耐候密封胶、双组份中性硅酮结构密封胶、双组份中性硅酮中空玻璃胶、石材硅酮密封胶、工程用中性硅酮密封胶、通用型中性硅酮密封胶、中性防霉专用胶、组角胶、硅酮阻燃密封胶、电子硅酮胶等，多款产品荣获中国绿色建材产品认证证书，符合三星级标准，并且在众多的重点工程中使用。

浙江时间新材料有限公司
ZHEJIANG TIME NEW MATERIAL CO.,LTD.
地址：浙江省临海市永丰镇半坑
Address: Bankeng, Yongfeng Town, Linhai City, Zhejiang Province
电话Tel：0576-85853331/85856777
网址：http://www.zjshijian.com
邮件：info@zjshijian.com

每一座城市地标，都是一个坚朗展台

坚朗产品应用工程案例

KIN LONG 坚朗

一切为了改善人类居住环境

坚朗微信公众号　　坚朗云采小程序

　　坚朗公司创建于2003年，是从事建筑五金及配套件产品研发、制造和销售的专业公司，致力于提供高品质的产品和服务。

　　生产基地建筑面积超过70万㎡，公司员工总数超过16000人，60多家子公司。在国内外设有1000多个销售服务机构，产品远销100多个国家和地区。

　　目前，坚朗已拥有产品2万余种，海内外专利近1000项。公司围绕着建筑配套件集成供应的发展方向，以顾客需求为导向、自建营销渠道，直接面对客户提供产品和技术服务，以"研发+制造+服务"的全链条销售模式不断满足客户需求和市场变化。依托强大的生产研发能力，精益的生产管理水平，集中行业内优秀的品牌资源，为客户提供不同场景集成解决方案。

产品集成：门窗配件类 / 精装主材类 / 智慧社区配套类 / 智能家居产品类
结构工程配套类 / 轨道交通配套类 / 城市管廊管道配套类 / 施工辅材

广东坚朗五金制品股份有限公司
Guangdong Kinlong Hardware Products Co., Ltd.

地址：广东省东莞市塘厦镇坚朗路3号

电话：0086-769-82166666　82136666
传真：0086-769-82955241　82955240
邮箱：mail@kinlong.cn　邮编：523722
网址：www.kinlong.com

合和建筑五金

合和建筑五金始建于1981年，总部位于珠三角腹地佛山市三水区云东海街道，是国内同时拥有门窗建筑五金及密封胶条双重研发与生产能力的新型现代化企业。

合和建筑五金在国内拥有一个生产基地，产品涵盖铝合金门窗五金、塑料及木门窗五金、幕墙门控五金、家居五金、门窗密封胶条等。合和建筑五金是国家高新技术企业、中国建筑金属结构协会副会长单位、中国建筑金属结构协会建筑门窗配套件委员会定点生产企业，参与起草和制定国家、行业标准。

合和建筑五金始终坚持"合作共赢，和谐发展"的经营理念，致力于做杰出的行业领军企业。

| 铝合金门窗五金 | 精品定制门窗五金 | 幕墙门控五金 | 塑料门窗五金 | 门窗密封胶条 |

广东合和建筑五金制品有限公司
GUANGDONG HEHE CONSTRUCTION HARDWARE MANUFACTURING CO.,LTD

✉ 邮箱（E-mail）：master@ss-hehe.com
🌐 网址（Website）：www.ss-hehe.com

WINGKAY 榮基
— 整體耐用 才有作用 —

26 年
专注密封耐用胶条

30000 ㎡
研产基地

200 人
产研销团队

荣基实力：

- 全流程自主设计能力
- 拥有荣基技术实验室
- 专业提供全方位系统化密封解决方案及相关产品

 幕墙胶条

 高端系统门窗胶条

 定制家居胶条

产品分类：

根据胶条的材质分类，分别有：
三元乙丙胶条（EPDM）、硅胶胶条、氯丁胶条、TPV、PVC、PU等；

根据应用的工艺分类，分别有：
密实工艺、双复合密封胶条、发泡胶条、防火阻燃胶条、遇水膨胀胶条、穿线胶条、植绒胶条、整框工艺等。

广州腾讯总部大厦

美国101大厦

华润置地总部大厦

深圳机场

产品细节图

深圳城脉中心

星河雅宝

☎ 全国
电话热线

+86 757 2533 0008

广东雷诺丽特实业有限公司成立于21世纪，是集新型建材研发设计、生产制造于一体的高新科技企业。发展至今，创立了雷诺丽特【REINALITE】、可耐尔【KENAIER】、百易安三大品牌。生产基地位于大旺国家高新区，总占地面积4万平方米。公司主要产品为幕墙铝单板、地铁/机场墙板、艺术镂空铝板、铝空调罩、异形吊顶天花板、双曲板与单元式幕墙板等产品，以及配备日本兰氏氟碳水性喷涂与瑞士金马粉末喷涂设备，满足高端品位企业合作与共赢发展。

雷诺丽特产品延续德国工艺风格，传承德国行业技术精髓，在制造过程中一丝不苟，严谨的作风渗透在每一个细枝末节。产品检验检测全面满足并符合国标、美标、英标、欧标四大标准体系的建筑建材检测，凭借出色的工程品质和完善的服务体系立足于中国建材行业。

广州云珠酒店
YUNZHU HOTEL

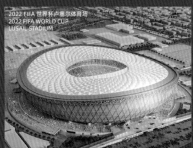

2022 FIFA 世界杯卢塞尔体育场
2022 FIFA WORLD CUP
LUSAIL STADIUM

东莞.鹏瑞天玥广场
DONGGUAN PENGRUI
TIANYUE PLAZA

廣東雷諾麗特實業有限公司
生產地址：廣東省肇慶高新區濱江路17號

全國服務熱線：400-1844-988
官方網站：www.gdlnlt.com

让城市更美丽／让建筑更安全／让服务更智能

深圳创信明智能技术有限公司

安全　智能　节能　环保

公司简介

深圳创信明智能技术有限公司专业从事智能控制系统、智能电动开窗器、智能室内外遮阳、智能门窗系统、智能楼宇弱电设备，以及产品的设计研发和生产、并提供专业的售后服务。

工程案例

城脉金融中心大厦
配置：智能电动链条开窗器

天津国家会展中心
配置：智能电动螺杆开窗器

珠海华发广场
配置：智能电动链条开窗器

广州琶洲会展中心
配置：智能电动螺杆开窗器

龙岗恒明湾
配置：手摇开窗器

主营产品

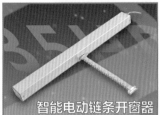

智能电动链条开窗器

智能电动螺杆开窗器

智能电动窗帘

智能电动天棚帘

深圳创信明智能技术有限公司

SHENZHEN CHUANGXINMING INTELLIGENT TECHNOLOGY CO.,LTD

电话：0755-29358881
网址：http://www.sz-cxm.com
地址：广东省深圳市宝安区宝源路F518时尚创意园F2栋409

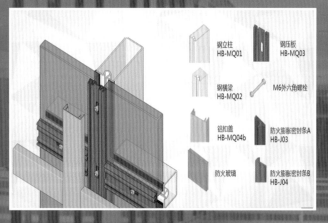

深圳市恒义建筑技术有限公司

公司简介：

　　深圳市恒义建筑技术有限公司是深圳市具有第三方公正地位，专业从事工业与民用建筑工程质量检测的机构，公司已成为集检测、鉴定为一体的大型企业。

　　公司始建于1981年9月，迄今已有40多年的历史。其前身为深圳中铁二局工程有限公司试验室；2006年1月正式成立深圳市恒义建筑技术有限公司，注册资金1100万，占地面积6250㎡，员工200余人，其中高级工程师、工程师、助理工程师和各专业技术人员多名。设有技术部、市场部、综合部、客服部、财务部、检测部、评价/鉴定部等。实验室拥有国内外先进的各类检测仪器设备600多台（件）。

　　公司先后取得计量认证CMA、认可CNAS证书、建设工程质量检测机构资质证书、高新技术企业证书等；2021年12月获得建设工程质量检测机构信用等级"AA"的荣誉称号。

　　公司主要在建筑、交通等行业为社会各界全方位提供检测/鉴定服务：如主体结构工程现场检测、建筑幕墙工程检测、钢结构工程检测、地基基础检测、见证取样建筑材料检测及建筑设计咨询服务。

　　目前针对幕墙检测/鉴定，试验室拥有幕墙门窗气密性、水密性、抗风压、平面内变形性能检测系统（14m*16m+转角5m实验箱体）、门窗保温性能检测系统。检测资质全面，覆盖国标、美标，处于行业先进水平。在既有幕墙安全检查和安全鉴定专项检测方面，更是发挥出了公司的综合技术能力水平。

　　公司自成立以来，依靠综合的技术实力，充分发挥人员、技术、设备优势，为深圳及周边地区的上千项工程和9000多万㎡的建筑提供专业的检测鉴定、试验，解决工程项目实施和使用中出现的疑难、安全问题，赢得了业界的好评。公司本着"科技为先、质量为本、求实创新、信誉为上"的经营宗旨，秉承以"坚持标准、行为公正、数据准确、服务规范"的质量方针。坚持以高素质人才和先进设备为依托，以技术创新为动力，用完善的服务回馈客户。

一、主要幕墙检查、鉴定业绩表

幕墙检查、鉴定业绩

序号	工程名称	委托单位	日期
1	SCT闸口网架结构检测&大楼幕墙检测项目	蛇口集装箱码头有限公司	2019.04
2	佳兆业中心A座、B座既有幕墙定期安全检查	可域酒店管理（有限）公司佳兆佳中心管理处	2020.06
3	经理大厦幕墙定期安全检测	深圳市深投教育有限公司	2020.06
4	深圳市交通运输局大楼幕墙安全检查项目	深圳市交通运输局	2020.08
5	深圳市规划和自然资源局宝安管理局既有幕墙安全检查	深圳市规划和自然资源局宝安管理局	2021.06
6	街道办大院内建筑幕墙安全检测鉴定	深圳市光明区公明街道党政综合办公室	2021.08
7	软件园（西区）11栋玻璃幕墙安全检测鉴定	深圳市国贸科技园服务有限公司高新区分公司	2021.09
8	某部生活区修缮改造-基础装修项目	广州市水电设备安装有限公司	2022.03
9	深圳市佳嘉豪商务大厦既有建筑幕墙定期安全检查、专项定期安全检查	深圳市佳家豪物业管理有限公司	2022.04
10	光明区文化馆、图书馆红花山分馆既有幕墙安全检测	深圳市光明区公共文化艺术和体育中心	2022.06
11	2022SCT玻璃幕墙安全性能检测评估项目	蛇口集装箱码头有限公司	2022.06
12	规划大厦外墙安全检测	深圳市规划和自然资源局	2022.08
13	2023年中山分公司古镇商照城玻璃幕墙结构安全性鉴定项目	中国电信股份有限公司中山分公司	2022.12
14	海岸城购物中心既有建筑幕墙定期安全检查、专项定期安全检查	深圳市海岸商业管理有限公司	2023.01

二、主要部分项目现场

规划大厦安全检查

规划大厦玻璃应力检测　规划大厦玻璃厚度检测

规划大厦石材幕墙检查

软件园幕墙检测　软件园玻璃露点试验 软件园幕墙接地电阻检测

宝安规划局安全检查

中山河照商城检测鉴定

蛇口码头SCT大楼检测鉴定

三、公司联系方式：

深圳市恒义建筑技术有限公司
Shenzhen hengyi construction Technology Co.,LTD

联系电话：0755-26971881、27738499、26971977、26971332(报告查询)
地址：深圳市光明区新湖街道楼村社区中泰路21号